大学农技推广服务模式及政策激励研究

◎ 田兴国 等 著

中国农业科学技术出版社

图书在版编目（CIP）数据

大学农技推广服务模式及政策激励研究 /田兴国等著. —北京：中国农业科学
技术出版社，2019.7

ISBN 978-7-5116-4284-4

Ⅰ.①大… Ⅱ.①田… Ⅲ.①农业科技推广—研究—中国 Ⅳ.①S3-33

中国版本图书馆 CIP 数据核字（2019）第 136923 号

责任编辑 崔改泵　李　华
责任校对 贾海霞

出 版 者 中国农业科学技术出版社
　　　　　 北京市中关村南大街12号　　邮编：100081
电　　话 （010）82109708（编辑室）　（010）82109702（发行部）
　　　　　 （010）82109709（读者服务部）
传　　真 （010）82106650
网　　址 http: // www.CASTP.cn
经 销 者 各地新华书店
印 刷 者 北京建宏印刷有限公司
开　　本 787mm×1092mm　1/16
印　　张 17.75
字　　数 389千字
版　　次 2019年7月第1版　2019年7月第1次印刷
定　　价 128.00元

《大学农技推广服务模式及政策激励研究》

著者名单

主　著：田兴国

副主著：吕建秋

著　者：崔　越　　黄俊彦　　陈江涛　　王泳欣

　　　　周良海　　蒋艳萍　　孙雄松　　谢志文

　　　　姚　缀　　车大庆　　曾　蓓　　黄健星

　　　　向　诚　　周绍章　　李翠芬　　胡安阳

前　言

　　农业科学技术发展和推广是解决农业发展问题的根本途径，农业技术推广服务体系将"科学技术"和"农业"有机结合起来，是转化科技成果的重要载体。长期以来，中国农技推广工作主要依靠以政府为主导的农技推广体系来推动，这种推广模式为我国农业现代化建设作出了重要贡献，但随着时代的发展，这种农技推广体系的各种弊端也显露出来。因此，建立与我国农业生产实际相适应的多方推广主体积极参与的农技推广体系和农技推广服务模式是实践界和学术界必须解决的重要课题。目前，涉农大学以其在技术、人才和信息等方面的独有优势而成为我国农业科技推广体系中的重要主体，在国家政策激励和自身发展需要的驱动下，涉农大学和农科院所等新型农技推广主体不断加入农技推广体系，为激发广大农民的生产积极性和推动我国农业农村的不断发展提供了新的动力。在这种背景下，研究现有大学农技推广模式的特点并总结其成败得失非常必要，在此基础之上，进一步探索大学农技推广服务的动机和意愿、农技推广主体需求对接机制、推广绩效评价机制以及农技推广服务管理体制对构建大学农技推广服务模式具有重要的理论和实践意义。

　　本书在写作过程中，系统总结了课题组近年来对国内外农技推广体系、大学农技推广服务模式的理论研究成果，在此基础上，著者对华南农业大学、西北农林科技大学、安徽农业大学、南京农业大学等高校的农技推广服务模式进行典型案例研究，并进一步开展了高校教师农技供给意愿的影响因素、农技推广服务需求对接机制以及大学农技推广服务人员绩效评价和激励政策3个专题研究，在充分理论研究和典型案例分析的基础上提出了构建符合我国国情的大学农技推广服务模式的对策建议。全书共六章，第一章　绪论，阐述课题研究背景、研究目的和意义以及拟解决的关键问题；第二章　理论基础与研究现状，主要内容包括基本概念界定、本研究的基础理论及国内外研究现状；第三章　国内外大学农技推广服务模式发展现状、主要问题和国际经验；第四章　国内大学农技推广服务相关政策激励措施；第五章　大学农技推广服务模式的国际经验与趋势；第六章　广东大学农技推广服务模式专题研究，研究如何提升高校教师农技供给意愿、农技推广服务的需求如何对接以及大学农技推广服务人员的绩效如何评价和激励等问题。

为研究大学教师农技供给意愿，本课题组对广东省的11所涉农高校和职业学院的农技推广服务相关教师进行专门问卷调查，共收集422有效问卷；为研究农技推广供需对接机制，本课题组主要通过实地调研的方式进行，调研对象为新型农业经营主体，以国家重大农技推广服务试点项目组的名义依次走访了广州、汕尾、潮州、汕头、仁化等地，并发放问卷450份，回收有效问卷305份；为设计农技推广服务绩效评价指标体系，本课题组进行了3轮专家咨询，在充分文献研究和深度专家访谈的基础上设计了绩效评价体系，并通过严格的检验过程。

在本书付梓之际，对课题研究过程中给予支持的相关省、市、县的领导，各高校农技推广服务同行和广大农技推广服务工作者表示深深的感谢，也对在书稿撰写过程中给予指导和建议的各位领导、专家表示诚挚的敬意！尽管在撰写过程中力求逻辑严谨、内容充实，但由于时间仓促，疏漏之处在所难免，恳请各位专家、学者和同仁批评指正！

著 者

2019年5月于广州

目　录

第一章 绪 论

第一节 研究背景

中国自古以来就是农业大国，农业的发展关系到人民的生活、社会的稳定和国家的长治久安。但是就目前而言，我国还处于农业发展进程较慢、农业科技含量不高、农民收入还需进一步提升的阶段。农业科学技术传播和发展是解决农业发展问题的根本途径，农业技术推广服务体系将"科学技术"和"农业"有机结合起来，是转化科技成果的重要载体。长期以来，我国农技推广主要是一种以政府为主导，多种推广模式参与的农技推广模式。这种推广模式随着时代的发展，各种弊端也显露出来，如农技推广人员技术缺乏、技术需求和技术供给脱节等。近10年来，我国农业科技创新研究取得了一系列重要进展，但科技成果转化与推广应用率很低，相关资料显示，我国农业科技成果转化率为30%～40%，仅为欧美发达国家的一半。相当多的科技成果只能是束之高阁，或是项目完成即开始消亡，农业科技"最后一公里"的问题一直悬而未决，严重制约了现代农业的发展（崔越，2015）。因此，建立与我国农业生产实际相适应的农技推广体系和农技推广服务模式是实践界和学术界必须解决的重要课题。

2000年以来，中央提出了"三农"工作"重中之重"的战略思想，确定了"工业反哺农业、城市支持农村"的基本方针；2017年，习近平总书记在党的十九大报告中首次提出乡村振兴战略，要不断提高村民在产业发展中的参与度和受益面，彻底解决农村产业和农民就业问题，确保当地群众长期稳定增收、安居乐业；2018年中央1号文件明确了实施乡村振兴战略的总体要求和主要任务，要以产业兴旺为重点大力开展农技推广工作，提升农业发展质量，加快农业的发展，增加农民的收入，实现科技脱贫。

目前，我国农业的发展取得长足进步，农业生产科技水平日益提高，但是与我国建设现代化农业的战略目标还有差距，主要表现在农技人员的专业能力低，推广积极性不足，科技成果与农业发展的需求对接不上，农业科技成果转化率低等，这些问题一直在阻碍农技推广工作（宋景玉，2017；Wei Jianbo et al，2011）。其中，资源和经费的缺乏是我国农业发展的阻力所在，微薄的收入使较多的农民选择外出打工，间接地导致劳动力的缺乏，扩大了城乡差距，同时本地品种明显被外来优质品种所替代，为追求收益，农民盲目追求产量的发展，从而失去对质量的保证。虽然我国农业技术不断发展，但还没有全方位为农业解决实际问题（袁方成等，2015）。从贸易情况来看，中国大豆进口已经接近1亿吨，达到全球贸易量的3/4，对外依存度高达90%。劳动成本的不断增长以及生产成本的不断增加，造成了劳动密集型农产品出口竞争力较弱的现象，质与量都难以与国外农产品抗衡，所以国内农产品销售价格会比国外高，这也是导致同质但低价的进口农产品不断增加的原因（万宝瑞，2017）。由此可见，我国农业发展方式应作出转变，把优质品种和实用农业技术推广给生产者，从重视数量增长转变为追求质量和数量的同步提升，利用科学技术结合农业生产实际，生产优质、高效、高产的农产品，只有这样才能改变目前农业发展存在的问题，提高农产品的竞争力。

为提高我国农产品的质量，需要把优质品种及农业技术实际运用起来，所以全面进行农技推广工作刻不容缓。开展农技推广工作可以通过不同的手段和形式向农业生产输入科技成果，实现科技成果的转化，解决农业实际生产中存在的问题，提高农产品的质量和产量，同时推广队伍所进行的农业技术知识等的宣传和培训，可以加快农业产业的发展，推动农村建设和农村生产力的发展，增加农民的收入，实现农业现代化（唐德敏，2018；Hu Bibo，2016）。

大学与新型经营主体不断加入并积极打造良好的环境去激发农民的积极性，多方面的支持是农业不断发展的动力（王悦等，2016）。参考国外文献（Swanson et al，2010）中对推广战略、组织模式、制度创新等的研究，可以了解不同国家的农技推广模式，不断创新我国农技推广体系。2013年中央1号文件提出"支持高等学校、职业院校、科研院所通过建设新农村发展研究院、农业综合服务示范基地等方式，面向农村开展农业技术推广"，所以新农村发展研究院及其基地建设的重要目的就是着力构建新型大学农业推广模式（吕小艳等，2016）。2015年中央1号再次明确，需要充分发挥科研院所、高校及其新农村发展研究院、职业院校、科技特派员队伍在科研成果转化中的作用，积极探索大学农技推广模式。目前我国已有39所大学试行开展"高等学校新农村发展研究院"建设，积极建设示范试验基地和不断探索大学农技推广模式，通过和地方政府、企业合作，发挥自身人才优势和科技优势，建立了一种农业科研、教育、推广三位一体的校地合作推广服务模式。

近年来，我国高校逐渐加入农技推广行列，因地制宜地探索并实践大学农技推广服务模式，其中最具代表性的有"太行山道路"模式，河北农业大学在太行山开展农技推广，这些推广模式实践加快了当地的农业发展，我国在加快推进农业现代化建设的新征程中，大学农技推广服务模式优势日渐显现，并取得了明显成效，它们不断把大学科研成果融入生产实际，为基本实现主要农作物良种的全覆盖，提高农业生产的机械化水平作出了重要贡献。目前主要农作物耕种收割综合机械化水平达到63.8%，农业科技进步贡献率达到56%等，这些都是农业科技进步的主要体现（韩长赋，2017）。农业的可持续发展一定要结合技术，科学技术是第一生产力，技术的使用可以减少生产劳动力的需求，并且提高农产品的质量，进而提高其市场竞争力。因此，要继续研究大学农技推广服务模式，探索制约大学推广服务效果的因素，为更好地利用大学农技推广服务模式提供理论支持。

第二节　研究目的和意义

一、研究目的

目前，涉农大学以其在技术、人才和信息等方面的独有优势而成为我国农业科技推广体系中的重要主体，涉农大学在农技推广实践中承担越来越多的责任，并取得了业界和政府界广泛认同的推广效果，政府也开始认识到涉农高校在农技推广中的优势和作用，并制定了相应的政策来激励涉农大学和科研院所积极参与农技推广服务实践。在这种背景下，研究现有大学农技推广模式的特点并总结其成败得失非常必要。同时，进一步探索大学农技推广服务的动机和意愿、农技推广主体需求对接机制、农技推广组织形式、推广绩效评价机制以及农技推广服务管理体制的探索和创新对构建大学农技推广服务模式具有重要的理论和实践意义。因此，本研究首先研究现有大学农技推广模式的特点、优势和不足，在此基础上对大学农技推广的需求动机、推广主体需求对接机制以及大学农技推广绩效评价几个方面进行专题研究。

第一，随着各个大学在农技推广方面的创新和发展，所形成的模式有所不同，本研究将对国内大学开展农技推广中所形成的模式进行研究，在深入研究国外农技推广模式的基础上，对华南农业大学、西北农林科技大学、安徽农业大学、南京农业大学的农技推广模式进行深度实地调研，对4所大学开展的农技推广模式进行分析，概括大学农技推广模式的优势，总结在大学农技推广中出现的不足并给出改进意见。

第二，高校教师农技供给意愿的影响因素研究。根据国外积极利用涉农大学在农技推广服务中的经验，我国政府充分认识到了大学在农技推广体系中的地位和在推广实践中的优势，加大了对大学参与农技推广服务的支持力度，目前全国已有39所高校相继成立新农村发展研究院，推出以大学和科研机构为主导的农技推广专项基金，不断健全适应现代农业发展要求的农业科技推广体系和运行机制，对基层农技推广公益性与经营性服务机构提供精准支持。但是由于推广机制不够完善、推广力度不够深入、推广覆盖度不够广、供需双方信息不对称等原因，导致大学农技推广服务的效果不够理想。因此，开展大学农技推广服务运行机制专题研究，探索影响高校教师参与农技推广的供给意愿的影响因素及影响高校教师农技推广行为的内在机制和边界条件，为政府和高校制定相关的人员激励政策提供理论依据，提升大学科技人员从事农技推广服务的积极性和大学农技的效果。

第三，大学农技推广服务人员绩效评价和激励政策研究。大学作为国家科技资源的集中地之一，拥有大量的先进农业技术和高层次的农技推广服务人员，但是目前大学缺乏完善的农技推广服务绩效分配与职称评定体系，导致大学教学与科研人员参与意愿不高，制约大学农技推广服务进程。研究大学农技推广服务绩效评价与激励政策，有利于优化大学绩效分配方式，完善职称评定办法，调动大学教学科研人员参与农技推广服务工作的积极性，实现大学人力资源的高效配置。激励大学教学科研人员深入一线从事农技推广服务工作，有利于促进技术创新与技术推广有机结合，从而有效提高区域农业科技贡献率。因此，本研究对大学农技推广服务绩效评价与激励政策进行专题研究，制定大学农技推广服务绩效评价的指标体系，设计合理的激励政策，为制定合理的绩效评价政策和激励措施提供理论支持。

第四，农技推广服务主体的需求对接机制研究。农技推广的最终目的是将农业科技成果推广到农民群体中去，农业技术的供需对接是农技推广中的核心问题。搞清楚大学能提供什么、农民需要什么，并提供合适的对接模式与对接手段是农技推广成功的关键所在。新型农业经营主体是我国农业现代化转型过程中的重要载体，是近年来顺应我国农业发展出现的农业经营新形态，这类人群是当前农民群体中对农业技术的理解较为深刻，技术创新需求较强，带动能力较大的群体。研究农业技术在这类人群中的传播问题，有助于把握农业技术流动的核心节点。本研究的研究目的之一是从新型农业经营主体的角度出发，探究新型农业经营主体在生产经营中遇到的主要问题以及技术需求等，结合农技推广理论、组织行为理论，从影响新型农业经营主体技术采纳意愿等角度分析如何构建大学农技推广与新型农业经营主体的供需对接机制。

二、研究意义

本研究在总结现有大学农技推广模式的特点、优势和不足的基础上，深入研究对大学农技推广的需求动机、推广主体需求对接机制以及大学农技推广绩效评价及激励政策，对理解大学农技推广服务模式优势和存在问题有重要的理论意义和实践指导意义，具体表现在以下方面。

第一，总结现有大学农技推广服务模式的优点和不足，为大学因地制宜构建大学农技推广服务模式提供借鉴。本研究总结了各个高校不同农技推广服务模式发展情况，阐述高校如何发挥影响力和最大化使用资源，提高科技成果的普及率和转化率，总结出不同地区不同高校的不同农技推广服务模式特色，取其精华，为大学开展农技推广提供参照。本研究有利于推动我国大学根据各自的特点和优势，在借鉴国内农技推广工作中的经验基础上，充分利用校内人才和资源，形成具有各校特色的农技推广模式，进一步提高大学生参与到农技推广工作的积极性，更好实现大学社会服务职能，从而使大学在开展科技脱贫，服务新农村建设，实施乡村振兴战略的实践中发挥更大的作用。

第二，大学教师农技推广意愿影响因素及其对农机供给行为影响机制研究为制定促进高校教师参与农技推广服务的政策提供理论依据，也为各个高校激励教师积极参与农技推广实践提供指导。长期以来，我国的大学农技推广服务模式都是以政府为主导的，各个地方的涉农院校配合教育部、科技部关于新农村发展研究院的建设要求，依靠自身优势，结合所处地方农业发展的现状和特点，形成了目前大学农技推广的一般模式。在这种模式下高校教师作为农技推广中的关键环节，农技推广的意愿是否强烈会影响农技成果的转化、农技推广服务的质量、农技推广效果等因素。大学教师农技推广意愿影响因素及其对农机供给行为影响机制研究对促进构建以大学为依托的农技推广模式，鼓励多元化农技推广的力量，完善农技推广体系有重要意义。

第三，研究大学如何与有技术需求的主体进行对接，有助于丰富我国农技推广现有的研究内容与研究视角，为提升农技推广的针对性和推广效果提供理论依据。首先，新型农业经营主体是我国农业现代化的重要推动力，技术需求大，技术转化能力强，研究与新型农业经营主体的对接，有助于提高大学农技推广的效率。其次，我国的农业经营体系仍然以小农经济为主，大学农业技术服务的能力有限，应更多地依靠新型农业经营主体进行示范带动，因此大学与新型农业经营主体的合作十分必要，将新型农业经营主体的需求和大学供给意愿联结起来，提高推广效果，从而树立农技推广典型和示范项目，通过典型示范作用带动其他农业主体的积极参与。最后，从新型农业经营主体的角度出发，研究他们对大学农技推广在技术方面的真实需求，大学可以有针对性地提供技术推广和服务，从而提升大学农技推广的针对性。

第四，大学农技推广服务绩效评价与激励政策研究为激发大学教师参与农技推广服务提供理论指导。个体的行为结果以及从行为结果中获得的收益是员工表现出相应行为的重要驱动因素。因此，大学教师是否愿意参与到农技推广服务受到单位和政府对其推广行为的评价以及评价结果的应用的影响。大学有大量的先进农业技术和高层次的农技推广服务人员，但是如何评价教师的农技推广服务绩效以及农技推广行为绩效如何与推广教师的分配体系和职称评定体系建立直接联结关系到教师参与农技推广服务的积极性。因此，研究大学农技推广服务绩效评价与激励政策，为大学绩效分配方式和职称评定办法完善和优化，调动大学教学科研人员参与农技推广服务工作的积极性，实现大学人力资源的高效配置，激励大学教学科研人员深入一线从事农技推广服务工作，都具有重要意义。

第三节　拟解决的关键问题

本研究在涉农大学以其在技术、人才和信息等方面的优势而成为我国农业科技推广体系中的重要主体背景下，对现有大学农技推广模式的内容、运行机制及管理机制进行系统总结的基础上，进一步探索大学教师供给意愿、农技推广主体和客体需求对接机制以及农技推广服务绩效评价机制和评价结果的应用进行专题研究。其中，高校教师作为农技推广中的关键环节，基于高校教师的角度，分析影响参与大学农技推广意愿的因素，以大学农技推广的行为主体为视角，探讨农技推广行为影响因素，为政府部门制定相关政策提供咨询参考。大学农技推广服务质量是以大学农技推广的主体和客体需求匹配的基础之上，从农技推广服务主体和客体需求对接的视角，通过实证分析，研究了影响大学与新型农业经营主体供需对接的主要因素，根据实证分析的结果，提出供需对接的相关建议。农技推广绩效评价及评价结果如何与大学推广人员的利益挂钩对农技推广的行为产生重要影响，本研究借鉴国内外农技推广绩效评价的方法和指标，通过实地调研与访谈，运用层次分析法，计算大学农技推广服务人员绩效评价指标体系的权重值，并通过指标无量纲化与公式建立，从而构建大学农技推广服务人员绩效评价模型，并通过问卷调查，对大学农技推广服务人员进行绩效评价与分析。本研究拟解决以下3个关键问题。

第一，对大学农技推广服务模型进行分析、总结和提炼，需要收集国内外大量而全面的相关研究资料和实践数据，需要到全国各地调研不同推广模式的设计和运行数据，因此，有关大学推广模式方面的资料和运行数据的收集是研究国内外推广模式的关键。

第二，大学教师供给意愿、广大农民的需求信息以及新型农业主体的需求数据都需要进行全面调查和访谈，获得这些方面的真实数据和信息是研究结果真实性的关键环节，因此，选择合适的量表并制定问卷，认真做好实地观察和访谈，收集到第一手真实数据是研究的关键。

第三，大学农技推广服务人员绩效评价指标体系的设计，既需要借鉴国内外农技推广绩效评价指标体系，又要通过实地调研与访谈获得符合我国实际的真实数据和信息。因此选择数量足够、专业相关并具有丰富经验的相关专家进行访谈和咨询，听取专家权威意见，采用定性与定量相结合的指标筛选方式，对大学农技推广服务人员绩效评价指标进行筛选和完善，确定大学农技推广服务人员绩效评价指标体系的权重值，最终构建大学农技推广服务人员绩效评价模型，这是建立符合中国实际的大学农技推广人员绩效评价指标体系的关键。

第二章　理论基础与研究现状

第一节　基本概念界定

一、农技推广

克拉伦顿伯爵提出了通过说服、培训和提供信息等非强制方式帮助农民改进生产技能发展农业生产的说法，这是最早提出的农技推广概念。但是随着经济和技术的不断发展及世界各国的经济发展状况的差异，对农技推广的概念也有不同的定义。美国把农技推广称为"农业推广教育或农业开发咨询"，推广重点在推广的教育和根据农民的需求进行培训，而且是大学最早参与到农技推广服务的模式；荷兰的农技推广重点通过运用最新的信息技术，结合大数据，帮助农民分析农业的发展现状，除了可以进行预测，也建立未来发展的目标，帮助农民提高知识和技能，进而作出正确的决策。

农技推广的概念备受争议，不少学者根据推广内容和方法提出了狭义的农技推广、广义的农技推广以及现代农技推广等说法。狭义的农技推广指的是农业技术指导，应该说，这也是最早期对农技推广的定义；广义的农技推广（Anderson et al，2004）是以农村社会为范围，结合农民的实际需要，以改善农民生活质量为最终目标而对农民生产、生活、农村工作进行全面教育培训的过程；现代农技推广就是进行信息咨询等服务。

农技推广早期定义只是推广农业技术，重点在技术而不是对接农民，所以杨映辉认为我国农技推广是农业推广的一个方面（杨映辉，1994）。而如今我国开展的农技推广服务中，包含对科技成果的普及和推广，同时对新型职业农民进行培训，在教育方面提高农民素质教育等，也就是说现在我国的农技推广其实已经包含了农业推广的内容（顾琳珠等，1998）。

根据以上关于农技推广定义的研究，本研究关于农技推广的概念是把科技成果（新知识、新成果、新技术、新信息）通过试验、示范、培训、宣传等方式，根据农民需要进行传播、传授、传递给生产者、经营者，以改变其生产条件，提高产品产量和质量，增加农民收入，提高素质和自我决策能力，达到提高物质文明和精神文明的最终目的。

二、模式

"模式"一词在书籍（余源培，2004）中定义为可以被"模仿"或进行比较的范本、模本，简单理解就是模式可以向人们说明事物结构或过程的主要组成部分及其相互关系，可以起到指导的作用，在处理事情的过程中使用模式可以事半功倍。把解决某类问题的方法总结归纳到理论高度，或者把复杂的现象以结构形式进行说明，那就是模式。模式可以在经验中总结出来，但是模式是否和本质现象结合，需要在使用过程中不断检验和修改，形成一个方法论并提供指导作用。

三、农技推广模式

农技推广模式这一概念在文献中没有详细明确的记载，但是文献中对农技推广这一概念进行了讨论，本研究通过对农技推广和模式的概念进行整合，得出农技推广模式的概念。农技推广模式是在农技推广过程中兼顾经济效益和社会效益所形成的、为推进现代农业建设从而达到农业的快速发展等目的所采取的某一类推广方式方法的总称，包括所规定的推广内容（示范、指导、培训），在推广体系中的位置，以及在推广过程中所用的方法和手段。

四、大学农技推广模式

本研究主要是研究大学的农技推广模式。以美国为例，美国建立了一种以大学为依托，大学与各级政府合作，大学和县级推广办事处为两大主体，集教学、科研、推广、服务、农村教育和成人终身教育等多种功能于一体的农技推广模式。美国大学在模式中的位置主要是负责开展农技推广工作，而隶属于各州赠地大学农学院的农业技术推广站则负责组织管理和具体开展州农业技术推广工作，同时美国的大学通过在各地建设试验站，通过试验站把大学的科技成果推广出去，对农民进行培训，这些就是大学在农技推广过程中的推广内容及推广方式，从以上解释中总结本研究所说的大学农技推广服务模式定义是，大学兼顾农技推广所达到的经济效益和社会效益、为实现社会服务职能、推进农业发展等目的在推广体系中所处的位置以及在进行农技推广服务过程中使用的推广方式和推广手段。

第二节　基础理论阐述

一、科学社会学

广大农业技术推广人员都是农业技术领域里的专业人员，他们在推广工作中，以推广农业技术、知识为主，而往往未能根据农村社会的特点和文化规范，有效地利用农村群体和社会组织系统，按社会学理论构建推广模式，制定推广策略。因此，深入研究影响大学农业技术推广的社会学因素，按照社会学的基本原理构建大学农技推广服务模式，制定农业技术推广策略，对促进现有农业科技成果的推广应用，提高农业技术推广的工作效率等无疑具有重要意义（毛彦军、贾慧鸣和代静玉，1993）。

农业技术推广是推广者在利益机制的驱动下，把农业科技传授给生产者，使农业科技成果应用于农业生产的活动过程。因此，从社会学角度来看，农业技术推广是一种社会行为过程，是推广者与生产者之间的一种社会互动，即推广者与生产者之间通过沟通媒介而进行交互影响、交互作用的过程，如图2-1所示。

图2-1　农技推广主客体互动

从图2-1可以看出，推广者和生产者是构成农业技术推广这一社会互动行为过程的两级，他们之间的相互影响、相互作用，是农业技术推广行为过程的最重要方面，只有两者进行良好的互动，才能更好地实现农业技术推广过程。

推广者就是农业技术、信息的供应者，是农业技术推广行为过程的主体。依据社会学理论中社区观点，推广者与生产者的行为方式、生活习惯、知识水平、文化修养等一系列差异。社会学理论指出，文化是社会互动的基础和人的行为模式。所以，在农业技术推广行为过程中，推广者对农村社会性质的认识和了解及所采用的互动态度、互动方式、互动手段，直接影响着农业技术推广过程的顺利进行。

生产者是农业技术、信息的使用者，是农业技术推广行为过程的受体。由于生产者生长在农村，他们既是农村社区、群体的居民，又是农村邻里及互助圈的成员。所以，农村社区、群体，邻里及互助圈的特定社会环境、文化背景无不在他们身上打上深刻的印迹，规定和影响着他们的行为方式、行为规范、文化修养以及心理特点。农村社区是农村居民的重要集合体，邻里是比社区更小的社会、地理单位，农民的交往很大程度上是通过互助圈的方式进行的，并由此构成生活互助圈。在互助圈内不但为其提供一些必要的服务，而且还通过事缘性互助来联络感情，加强群体意识，社区、邻里、互助圈是乡村农民重要的社会生活基础，村社农民共同的心理机制、地理纽带、社区组织制度把他们联在一起，形成了特殊的社会生活圈，构成社区组织系统。在系统的成员之间具有固定的信息交往和传播模式，通常是新的科学和文化由外界传入社区和邻里及互助圈，再到家庭和个人，而个人同社会的接触是经由家庭到邻里而进入更大的社会活动范围。

在农业技术推广过程的社会学行为特性的分析中可以看出，社会因素对农技推广的效果产生极大的影响作用。由于村民长期相互交往，形成的固定的社会经济、文化模式和生活态度，被多数人接受，并形成了特定生活圈，推广者作为一个外来者，由于社会、经济、文化等背景的不同，推广者的角色如何被农村社会生活圈内的农民所认同，避免与之发生冲突，是大学农业技术推广服务需要研究的重要问题，使之在农村中对其角色的认同。农村社区文化会对农业技术变迁起着引导或规定的作用，决定着一项农业技术是否被采用以及以何种方式被融进社区原有的生活生产中。一项农业科学技术经由科研机构被推广者接受之后，必须在农村社区的人际互动中，通过一定交流和传播渠道，为农民接受采用。农村社区的意见领袖是农业技术推广者有影响力的示范者。农业技术推广过程并不是直接进行社会互动的，多数是通过意见领袖的消化、宣传和说服作用，进而完成其推广和使用的互动过程。

因此，大学农技推广服务模式的构建必须考虑要推广的农村社区的文化生活特性、组织特征和广大推广客体的心理行为特征，以得到当地居民的响应和合作。

二、公共管理学

公共管理（Public Administration or Public Management）是运用管理学、政治学、经济学等多学科理论与方法专门研究公共组织，尤其是政府组织的管理活动及其规律的学科群体系。在西方，它源于20世纪初形成的传统公共行政学和20世纪60—70年代流行的新公共行政学，后于70年代末期开始因受到公共政策和工商管理两个学科取向的强烈影响而逐渐发展起来。如今它已经成为融合了公共事务管理等多个学科方向的大学科门类。公共事务是公共管理的起点，因此，确定农业技术推广服务的类型和性质是做好农业技术推广服务和管理工作的前提，在确定农业技术推广服务的类型和性质的基础上才能选择合适的供给主体和管理体制。

根据公共产品理论，竞争性和排他性是确定产品的类型和性质的两条标准。竞争性是指消费者的增加，引起生产成本的增加，每多提供一件或一种私人物品，都要增加生产成本，因而竞争性是私人物品的一个特征。从这一点来看，基层农业技术推广除了农业公共信息服务以外，都是竞争性的。排他性是指能否阻止没有付费的人进行消费。除了农业高技术服务以外，农业技术推广很难做到排他消费。农业专利技术产权难以得到保护，排他收费成本高，而且农业技术推广的目的就是尽可能地让农民享受到现代农业技术成果。因此，如何根据农技推广服务的属性而对农技推广的产品或服务进行准确的定性定位，并根据公共管理学的基本原理对不同属性的产品或服务确定不同的供给主体，建立合适的农技推广模式（伍建平和王业官，2007）。

在不同的农业技术推广服务中，不同技术或服务的类型具有不同的竞争性和排他性，应该有不同的供给主体和模式。如农业技术普及和传播，生态农业及食品安全技术等，它们的外部性强，具有公益性，属于公共品，因此主要由公共部门来供给。一般性农业技术，如大田作物耕作技术，农产品储藏、加工、保鲜技术，家畜家禽饲养技术等，技术产权不易得到保护，存在外部性，属于混合公共品，需要公共部门、农民合作组织以及农技市场来供给。而可物化为产品技术和服务，如优良作物品种、家禽家畜良种、优质化肥、地膜、农药等，具有外部性，但排他性较强；农业高新、高效技术，如胚胎移植、中药材种植等具有高附加值的技术服务领域，投入较大，风险大，收益高，它们属于私人品，可以由市场供给，政府监管。

《中共中央国务院关于加快推进农业科技创新持续增强农产品供给保障能力的若干意见》（2012年中央1号文件）明确指出，农业科技是确保国家粮食安全的基础支撑，突破资源环境约束的必然选择，加快现代农业建设的决定力量，具有显著的公共性、基础性、社会性。

因此，要借鉴公共管理的新理念，结合我国农技推广实际，在区分农技推广服务属性的基础上，鼓励相关农技推广主体的积极参与，特别是如何激励和管理大学在农技推广服务中的积极性，建立起符合我国管理实际的农技推广体系，将有利于提升我国农技的推广效果，更好地服务于我国社会主义新农村建设，为全面建成小康社会提供农机服务方面的支持。

三、计划行为理论

理性行为理论（Theory of reasoned action，TRA）由Ajzen和Fishbein于1973年提出，该理论认为个体的行为态度和主观规范决定个体的行为意向，进而驱动个体实际行为。该理论认为个体行为是其意志的结果，后来的研究发现，个体的行为不但受到其意志的影响，还与个体是否拥有执行该行为的能力和资源有直接的关系。因此，Ajzen在理性行为理论中加入了知觉行为控制（Perceived behavior control）这一影响因素，建立了计划行为理论（Theory of planed behavior，TPB）。该理论的主要观点如下。

（1）个体的行为不完全是由其意志所控制，个体对执行行为的资源、能力和机会的控制能力也是个体行为的重要驱动因素，进一步发现，在这种行为控制能力充分的情境下，行为意向直接驱动行为。

（2）准确的行为控制感是实际行为条件的客观反映，因此，行为控制感是可以作为预测行为的指标。

（3）行为控制感、行为态度和主观规范是驱动行为的3个主要变量，控制感越高，态度越积极、主观规范越强烈，则行为意愿越强烈，反之则越弱。

（4）个体有许多关于行为的信念，但在某一时间内和特定情境条件下，只有一个主要的信念被激活，成为影响个体行为的主要信念，即凸显信念。

（5）个体的信念会受年龄、性别、经验、智力、人格等个体内部因素的影响，也受到组织环境、领导风格、信息与资源、文化背景等外部环境因素的影响，并通过个体的行为态度、主观规范和行为控制感对个体行为产生影响。

（6）行为控制感、主观规范和行为态度是建立在个体的信念基础之上，它们既相互独立又相互相关。

该理论的结构模型图如图2-2所示。由图2-2可知，计划行为理论是一个三阶段模型，第一阶段，信念决定个体的行为态度、主观规范和知觉行为控制；第二阶段，个体的行为态度、主观规范和知觉行为控制激发行为意向；第三阶段，个体行为意向驱动实际行为（段文婷和江光荣，2008；徐祎飞、李彩香和姜香美，2012）。

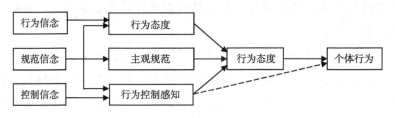

图2-2　计划行为理论框架

由计划行为理论可知，在大学农技推广服务的各种模式下，推广主体和客体参与农技推广行为受到他们的推广认知和态度、推广主观规范以及推广行为控制感知的影响，如果推广主体和客体都能认识到农技推广的价值和意义，他们能得到政府、学校以及领导的重视和支持，感知到自己有能力进行农技推广并能控制农技推广的结果，那么，他们就有积极参与农技推广的行为意愿和实际推广行为。因此，根据计划行为理论，促进大学农技推广服务主体和客体参与农技推广要从他们推广的行为控制感、行为态度和主观规范3个方面入手，探索影响他们实际农技推广行为的影响因素，进而针对各个影响因素制定相应的政策措施和管理对策。例如，怎样提升大学农技推广服务主体和客体对农技推广的意义和价值的认识；推广主体大学教师是先进农业技术的提供者，研究大学教师农技供给的意愿和动机，农民和新型农业经营主体是农技推广的主体，他们参与农技推广的需求、意愿以及收益的研究，都是农技推广的重要领域和农技推广的前提，因此，研究大学教师农技推广意愿、农技供给意愿和经济收益，研究农民和新型农业经营主体技术需求、技术接受意愿和经济收益，对构建合适的大学农技推广服务模式具有重要的意义；大学农技推广服务主体本身的技术水平、推广能力和推广资源的可控性等也是他们是否愿意参与农技推广的重要因素，大学农技推广服务客体的技术基础、学习能力和推广收益等都是是否愿意参与农技推广和能否接受推广技术的重要因素；如何评价大学教师参与农技推广服务的绩效，将推广绩效与教师的利益相结合，并以此制定合适的激励政策，将影响到推广主体大学教师的农技推广态度和价值，因此，也是研究大学农技推广模式必须解决的重要议题。

四、创新扩散理论

1962年，新墨西哥大学教授Rogers对多个有关创新扩散的案例进行研究，出版了《创新扩散》一书，总结出一个社会系统中创新事物扩散的基本规律，提出了著名的S-曲线理论。该书将创新扩散这一过程分为知晓—说服—决定—确定4个阶段，并提出了"创新扩散"的基本假设。

农技推广就是将科学有效的农业技术传播到农民群体中去，是一种典型的创新扩散形式，创新扩散理论也一直是农技推广的基础理论之一，被广泛应用于农技推广的研究之中，按照创新扩散理论，现代农业新型经营主体往往是农村中较早采用现代农业新型技术，农村社会中话语权较高的意见领袖，对于其他农户的技术采纳发挥着重要的作用，是农技推广需要重点关注的对象。另外，根据创新扩散理论，农业技术的扩散受到社会环境、技术主体以及技术特性的明显影响，特别是中国农村作为一种典型的熟人社会，推广主体所在的社会环境、外部交流以及政治因素、生产经验等都会对主体的农业技术采纳意愿产生明显影响。

第三节　国内外研究现状

一、国外农技推广模式研究现状

对部分发展中国家的农技推广进行相关研究可以发现，农技推广对农业生产的作用是有效的，但是存在一定的问题，国外针对推广存在的问题进行了研究。

农技推广对农业发展有促进作用，但是需要解决资源不足等问题。通过探讨斯里兰卡农业推广服务对稻农个体技术采纳行为的影响（Walisinghe et al，2017）得出结果，提供公共推广服务会加大稻农对农业技术的采纳意愿，进而促进农业生产率增长。但是，推广服务工作在发展中国家存在着缺乏经费和人力资源不足等问题，针对改善公共推广服务相关基础设施的投入和壮大推广队伍可以加强对农业技术的采用，提高生产效率。

通过研究巴基斯坦农业推广服务，得出农技推广作用并提出改进建议（Rahut，2013；Mengal et al，2015；Baloch et al，2016）。Rahut通过对234名农民进行访问研究发现，农技推广服务作用效果显著，但是从农业推广服务中获益的主要是大型农户，推广服务对小型生产的农户作用不明显；而Mengal等人通过对公共和私人推广人员对水稻作物技术的看法的研究得出当地的潜在产量和实际产量之间存在巨大差距，推广过程中农民对技术的采用度还不够高，提出不同推广组织应该合作建立示范区，提供完善的农技推广服务，才能保证农技推广的有效性。Baloch等人也提出推广服务可以帮助农民了解知识和技术的实用性，但是需要拓展推广人员队伍，开展农民向农民推广等推广模式。

技术的推广需要培训的结合，才能发挥更大的成效。通过研究乌干达国家农业推广计划对技术采用和粮食安全的因果影响（Pan et al，2015），发现通过低成本的农技推广可以使农业得到改善。在乌干达部分地区，农技推广人员通过培训等低成本的推广方式进行农技推广，发现生产力可以得到提高，同时，在保证农业技术投入一样的情况下，对进行农技培训是否对农业生产力存在影响做了研究，研究表明农业信息和培训在提高贫困农民农业生产率方面有着较大的作用，这也说明了对农民进行培训的重要性。

由以上综述可知，国外对农技推广相关研究较多，从中可发现，发展中国家所面临的问题主要是农技推广经费的不足以及人才、技术等资源的缺乏。

二、国内农技推广模式研究现状

在中国，学者们一直持续对农技推广研究，在知网上用"大学农技推广"主题进行模糊搜索，可以得出现存知网上的文献有185篇，其研究的层次分布以政策研究、基础研究以及行业指导为主，研究层次分布具体如图3-1所示。

国内学者和相关实践人员对大学农技推广模式的研究可以概括为理论研究和实例分析，在理论研究方面主要是针对国外的模式进行学习研究，然后对本国农技推广工作的开展提出建议；在实例分析方面主要是在相关研究进行整理的基础上，对一个学校所开展的农技推广实施的工作进行分析并总结其成效，找出其中的不足并给出改进意见等方面的研究。

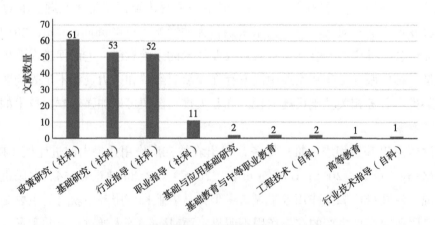

图3-1 大学农技推广相关文献研究层次雷达分布

国内的学者（李建华，2012；李峥，2014；张伟，2016；陈江涛等，2017；郭敏，2017）对国外农技推广模式进行学习和研究，从中总结经验给中国农技推广工作的改进提出建议。根据文献学习可以总结现有文献对美国、法国、荷兰、日本等国家的农技推广工作并进行分析，了解其组织机构、运行机制和模式特点，并得出我国需要在政策、激励机制、推广队伍组成、推广手段创新等方面进行改进和优化。

通过总结国外经验，对大学所在地开展的农技推广模式进行总结。中国农业大学的熊春文等（2015）针对学习国外农技推广模式并研究中国农业大学所开展的"科技小院"模式的建设思路、运行机制及推广成果，作出了模式总结。西北农林科技大学的林英（2007）在参考美国以大学为依托的农技推广模式后，结合"西农模式"中推广的内容、方法、资金、人员素质、推广体系等方面进行总结分析，对适合我国大学农技推广的模式进行探究，认为我国应大力开展大学农技推广工作。

农技推广主要通过校地结合模式进行示范基地和站点的建设。南京农业大学学者田素妍（2012）对校地合作的推广模式进行了论述，提及示范基地的重要性和可行性，举例部分农业高校通过和地方政府、企业合作，利用示范基地等平台进行农技推广工作并获得有效成果，形成许多特色的推广模式。吉林农业科技学院王帅等人（2015）也对校地结合的农技推广创新模式进行了探讨，说明了大学农技推广服务是高校服务新农村建设的重要内容。通过完善新型农村科技服务体系，不断推进农技服务工作，并探索校地、校企等合作模式的可行性，同时给出现存模式中的不足，给出了增强示范基地功能性的建议。

李珍等人（2017）总结了现行的4种高校特色的农技推广模式。文章中根据现存的大学农技推广模式总结出，有西北农林科技大学结合特色产业建立农业示范基地并向全产业链提供技术服务的"西农模式"（陈四长，2013；申秀霞，2016）；河北农业大学以"太行山道路"为典型模式，落实科研到生产，从生产中寻找科研方向的"农业综合开发"模式（张东洁等，2014；杨阳，2017）；东北农业大学结合互联网和通信设备形成方便快捷交流的"农业信息咨询"模式（赵文忠，2011）；南京农业大学通过大篷车为渠道，教授专家为班底，带上物化与非物化的科技进村开展农技推广服务的"科技大篷车"模式（汤国辉，2018）。张俊杰（2005）主要以猕猴桃试验站为例，详细介绍西北农林科技大学特色的"农业科技专家大院"模式，给当地农户提供良好的示范作用。

国内不同高校在农技推广模式方面发表的相关文献如图3-2所示，从已发表的文献数量来看，排在第一位的是南京农业大学，这和南京农业大学在较早的时期开展农技推广有关，同时也因为南京农业大学所开展的农技推广模式较为成熟。而华南农业大学关于农技推广的论文发表量与其他高校相比稍微较少，所以本研究以华南农业大学作为个案分析，得出华南农业大学农技推广模式的特色和创新点。

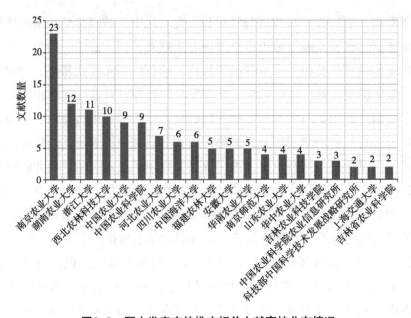

图3-2 国内发表农技推广相关文献高校分布情况

按照文献的研究主题对已发表的相关文献进行分类,分类结果如图3-3所示。由图3-3可知,现阶段我国研究农技推广逐渐由理论建议转化为案例分析,因为各个地区发展趋势不同,针对某一地区进行农技推广模式的研究越来越多,但是我国对农技推广进行模式总结和对比的研究还不多,这和我国现在主流是应用型的论文有关,现存的大部分文献主要是针对国内外层次的农技推广模式的总结对比,对于国内大学之间的模式对比还没有相关方面研究。

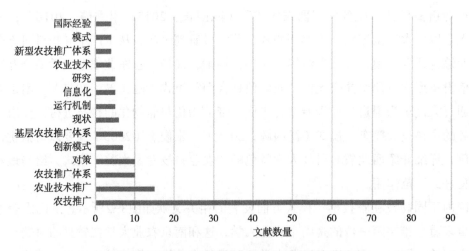

图3-3 国内大学农技推广相关文献研究方向分布

对国外农技推广模式进行对比的研究,学者(王慧军,2003;梁敏,2013)均通过总结国外所开展的模式,同时以不同维度进行比较。对国外农业推广组织特色进行研究,总结了美国、日本、英国、法国、德国等国家的模式,主要以推广组织这一维度对国外模式进行详细分析和比较，得出各国的特点都是把农技推广作为公益事业，需要更多政府外的成分加入农技推广活动中。

胡根全（2005）对国际农技推广利用类比、分类、归纳等进行实证分析，对中外农技推广的政策、推广组织、推广理念、推广主客、推广环境等多个维度进行对比。在发展时间差异上，西方发达国家比我国起源早；在发展条件差异上，西方国家推广基础设施比较完备，劳动生产率较高，而我国农技推广起源时正处于基础设施初步建设阶段，劳动生产率较低；在推广概念及手段的差异上，国外推广以培训、沟通为主，核心是见人及物，而中国的农技推广是通过试验、示范、培训、指导等把技术应用于生产全过程，核心是见物不见人；在推广主客的差异上，国外以农民为主，对农民负责，而我国需要建立制度对此进行保障等。通过对比总结出我国农技推广的不足并提出改进意见。

在对国内模式进行比较的文献较少，多为当地模式的对比。林龚华（2012）总结出福建省的9种农技推广模式，分别是基层农业技术推广机构主导模式，农业院校和涉农科研机构主导模式，农民专业合作社主导模式，农民技术员、示范户等"土专家"主导模式，供销社主导模式，农业龙头企业主导模式，共同投资和费用分摊模式，科技特派员模式，传媒工具服务模式，通过对农户进行调研，对信息成本、关注程度、推广效果等8个方面进行评价，运用熵权分析法进行比较和排序得出基层农技推广机构主导模式仍然是福建省条件最成熟的模式；而农业院校主导的推广模式受到欢迎和信任，但是推广力度不够；传媒工具服务覆盖面广，但推广效果不够；不同农技推广模式适用于推广不同类型的农业技术等结论，但是文献中没有涉及不同高校之间的对比。

对大学农技推广模式对比方面的文献有对推广投入与推广成效方面的对比。湖南农业大学新农村发展研究院对西北农林科技大学、四川农业大学、湖南农业大学3所高校农技推广的投入与成效进行比较。在经费投入方面，西北农林科技大学因为是教育部直属重点大学且推广历史悠久，所以获得上级政府部门资金支持和社会效益（受益农户和培训人员）也远高于其他两所大学，四川农业大学和湖南农业大学多为地方政府和企业投入；在人力投入方面，西北农林科技大学因为已经建立一套成熟的人事制度，所以推广人员高于其他两所大学；经济效益分别为西北农林科技大学35亿元、四川农业大学25.6亿元、湖南农业大学23.4亿元，均带来了良好的成效；在以投入产出比为指标对比可以发现，四川农业大学每100万元所产生的经济效益高于其他两所高校，而受益农户最高的仍是西北农林科技大学。

三、研究述评

总的来说，通过学者们对国外农技推广模式的研究以及对本国农技推广模式的归纳总结和改进创新，我国农技推广工作开展日渐成熟，文献针对每个大学的农技推广模式研究也有很多，但是对于我国各个大学农技推广模式的对比研究的文献还很少，所以本研究对不同高校的农技推广模式进行分析总结，归纳出现有的模式类型，以西北农林科技大学与安徽农业大学为特色模式进行实地调研，并以华南农业大学农技推广工作为案例深入分析，通过对20所大学的农技推广模式的研究以及特色模式的学习总结，归纳出现在大学农技推广模式的优势和不足，以此从理论上拓展我国大学农技推广模式研究的相关理论，并为我国大学农技推广实践提出合理化建议。

第三章 国内外大学农技推广服务模式
发展现状与问题

第一节 国外大学农技推广服务模式

一、国外农技推广现状

美国、日本、韩国等国家所开展的农技推广工作为国家的农业发展提供了高效的生产技术和农业知识，以美国为例，以大学为依托所开展的教、推、研一体的农技推广模式引起一股学习的热潮，通过结合高校开展农技推广，科技成果的转化以及农业知识的推广普及开展工作更具高效性。

国外现行的农技推广主要分为4种类型。一是政府主导型，韩国是该类型的典型案例，其农业推广服务工作由各省农业部全权负责。二是大学依托型，美国是该类型的典型案例，美国是联邦农业技术推广局到市县推广站，结合农学院进行工作开展，且通过州立大学农学院对农业科研、推广和教学三大系统进行统一管理，其成果转化率高达85%（孙琴等，2016）。三是农民合作组织型，以法国为代表，主要通过农民联合会和农场协会共同领导的全国农业咨询中心帮助各区咨询中心进行推广工作。四是政府与农民组织协同型，以日本和荷兰为例，日本是由政府和农协进行双重推广的，除了政府的各级部门开展农技推广工作，其农协组织为农民提供技术咨询和农产品销售等服务，其中政府面对的是全体农民，而农协面对的是协会成员，由协会人员组织进行推广，两者间有不同的性质，但是在推广工作上也相互配合，产生良好效益（周应恒等，2016）。

二、国外农技推广比较研究

国外农业发展较好的国家所开展的农技推广工作值得我们学习和借鉴，通过对国外大学农技推广现状的分析发现，国外在政策、经费等方面都对农技推广工作给予大力的支持，本研究选择美国、韩国、日本、荷兰、法国这5个国家进行农技推广工作的研究，其中农技推广工作目的都是为了农业的快速发展，但是各个国家所开展农技推广工作不同。通过对文献的学习和分析（崔高鹏，2014；陈汉平，2015；徐雪等，2015；乔立娟等，2017；翟琳等，2017），得出以下政府支持、经费来源、推广组织、培训教育4个方面的异同点。

（一）政策（政府）支持

一项工作的开展少不了政策上的支持，政府在农技推广方面占有不可或缺的地位，国家对大学的支持有利于大学开展农技推广工作，实现社会服务功能。针对农业发展较好的5个国家进行研究得出，在大学开展农技推广工作时，国家在政策上都给出了大力的支持，而且政府都处于主导地位，但是每个国家在政策上的侧重点会有所不同。通过对比得出美国在政策上对大学的支持力度较大，其余4个国家给大学一定的政策支持，但是没有直接让大学开展农技推广工作。整理5个国家在政策支持方面的异同点如表4-1所示。

表4-1　国外农技推广政策支持对比

国家	相同点	不同点
美国	政策上发文开展农技推广工作，保证体系的完整性和推广人员的激励政策，政府在体系中占有重要地位，对于在地方开展农技推广，地方政府都可以给予协助，保证农技推广的有效进行	政策上，美国通过立法在各个州设立赠地大学，由赠地大学承担着科研成果的推广任务，在赠地大学的基础上建立起相当于农业科研机构的农业试验站和农技推广中心，激发大学农技推广积极性
韩国		对农民进行培训过程中，优秀者可以享受个人贷款等多方面优惠政策，大大提高农民的积极性，但是韩国的农业大学对农技推广发挥的作用不多，与政策也有一定关系，韩国主要由农业振兴厅在各道、市、郡设有农村振兴院和农村指导所，开展科研和农技推广工作
日本		除了对农业发展给出支持政策，对大学政策上的支持主要是制定各种优惠政策鼓励学生报考农业大学，如免收学费，每学期获得学习费用，毕业后从事务农学生可以获得农业生产设施购买资金等，大大增加了高素质人才的积极性，扩大了推广队伍
荷兰		荷兰大学特殊之处在于农业教育直属于政府部门指导，高校实行双轨制教育，其教学质量和国际化学习环境闻名世界，"二元结构模式"是由一所国立综合性农业大学和5所地方农学院组成，重点开展农业培训服务
法国		法国有对中等规模以上的农场实现补贴的政策，政府插手介入农业生产和销售环节，加快农业和现代科技的融合，重视科研和教育，由政府提供农业生产前的服务，农民自己负责农业生产中和农业生产后的服务

（二）推广经费来源

经费是开展工作的重要因素之一，推广平台建设也离不开经费的支持。然而经费的来源不只是政府的支持，还可以是企业等，整理国外经费来源的异同点得出结果如表4-2所示。对比得出韩国虽然不由大学开展农技推广工作，但是大学培训教育等的经费均由政府全包，经费得到保障，并且韩国对于农村建设投入大量经费。

表4-2　国外农技推广经费来源对比

国家	相同点	不同点
美国	发达国家保证了推广经费的稳定性，各国的推广经费大部分都由政府负责提供，而农业大学通过承担项目获取经费	美国大学进行农技推广有充足经费，主要由联邦、州和县的税收构成，因为农技推广工作主要是由赠地大学开展，大学是国家立法成立，所以经费有保证
韩国		农业大学开展农技推广的经费由政府全包，虽然农业大学参与推广作用不大，但是其提供了高素质推广人才资源
日本		政府对农业高校的支持，财政支持，日本国立大学由文部省和地方政府提供，科研经费上，农业高校通过承担项目获得经费支持
荷兰		荷兰政府对推广部门是全额拨款的，因为其特殊的推广体系，高校的推广经费来源也很复杂，由国家和农协各出50%，私企的经费由企业承担
法国		所有推广活动实行行业管理，工会运行经费来自土地税、农产品附加税等，而大部分科研经费和推广经费由政府提供

（三）推广组织体系

随着时代的发展，农技推广组织加入了大学、企业等元素，开拓了更多领域的推广作用以达到更好的效果，对5个国家的推广组织体系进行异同点分析得出表4-3，各国大学都可以参与农技推广工作，但是占的比重不同，美国大学在推广组织体系上发挥较大的作用。

表4-3　国外农技推广组织体系对比

国家	相同点	不同点
美国	各国的农技推广体系都较为完善，政府在推广体系中的地位无法动摇，推广体系需要从国家级到市级到县级，或到更基层，才能真正接触到生产需求，进行农技推广。虽然大学在大部分国家不属于推广体系行列，但是都起着一定的作用	推广体系由联邦农业推广处、州的农业推广局和县的农业推广办公室及志愿者组成，联合各州立大学维持推广工作关系，美国的州立大学直接进行农技的推广工作，农学院主要负责统管全州的农业教育、农业科研和农业推广工作
韩国		由农业振兴厅在各道、市、郡设有农村振兴院和农村指导所，开展科研和农技推广工作，农业大学参与并不多，但是为推广队伍提供了高素质人才
日本		体系主要是由地方建立农协组织，负责农技推广和科技成果展示，通过政府的农业改良普及事业和农协进行农技推广服务，大学在农技推广中主要作用是开展农业知识培训
荷兰		其农业推广体系实行政府与地方或农民合办，由国家推广机构、农协组织及私人咨询服务组织组成，政府直接为农户提供无偿服务，各省试验站下设试验场，提供试验和示范，农业商业公司和农业银行等私人企业提供有偿服务，而农业大学重点开展农业培训服务
法国		法国农业科技推广最显著的特色就是农业合作社作为农业科技成果转化与推广的载体，同时法国开展农业互助组织、农业合作社和农业互助信贷组织3种农业合作经济组织，共同助力农业发展

（四）教育培训方式

除了农业技术的示范和使用培训，更重要的是素质的教育，除了对农民的培训，还需要对推广人员进行知识的更新和培训，教育出更多高素质的人才，扩大推广队伍，从表4-4可以得出各国大学均协助开展农技推广培训工作，同时培训的人员不限于大学生，还有基层农技推广人员等。

表4-4 国外农技推广教育培训开展对比

国家	相同点	不同点
美国	各国除了在大学进行教育，更涉及农技推广人员、职业农民等的教育，对农民进行培训，保证通过教育提高农民意识，让农技推广工作更容易被接受	美国大学教工大多按照"教学+科研+推广"对各自的工作职能进行相对明确的定位与界定，如某教授的工作可分为"20%教学+20%科研+60%推广"等；提供大量资金在贫困地区办小学，在中学开展农业课程，给农村青年举办短期培训班，由大学负责社会上农技推广顾问人员的培训和考核认证
韩国		定期举办农民培训班，传授最新农业知识；农业大学经费由政府全包，培养的学生需要义务从事农业6年以上并免除兵役
日本		在全国各省设立43所"农业大学校"（相当于中专和大专），专门接收高中毕业的农业子弟，农业大学的教师主要来源是农业推广的改良普及员或者农业试验场职员，在农村建立4 000多个青年俱乐部，对青年农民进行教育
荷兰		推广区域设有培训专家，每个推广员至少需要参加一个短期培训，推广人员的考核由农民反映和文章为标准
法国		法国农业教育由农业部主管，包括设置专业和教程，充分考虑农业发展对人才培养和技术服务的要求；创办短期大学技术学院，培养高级技术员

第二节　国外农技推广对大学农技推广服务模式构建的借鉴

农业科技推广是农业科技发展的重要组成部分。以美国、法国和日本为代表的发达国家十分注重农业科技推广与国家经济发展的关系（Rufia et al，2009），不仅在农业科技推广理论上研究的较早，也构建了完善的农业科技推广服务体制。分析和借鉴发达国家农业科技推广服务模式的成功经验，对加快我国农业科技推广服务体制改革，提高农业科技成果转化率，探索建立以大学为依托的农业科技推广服务新模式具有重要的借鉴意义（Swanson，2006）。

通过研究以上5个国家的农技推广模式的总结和结论，大学开展农技推广模式均需要政策的支持和稳定的经费来源，同时需要有一支专家队伍进行农技推广服务，还需要大学自身开展更多的推广内容和实施方案，激励更多的人加入推广队伍，从以上研究中总结对我国大学农技推广的5点建议。

一、保证大学进行农技推广工作的经费来源

国外大学进行农技推广的经费来源主要由政府或者农业组织协会提供，我国大学现在的农技推广经费主要由承担国家基金项目或者来自地方政府，以项目的形式获取经费的不足是不能很好地保证经费来源，难以实施长远规划。大学进行农技推广工作需要进行示范基地的建设等，一旦示范基地投入建设，则需要稳定的经费保证示范基地的正常运行，所以要发挥更高效的大学农技推广作用，需要保证稳定的经费来源。

二、创建适合中国国情具有中国特色的大学农技推广新模式

我国所处的农业发展阶段与发达国家尚有一定的差距，大多数农民对新技术应用需求欲望以及主动性不强，因此对于集中式的农技推广不一定适用，可以通过组建"大学+公司+农户""大学+专业合作社+农户""订单农业""大学+产业联盟"等模式，通过企业、合作社等桥梁使分散的小农户生产集约化、组团化、标准化和链条化，再由大学进行培训教育工作，有利于农业技术成果应用的整体推进。

三、建立问题导向与需求导向式的大学农技推广服务新模式

我国农业发展仍存在的问题是科技成果转化率较低，原因是以前较多地开展"自上而下"的农技推广，导致科技成果无法适应实际生产需求，所以需要切实建立问题导向与需求导向式的农技推广服务新模式。涉农大学可充分利用农业龙头企业、种植大户等新型农业生产主体以及示范基地等建立基层农业技术需求信息采集网络，适时收集农业生产第一线需要解决的技术问题，拟定阶段性的农业技术需求清单，在此基础上组织大学科研团队集中攻关，使大学的农技推广工作"有的放矢"，科研成果能够真正适用于实际生产，提高农产品的生产效率。

四、扩大大学农技推广服务队伍，加强高素质人才的培养

为加强大学作为服务"三农"的重要社会功能，应扩大固定编制的大学农技推广服务队伍。开展农技推广过程中所需的专业型人才目前还很稀缺，需要通过增加推广教授、推广副教授的编制，吸引更多专家参与到农技推广工作，建立一支稳定的基层农技推广队伍。对其他类型教授、副教授也要进行相应的工作职能定位，同时农业大学学生作为高素质人才资源，应该积极组织学生参与到推广工作中。

五、建立并完善绩效考核制度，提升大学农技推广人员的地位

建立有利于农技推广服务相应的绩效考核指标体系与政策激励机制急不可待，现在大学农技推广存在的问题之一是农技推广人员积极性不高。需要建立科学的绩效分类考核体系，对于农技推广人员，一方面要以"对农业发展的实际贡献和产生的社会经济效益"为准绳进行考核评比；另一方面，要切实提高大学农技推广人员的地位，增设农技推广工作杰出人才以及杰出贡献奖。

第三节　国内大学农技推广模式现状

　　大学拥有着独一无二的人才优势和资源优势，大学的教学和科研对农技推广工作有促进作用，中国大学农村科技服务作为独立于政府农业推广体系的一支重要力量，在形式、内容及制度等方面不断创新，形成一系列经典农技推广模式，给社会带来了很大的经济效益和社会效益。

　　近年来，为进一步推动高等院校参与中国新型农业科技服务体系建设，促进农业科技成果推广转化，教育部、科技部联合实施高校新农村发展研究院建设计划，大部分农业大学都设立了新农村发展研究院，通过与地方、企业合作，建设试验示范基地和推广站，整合学校与地方资源，为农民进行农技推广服务并取得较大的成效，如四川农业大学和雅安市合作结合当地特色对雅安市进行科技支撑并利用学校教学优势制定了一套培训体系，对雅安市农技人员、科技示范户、农户等进行实用技术和知识培训，推动了雅安市的新农村建设（许竹青等，2016）。

　　大学农技推广队伍多由专家组成，部分大学开展推广教授制度，各个大学出台的激励政策有利于激励大学教师进行农村科技服务，但是农技推广队伍中大部分人员需要兼顾教学与服务，并且存在"重科研轻推广"的现象。因为各个方面的因素，大学对教师推广工作进行评估存在实质性困难，同时激励的制度仍难以真正有效解决人才需求问题，如中国农业大学也开展推广教授制度长达10年，但是真正的推广教授只有1人，所以需要对大学教师进行意愿调查，并出台一系列有效的激励政策（汤国辉等，2014），保障大学推广队伍人员的积极性，让更多的专业人才加入到农技推广队伍中。

　　大学开展农技推广工作从以项目形式带队进入山村开展农技推广的"太行山道路"模式，发展到如今的专家工作站等形式，从科技大篷车的移动式推广发展到以试验示范基地为平台进行推广示范并辐射的模式，更好地运用大学资源进行农技推广。试验示范基地的建设是大学通过校地、校企合作等方式在主导产业核心区结合生产需求进行科研试验，并把科研成果进行推广示范，可以更好地看到科技转化成果的效果，增加农民对农业技术的采用度。但是大学所建立的示范基地的基础设施仍需改进，示范基地应结合当地特色产业进行功能性的完善，需要发挥示范基地展示科技成果并开展培训的作用。

　　大学在开展农技推广工作中，由专家队伍逐渐发展到有学生加入的推广队伍。早期大学农技推广工作只有专家团队进行推广，虽然专业性较强，但因为人才资源的缺乏，难以开展大范围的推广。如今大学逐渐让学生加入示范基地进行学习和协助推广，如中国农业大学的"科技小院"模式，是以研究生为主导开展的农技推广模式，研究生在学习专业知识后，到基地对当地农民进行培训，学生可以在基地了解生产需求并获得科研课题。大学已经把研究生培养模式与农技推广工作关联了起来，但是对大学生、研究生参与农技推广还没有系统的管理，所以大学需要制定完善的政策来进一步提高学生的积极性。

第四节　国内大学农技推广模式总结

近年来，为推动农业的发展，教育部、科技部联合实施高校新农村发展研究院建设计划，在大学设立了新农村发展研究院，对大学各部门的农技推广工作进行规划指导，取得了一定的成效。由华南农业大学主办的"大学农技推广服务模式论坛"，邀请了西北农林科技大学等27所农业高校的专家领导到会，围绕大学农技推广服务主题进行探讨，同时上海交通大学、南京农业大学、安徽农业大学和华南农业大学等大学分享了大学特色农技推广服务模式，给各个高校开展农技推广工作提供了参考。本书整理论坛上专家对大学农技推广工作的讨论，结合文献学习，总结出现阶段国内大学农技推广模式，所选高校包含华中农业大学等20所大学，其中高校所在省份分布较合理，具体省份分布如图4-1所示。

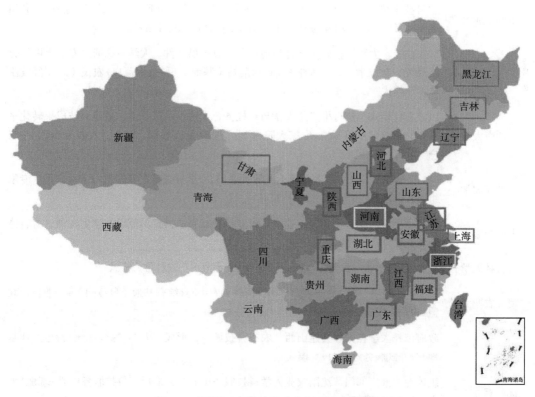

图4-1　课题研究高校所在省份分布示意图

一、推广模式

本研究主要研究大学所开展的农技推广模式，通过整理和总结，得出我国20所大学所开展的模式如表4-5所示。从表4-5可以看出，大学均通过示范基地这一平台进行农技推广工作。国内大学利用新农村发展研究院这一平台结合大学优势进行农技推广工作，选择校地合作、校企合作模式并建设示范基地等平台开展示范以及教育培训工作，从而实行"科研试验基地（大学）+区域示范基地+基层推广服务体系（地方政府）+农户（企业）"这一推广模式。逐渐形成从大学提供农业科技成果，地方政府提供推广渠道，企业实施集约化生产，农民接受科技并提出生产需求的推广模式，从上到下实行科技成果转化，从下到上了解真正的生产需求进行科技研究，形成了服务于全产业链的农技推广模式。

表4-5 国内大学农技推广模式总结

大学	服务模式
华中农业大学	"双百计划"（百名教授兴百企），实施"龙头企业+基地+专业合作社+贫困农户"农技推广模式
南京农业大学	"科技大篷车"模式（学校整合资源，由专家带队利用大篷车到各地进行科普答疑和农技培训），实现"线下建联盟，线上做服务"的"双线共推"的科技服务模式
中国农业大学	"科技小院"模式（建立示范区，研究生与科技人员到生产一线并开展推广和培训），形成"综合示范基地+特色产业基地+分布式服务站+农户"模式
西北农林科技大学	"农技专家大院"模式（结合当地特色地方提供条件，大学专家通过专家大院转化新品种、新技术），"大学+试验示范站（基地）+科技示范户+农民（新型经营主体）"模式
西南大学	以"石柱模式"进行推广（大学与石柱县合作建设示范基地，搭建科技成果转化平台），形成"示范基地+专家大院+产业科研团队（教师、学生、农技工程师）+农户"农技推广模式
浙江大学	"1+1+N模式"（一个农业产业主导为基础，1个省级推广专家组+1个地方推广专家组+若干经营主体）的农技推广模式
上海交通大学	形成了"浦江绿谷模式"（建设集农业科技成果、科技示范以及学生实训、游客体验观光的科普教育示范基地）
吉林大学	"专家+技术指导员区+企业+农民合作社+示范户"农技推广模式
河北农业大学	"太行山道路"模式，形成"专家+科教兴农中心+综合基地（科技园）+产业技术联盟+农户"模式
山西农业大学	政府依托大学在太谷县建山西"农谷科技城"，形成"大学+综合基地+特色产业基地+分布式服务站+农户"模式
沈阳农业大学	组建专业推广部门"沈阳农业大学科技服务中心"，形成"科技服务中心+基地+地方政府+农户"模式

（续表）

大学	服务模式
吉林农业大学	"大学+农业技术推广站+示范基地（农技示范中心）+农户"模式
东北农业大学	"农业专家在线"模式（通过通信设备进行技术知识传递并进行培训），探索"大学+合作社+基地+农户""大学+龙头企业+农户"等科技服务模式
安徽农业大学	"一站一盟一中心"校县合作共建模式（大学+试验站+产业联盟+推广中心），形成"四体融合"新型农业推广服务模式
福建农林大学	建设特色研究院，实行科技特派员制度（专家以特派员形式入驻到行政村进行农技推广）
湖南农业大学	形成"基地+专家服务站+团队+农民"的推广模式
江西农业大学	"大学+地方政府+企业+合作社或协会+农户"协同式推广
山东农业大学	形成"科技创新园+基地+农户"和"大学+企业+农户"模式
河南农业大学	"科技合作管理办公室+试验站+示范基地+经营主体+农户"模式
甘肃农业大学	"专家院"模式（"百村科技示范工程"为载体，由专家带领科技创新服务团队，建设示范基地，开展科技推广及培训）

二、推广队伍

国内大学形成的农技推广模式各有特色，开展模式的队伍组成也有所不同。由表4-6可知，我国大学开展农技推广服务的队伍主要由大学专家团队组成，部分大学让学生（研究生）加入推广队伍，其队伍人员具有专业性和科研精神，有助于更加科学地解决农技推广人员专业性不足这一问题。同时实行专家驻点模式，让专家和农民面对面交流，提供更快捷有效的咨询服务，大学专家进行科研也更加符合实际生产需求。部分大学没有明确记录农技推广人员数据，可能存在的问题是没有固定的推广人员和稳定的推广队伍，通过对大学推广队伍组成的总结可以发现，大部分大学没有明确记录能够长期驻地的专家有多少，这也反映出我国大学推广团队人员因为需要兼顾教学任务和科研任务，所以推广时间会受到一定的限制。

表4-6 国内大学推广队伍组成

大学	推广队伍
中国农业大学	整合110位岗位专家及其团队进行产业体系服务，每年有1 000多名研究生和800多名本科生加入红色1+1行动
南京农业大学	"学校首席专家+产业专家+基层推广人员"组成推广团队，共计专家300名，其中基层专家53名
华中农业大学	"十二五"期间共派驻各类科技特派员522人次

（续表）

大学	推广队伍
西北农林科技大学	300多名专家联合地方1 000多名农技推广骨干组成推广团队；示范站接纳本科生8 000多名，研究生1 100多名，创业学生260名
西南大学	4年来有919人次被正式选为科技特派员进行科技服务
浙江大学	30名教师组成研发团队，70名教师组成技术集成和推广队伍
上海交通大学	13个教授工作室，工作室由1位首席专家+1～2位教授+一支推广队伍
吉林大学	100余位专家进行农技服务，400余人次参加农民培训和宣讲
山西农业大学	由500多名专家和400多名研究生组成65个专业技术推广团队
沈阳农业大学	组建首席专家+创新团队+基层农技推广人员的推广队伍
吉林农业大学	300余名专家成为科技决策咨询员和科技特派员
东北农业大学	设"推广教授"岗位，累计下派挂职干部、科技特派员303名
安徽农业大学	76名首席专家+350名岗位专家+2 000多名研究生的推广团队
福建农林大学	200多位专家，参加农技推广人员550人
湖南农业大学	基地农技推广服务团队由大学教师以及研究生组成
江西农业大学	推广队伍由200名博士或讲师以上职称的专家组成
河南农业大学	首席专家+专家团队+3家单位（高校、基层推广部门、经营主体）

三、推广平台

推广模式的建立离不开平台的建设，在示范基地等平台进行农技推广是大学重点开展的工作，各个大学平台建设统计如表4-7所示。

表4-7 国内大学农技推广平台统计

大学	平台建设
中国农业大学	区域综合试验站26个、教授工作站67个，科技小院83个，农村问题观测点90个；建设农业大数据库和学校的信息平台
南京农业大学	建设"两地一站"连接，建设科研试验基地370亩*，区域示范推广基地30个，基层农技推广站点69个
华中农业大学	建设40多个农作物品种研究试验站、农业土壤观测试验站，园艺作物品种改良站和200多个成果转化、辐射基地；开办了华中农业信息网、华中蔬菜网等专业网站

---

* 1亩≈667平方米，1公顷=15亩，全书同

（续表）

大学	平台建设
西北农林科技大学	建立"农业科技专家大院"24个，建立27个试验站、45个基地、100多个示范园，涉及粮、果、茶等28个产业
西南大学	建立新农村建设服务基地17个，构筑战略咨询系统、技术支持系统、农业技术培训系统等辅助农技推广工作的开展
浙江大学	建立区域中心14个，现代农业技术试验示范基地19个，与湖州市农业科学院等单位共建6个产业研究院和研发中心
上海交通大学	1个综合示范基地，6个专业化示范基地，13个教授工作室
吉林大学	设立农村实用新技术研究与推广中心、农业人才实践与培训中心等5个中心，规划设计畜禽养殖和疾病防控实践基地和东北地区农产品加工实践基地与示范点等8个项目
山西农业大学	"一城四区多平台"：建设山西农谷科技城，农业科技创新区、农业高端服务区、创新创业企业孵化区、农业人才培养聚集区，建设100余个创新平台，建设130多个产学研基地，建设了"山西农业大学农业综合服务网络平台"
沈阳农业大学	建立1 500亩海城综合示范基地，在其他地区建立示范基地
吉林农业大学	建立科技示范区42个，新农村帮扶点、扶贫点36个
东北农业大学	建立信息平台，与黑龙江省委组织部龙江先锋网合作创办"东北农业大学农业专家在线"等远程教育课堂，实现信息互通
安徽农业大学	布局了8个区域性农业综合试验站，包括一栋综合大楼，500亩标准化试验示范基地，3个标准化实验室；以县为单位联合组建了76个"四体融合"县域农业主导产业联盟；与新型农业经营主体建立856个示范基地
福建农林大学	建设5个科研试验基地，37个区域示范基地，69个基层农技推广站点，一个农技推广信息化服务平台
湖南农业大学	5个综合示范基地，35个特色产业基地，11个专家服务站
江西农业大学	建设60个特色产业示范基地，有7个综合服务示范基地，48个特色产业示范基地，12个分布式服务站，4个科技驿站；建设"掌上科技"和科技服务公众号及服务团微信群等，实现了线上线下开展农技推广与咨询服务
河南农业大学	建立现代农业产业技术体系试验站，新农村发展研究院示范基地，校地企合作基地，校外教学科研试验基地
甘肃农业大学	建立21个"专家院"（含示范基地）

在推广平台方面，各大高校积极建设试验示范基地等平台，除了结合生产需求进行科研试验，还可以进行示范、推广、培训等工作，同时让农民可以看到科技成果的实际成效，更有利于农民接受科技成果，实现成果的有效转化。随着科技的不断进步，互联网逐渐普及，国内部分高校已经开展远程视频系统，一个专家可以通过远程

视频系统与多个基地进行视频授课交流，解决了专家到各地进行面对面授课的时间，同时可以多个同产业的地区进行视频，更高效地进行培训。各大高校有专家咨询系统、信息系统等，结合微信公众号和手机APP等方便快捷的方式进行农技推广工作，让农民通过手机即可了解最新的农技知识，并向专业性的专家进行咨询，实现线上线下结合的农技推广模式。

四、培训指导

通过文献研究和实地调研，国内各大高校开展培训主要有以下7种形式。

第一种，在试验示范基地进行推广辐射。在贫困地区建立试验示范基地，通过把大学最新科技成果运用在示范基地并开放提供参观，驻地专家到村户进行农技知识咨询、培训和服务，把示范基地作为一个推广平台向农民们进行农技知识培训和教育，从而进行推广培训。

第二种，通过组织专家团队进村入户开展培训班等形式进行培训和农事知识培训。国内高校均开展相关活动进村入户进行培训和教育，例如实行"双百"工程、"一村一大学生"等活动，积极组织专家和大学生深入到农村进行培训，同时专家和学生可以把论文写在土地上。

第三种，通过与政府合作，组织基层干部参与大学开展的农事知识培训。基层干部是最贴近农民生活的干部，对基层干部的农事培训有利于农技知识快速得到普及和被农民广泛接受。

第四种，与涉农企业建立教育联盟，对青年农场主和农技推广人员进行培训。涉农企业在科技成果转化过程中有较大的影响力，同时涉农企业面对的生产者更需要获得最新的农业知识，从而更好地进行优化生产，所以国内高校与涉农企业建立教育联盟，有企业设立经费，大学专家对企业内部和设计生产链的农技推广人员进行培训。

第五种，制作简便实用手册进行宣传和培训。为提高农技推广的有效性和便于推广信息的长期保存，大部分高校印发了农业技术相关书籍，通过"三下乡"等活动发放到各个乡镇，所制作的书籍简单明了，适用于广大生产者。

第六种，通过科技成果展览会或者组织企业展示会等形式进行科普培训。大学可以建立科技成果展览馆或者举办成果展览会，进行参观学习和科普，如西北农林科技大学建立博览园，园内有大学试验后的成果等的展示，园区开放，可以进行农业知识科普。

第七种，通过"互联网+农技推广"等平台进行培训。虽然大部分高校所开展的信息平台还不成熟，但是"南农易农"这一平台很好地展现了线上进行培训服务等优势，通过视频远程系统和专家咨询问答等功能实现跨区域、跨时段的培训，无需到现场即可进行培训，避免了推广人员较少而无法覆盖多地区这一缺陷。

总结出以上7种培训方式可以了解到大学开展农技推广的培训工作形式多样，且每种形式均有其优缺点,多种方式共同实施有利于培训工作的有效进行,所以大学要根据培训对象、培训条件等因素选择培训的方式,真正实现农业知识传授。

第五节 国内大学农技推广模式分类和比较

一、国内大学农技推广的模式分类

本研究根据前面对20所大学进行的研究,整理出现存的大学农技推广模式,并根据推广形式这一维度可以把现有模式分为移动型、固定型、入驻型以及信息型。

(一)移动型

移动型农技推广服务模式的代表有南京农业大学的"科技大篷车"模式,该模式主要是通过资源流动的形式对每个乡村开展农技推广工作,通过整合学校资源(新品种、新技术等),组织专家团队到地方通过开展科技讲座、现场咨询、指导等形式向农民直接传授农业科学知识,模式如图4-2所示。

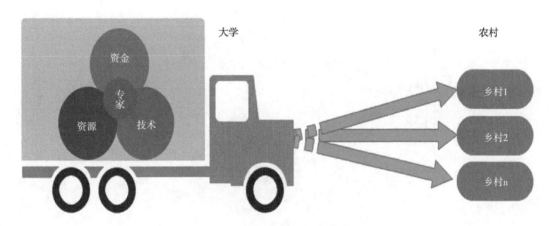

图4-2 可移动型农技推广服务模式

(二)固定型

固定型农技推广服务模式的代表有西北农林科技大学的"农业科技专家大院"模式、中国农业大学"科技小院"模式、安徽农业大学的"一站一盟一中心"模式等,该模式主要是通过在当地建立基地或者科技园等进行示范,大学向基地注入学校新品种、新技术等资源并向生产者们进行示范和推广,因为基地建设的成本较高,持久性基地更有利于农技推广工作的持续开展,模式如图4-3所示。

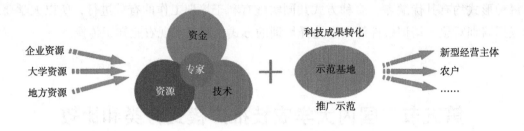

图4-3 固定型农技推广服务模式

（三）入驻型

入驻型农技推广服务模式的代表有华中农业大学的"百名教授兴百企"模式和福建农林大学的"科技特派员"模式，该模式主要是通过专家入驻企业，在企业开展技术成果转化和技术培训等农技推广工作，在企业中结合生产线进行科技成果转化；或者是通过科技特派员入驻行政村与地方政府合作指导当地的农技推广工作的开展，多是由对接方提供农技推广所需要的资源，由推广方进行技术推广服务，模式如图4-4所示。

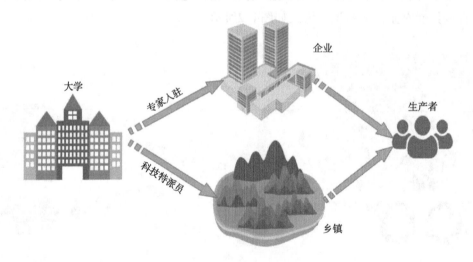

图4-4 入驻型农技推广服务模式

（四）信息型

信息型农技推广服务模式的代表有东北农业大学的"农业专家在线"模式和南京农业大学的"南农易农"模式等通过通信设备进行农技推广，主要是通过互联网、通信设备等实现不限地域、不限时间的农技推广，生产者们可以利用手机APP等进行在线咨询及信息资源获取，专家可以通过在线交流解答问题或者通过远程视频系统进行技术培训指导，模式如图4-5所示。

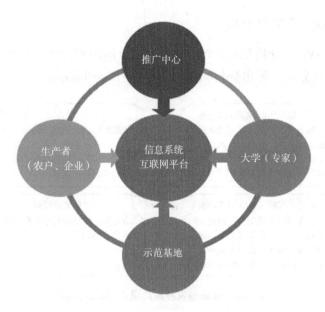

图4-5　信息型农技推广服务模式

二、模式比较及SWOT分析

（一）模式比较及结论

通过对大学在其中的地位和作用、推广的方法、推广的队伍组成以及进行培训的方式对所总结的4种模式进行比较，得出如表4-8所示的特点和结论。

表4-8　模式对比维度及结论

推广模式	大学的作用	推广方法	推广队伍	培训方式
移动型	主要由大学整合学校资源到乡村	通过组织团队并整合学校资源到当地开展推广	各学科专家+当地推广人员	开展科技讲座，现场咨询、指导
固定型	校地、校企合作或者学校自身建设示范基地	通过建设基地等示范区转化科技成果进行推广	专家+示范户+基层推广人员	通过示范基地开展示范推广和培训指导
入驻型	主要是大学提供科研成果和专家给企业和乡村	通过专家到企业或者乡村进行科技成果转化，由企业、乡村推广	专家+企业+农户，专家+基层推广人员	通过乡村或者企业生产线示范推广并辐射农户
信息型	学校专家主导的知识传播和指导培训	通过通信设备（手机APP、远程视频系统等）进行知识传送和在线咨询、培训指导	专家+行业专家+生产者（农户、企业、基地）	通过远程视频系统进行线上的实时培训和咨询指导

（二）四种模式SWOT分析

本研究使用SWOT分析法对4个类型进行内外部因素分析，得出其优势、劣势、机遇和挑战的综合分析，得出分析结果如图4-6至图4-9所示。

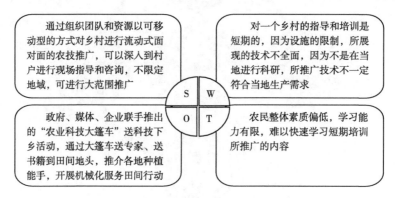

图4-6 移动型农技推广模式SWOT分析

从分析得出，移动型的内部因素较为重要，需要加强学校积极整合资源并提高专家团队的参与度。

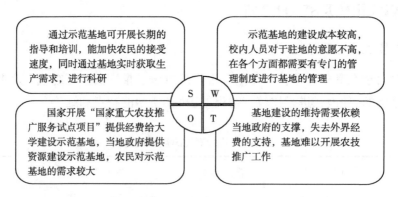

图4-7 固定型农技推广模式SWOT分析

从分析结果得出，固定型有较大的政策支持力度，外部因素对该类型的影响较大，但是固定型的采用度较高。

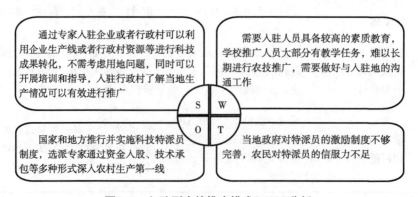

图4-8 入驻型农技推广模式SWOT分析

从分析结果得出，入驻型的外部因素影响较大，主要依赖外界平台，但是其优势在于大学内部的资源可以借助外部的平台进行整合。

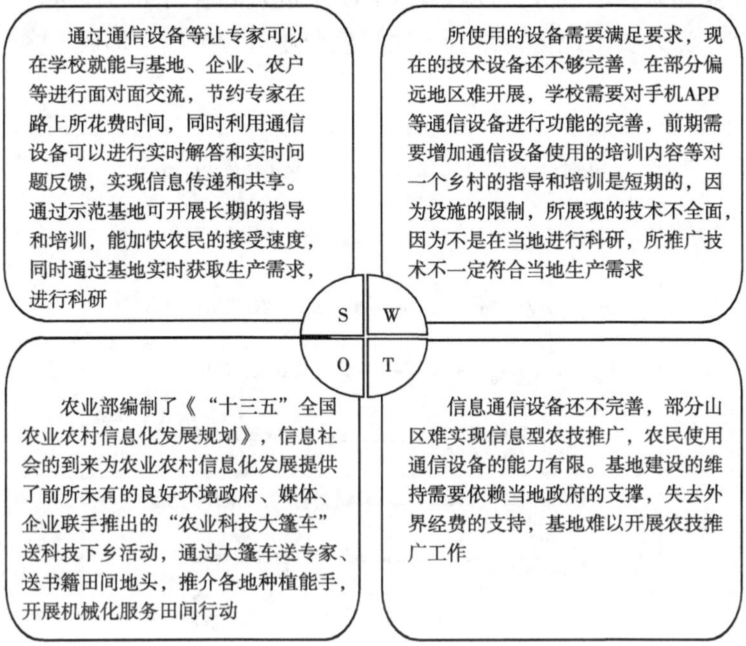

通过通信设备等让专家可以在学校就能与基地、企业、农户等进行面对面交流，节约专家在路上所花费时间，同时利用通信设备可以进行实时解答和实时问题反馈，实现信息传递和共享。通过示范基地可开展长期的指导和培训，能加快农民的接受速度，同时通过基地实时获取生产需求，进行科研

所使用的设备需要满足要求，现在的技术设备还不够完善，在部分偏远地区难开展，学校需要对手机APP等通信设备进行功能的完善，前期需要增加通信设备使用的培训内容等对一个乡村的指导和培训是短期的，因为设施的限制，所展现的技术不全面，因为不是在当地进行科研，所推广技术不一定符合当地生产需求

农业部编制了《"十三五"全国农业农村信息化发展规划》，信息社会的到来为农业农村信息化发展提供了前所未有的良好环境政府、媒体、企业联手推出的"农业科技大篷车"送科技下乡活动，通过大篷车送专家、送书籍田间地头，推介各地种植能手，开展机械化服务田间行动

信息通信设备还不完善，部分山区难实现信息型农技推广，农民使用通信设备的能力有限。基地建设的维持需要依赖当地政府的支撑，失去外界经费的支持，基地难以开展农技推广工作

图4-9　信息型农技推广模式SWOT分析

通过以上对4种类型的SWOT分析可以得出，移动型相较于其余类型的优势在于可以到多个地方进行面对面培训且经费预算不高；固定型相较于其他类型的优势在于示范有长效性且农民采用技术度较高，培训效果较明显；入驻型相较于其他类型的优势在于企业、当地政府等外部支持优势明显，开展推广基础较好；信息型相较于其他类型的优势在于信息的快速传递和共享性。

在现在的大学农技推广模式开展中，固定型是大部分大学选择的推广类型，因为在政策的支持下，当地政府或者企业对示范基地的建设提供了较大力度的支持，给大学开展农技推广工作提供了经费支持，而信息型在推广过程中的发展才刚刚起步，且因为设备等的限制，大部分高校还没有开展这一类型的推广，但是信息型的发展前景较好，因为随着科技的不断发达，信息流通与共享越来越重要。

第六节　国内大学农技推广特色模式介绍

我国早期农业推广机构如图4-10所示，随着科技的不断发展，国内高校也加入到农技推广队伍中，高校通过和地方政府、企业合作，发挥自身人才优势和科技优势，建立了一种农业科研、教育、推广三位一体的校地合作推广服务模式。国内大学开展农技推广工作内容涵盖了多个方面，包含科技成果的转化、农技知识的教育和人才培训等，提供农业知识咨询服务，校内专家和学生进入到各村进行服务，结合生产需求进行科学研究，深入贫困地区，结合当地特色产业进行推广，形成了多个典型的大学农技推广模式。

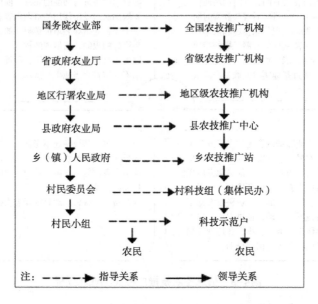

图4-10　我国农业推广机构及管理（张社梅，2017）

一、西北农林科技大学农技推广模式

西北农林科技大学的农技推广有自己的特色，获得了较大的成效，并形成了经典"专家大院"模式，如图4-11所示。地方政府在田间地头建立大院提供条件给专家进行农技推广工作，专家把试验站从大学转移到示范园，为农民树样板，通过培训指导等培养当地基层干部和农民。在开展过程中，发现其不能充分发挥大学专家在产业发展中的引领作用，存在科技服务范围较小，持续发展能力不强，设施条件保障不足等问题。

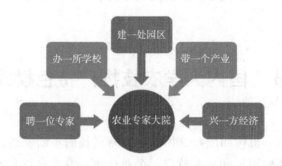

图4-11　西农模式1.0版本

2005年以来，以农业生态区域为单元，在区域主导产业中心地带建立试验示范站，开展了"政府推动下，以大学为依托，以基层农技力量为骨干的农业科技推广新模式"探索与实践工作，也就是2.0版本"西农模式"，如图4-12所示。

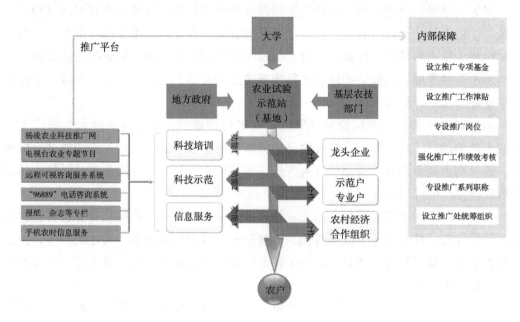

图4-12　西农模式2.0版本

2.0版本西农模式的科技推广队伍组建遵循多学科参与、多专业协同、多层次联动的原则，从"土地到餐桌"的全产业链技术服务是该模式的创新点，构建"大学—试验示范站（基地）—科技示范户—农民"模式。推广专家结合当地生产需求在试验示范站进行试验科研，并与农户"面对面"进行推广指导培训，"试验站"通过培育科技示范户、专业合作社、龙头企业等新型经营主体为引领，开展集中培训和田间指导等形式，加速农业新成果、新技术进村入户，取得了较大的成效。

在建设初期，西北农林科技大学利用大学本身优势，由学校出资建设试验示范站，如眉县猕猴桃试验示范站，占地面积160亩，由学校出资打造的试验示范站具备科学研究、教学学习、示范推广、人才培养、野外观测等职能，通过发挥试验示范站推广等职能，通过学校和地方政府的人才以及经费支持，试验示范站的运营带来的经济效益和社会效益明显可见。根据实地调研可得，截至2016年，眉县种植猕猴桃的规模从8.5万亩发展到30万亩，其产值从2.2亿元增加到29亿元，人均收入从846元增加到9 800元，同时近10年来开展"1+2+2+N"的模式组建66名技术示范推广团队，增加了100多个示范户、培养了100多名县级农技骨干和100多名乡土专家，培育职业农民500多名，果农12 000人次。

区别于眉县猕猴桃试验站，白水县苹果试验示范站是由政府出地、学校出资建设综合楼的形式进行校县合作，学校先后投入1 000余万元进行基础设施的建立和完善，同时通过学校与地方政府对试验示范站的人员与资金支持，所开展的农技推广工作有较大成效，对区域农业发展和农民增收起到示范引领作用，累计推广面积超过3亿亩，新增社会经济效益500多亿元，培训200多名当地基层推广人员，开展培训班累计培训人员达15.6万人次，其推广辐射范围较广。

因为前期通过地方出地、学校出资建设综合楼等校县合作模式所开展的试验示范站取得了较大的社会经济效益，获得了国家财政部、农业部等部委的高度肯定，西北农林科技大学农技推广工作获得了财政部每年的稳定经费支持，同时因为试验站带动了当地产业的发展，试验站的建设获得当地政府的支持，为接下来的农技推广工作提供了良好的发展环境与条件。

通过对大学领导以及试验站专家负责人进行访谈，西北农林科技大学推广工作能够出色的进行，最主要的是学校内部的保障与激励政策以及学校外部的协同保障机制。通过实地调研和对试验站负责人进行访谈获得信息可以总结西北农林科技大学所开展农技推广的优势如下。

农技推广工作有统一规划。西北农林科技大学新农村发展研究院业务边界包含农业科学研究院、社会服务、成果转化、科技扶贫、乡村振兴战略、人才培养等，由新农村发展研究院进行统一规划，避免了各部门之间的职能交叉与重复工作，可以有效地开展农技推广工作。

具备较多的推广专职人员和激励政策。西北农林科技大学教师分为教学型、科研型、教学+科研型、科研+推广型，因为部分教师没有教学任务，可以常驻试验站进行科研推广，同时具有推广岗位，在推广职称方面进行职称单列，由学校统筹招聘再分配到各个学院，推广队伍得到了保障。

从县到省建站，接触到最基层生产需求。西北农林科技大学建站主要从县开始，通过在各县建立试验示范站并获得较好成效，可以接触到生产第一线，同时实现科技扶贫等社会服务职能，有利于辐射更多的区域。

推广人员具有较好的情怀以及学校领导的大力支持。学校所开展的三次党代会对农技推广工作给予较高的肯定和支持，排除万难建立多个公益性试验示范站，旨在带动当地特色产业发展并实现社会服务功能，而通过对试验站负责人的访谈可以知道，当地试验示范站不进行生产，农民、企业等到当地进行参观不收取费用，同时可以获得培训。专家认为，农民收入较少，而且大部分到试验站进行学习的涉农企业都处于起步阶段，应该对他们进行大力的支持，有着较好的推广理念和情怀。

培训当地人员，扩大推广队伍。西北农林科技大学开展农技推广工作队伍不断扩大，原因是专家在试验站进行试验推广工作时，与当地政府推广人员共同开展工作，通过选派当地农技推广人员到试验站协助开展农技推广工作，培训一批又一批的推广人员，扩大了农技推广队伍，辐射更多的区域。

二、安徽农业大学农技推广模式

安徽农业大学最初的"大别山道路"模式是专家团队以项目形式带着学校科研成

果到山村中进行技术指导以及培训，帮助大别山区的人民大力发展适度规模的区域性支柱产业。随着科技的进步，为实现农业的增效、农民的增收、依靠科技进步让农村快速发展，安徽农业大学的新农村发展研究院根据安徽省各生态区主导产业，结合学校专业结构设置，在安徽省行政区域内拟规划建设8个主导产业试验站，选拔品学兼优且具有创新精神、符合推荐条件的学生进入"学校+基地"培养模式，以项目为载体进行农技推广工作，开展"现代青年农场主"创新产业试验班，培养更多农技推广人才。

在合作方面，安徽农业大学开展"一站一盟一中心"的校县共建模式，如图4-13所示。在政策方面，为鼓励更多的教职工主动投身扶贫事业，成立以专家、教授为支撑的科技服务体系，形成了"1+1+N"新型产业农技推广服务模式，即1支高校创新团队+1支地方推广服务团队+N个新型农业经营主体的四体融合服务模式，实现人才培养、科技创新、社会服务、创业孵化等功能。

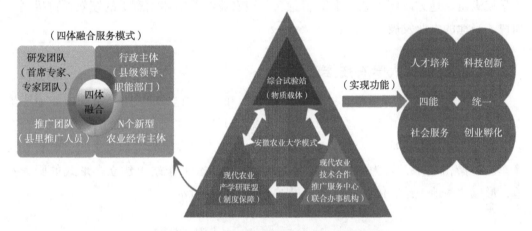

图4-13　"一站一盟一中心"的校县共建模式

通过对安徽农业大学新农村发展研究院相关负责人进行访谈，对安徽农业大学农技推广工作有了进一步的了解，安徽农业大学农技推广工作能够成为典范有以下几个特点。

新农村发展研究院的职能比较明确。通过设立专家咨询委员会对新农村发展研究院的规划以及决策进行咨询，得出最佳决策，同时由新农村发展研究院统一规划农技推广工作。

实现"五大转变"。从单一技术推广转变为"四能统一"的试验站推广；从试验站的自建自用转变为校县合作的共商、共建、共享、共管模式；从单兵作战转变为团队进行推广；由服务产业关键环节转为服务全产业链；由技术支撑向支撑、引领并重转变。

有稳定的专家推广队伍，制度能够提高专家积极性。安徽农业大学有350多名专家，带领近2 000名研究生和360多名基层农技推广人员进行农技推广工作，同时专家们愿意下到田间地头进行全产业链的技术服务，学校为专家提供试验站等平台，专家可以通过该平台进行课题研究并进行示范推广，同时驻地专家也可以指导研究生，实现多方面的绩效考核，专家团队还可以通过工作量的评定获得当地政府提供的奖励，大大提高了专家驻地的积极性。

建设"四能统一"的试验站。安徽农业大学建设8个主导产业试验站，提供实验室，教师可以带领学生到试验站进行实训，实现人才培养，同时试验站具备人才培养、科学研究、示范推广、创业孵化这4个职能，实现学校与地方政府的共同受益。

建立"四体融合"产业联盟，实现"五链耦合"的资源配置机制。通过试验站的建立，为对全产业链进行技术服务，安徽农业大学与地方政府共同建立了76个产业联盟（包含安徽农业大学的研发主体、县市等行政主体、推广主体以及N个新型经营主体），实现全产业链的技术服务。

总体来说，安徽农业大学通过"五大转变"进行"四能统一"的试验站建设，并且建立"四体融合"的产业联盟，实现"五链耦合"原则，最后达到"四个满意"（学校满意、地方政府满意、上级满意、新型农业经营主体满意）的绩效评价机制，加快了当地的农业发展。

三、南京农业大学农技推广模式

南京农业大学初期开展的"科技大篷车"和"双百工程"让专家到田间地头给农户送科技、送物资并进行咨询和指导，有效地开展了推广。在党的十一届三中全会后，国家公益性农技推广系统建立恢复，成立的新农村发展研究院一改过去"科技大篷车"的游击战术，转为"阵地战"，着手推动专家工作站等建立多形式的服务基地，形成"两地一站一体"农技推广模式，如图4-14所示。

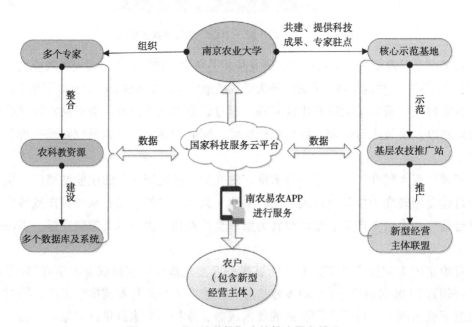

图4-14 "双线共推"农技推广服务模式

除此之外，南京农业大学搭建了集成果展示发布、远程培训指导、在线对接洽谈、疑难问题会诊等功能于一体的农村科技服务信息化平台，自主开发"南农易农"手机APP，以学校校外基地为依托，利用物联网、远程视频、智能终端、空间定位等技术，搭建高校与基地、企业、农户之间的信息化枢纽，把农技推广数据、教育培训资源、科技成果信息等通过APP推送给对接服务的新型农业经营主体等，实现"M"个专家利用"1"个信息化平台，实时远程指导和服务"N"个基地农业生产的"M+1+N"模式。其线下建设新型经营主体联盟和信息化平台进行服务所形成的"线上做服务，线下建联盟"双线共推农技推广服务模式，多次被报道和被参考学习。

四、华南农业大学农技推广模式

（一）华南农业大学农技推广背景

建立于1909年的华南农业大学是全国重点大学、广东省和农业部共建的"211工程"大学、广东省高水平建设高校。学校是以农业科学和生命科学为优势，以热带亚热带区域农业研究为特色，农、工、文、理、经、管、法等多学科协调发展的教学研究型大学，拥有新农村发展研究院等国家级平台9个，具备优质的教学团队。同时华南农业大学新农村发展研究院作为广东省唯一的大学农技推广服务国家级平台，结合大学资源以建设农业科技创新试验基地为中心进行农技推广服务，对其农技推广模式进行研究有利于广东省农技推广工作的开展。

（二）华南农业大学农技推广工作概况

华南农业大学通过建立科研试验基地、区域示范基地以及基层农技推广站点，探索建立了"科研试验基地+区域示范基地+基层农技推广站点+农户"的链条式农技推广服务新模式，实现了全方位、多层次进行新品种、新技术与新模式的示范推广，基本建成全覆盖链条式的大学农技推广服务基地体系，推广了先进、高效、适用的农业技术并取得初步成效。同时华南农业大学逐步建立了"互联网+农技推广"服务信息平台，深入开展了大学农技推广服务体制机制改革，拟定若干政策文件，探索建立了一套行之有效的高校农技推广激励机制，成功促进科技成果快速转化，实现农科教相结合。所开展的农技推广工作分为如下几个方面。

第一，积极建设基地进行推广服务。华南农业大学通过校企、校地合作等方式建设科研试验基地、区域示范基地和基层农技推广站点，实现"科研试验基地+区域示范基地+基层推广站点+农户"的链条式农技推广服务。与地方政府合作可以更好地对当地农民进行培训，同时示范基地的建设有利于提高农民对农业技术的采用度，更好地把大学的新品种和新技术进行示范并转化，获得更好的农技推广效果。与企业合作可以通过企业转化科技成果并获得生产需求，从而开展科研活动。

第二，搭建"互联网+大学农技推广"服务大平台。华南农业大学在线下建立了示范基地进行示范推广及培训，但是示范基地需要有良好的设施才能有好的示范效果。所以华南农业大学建立农情检测平台，将采集数据通过互联网等即时通信系统进行实时传输至物联网综合服务平台，为企业和专家进行生产决策提供数据支持。同时建立农技信息平台，用户通过Web、PC与移动客户端可以访问数据与系统管理功能，解决了信息不流畅的难题。因为线下示范基地辐射的区域有限，而通过"互联网+大学农技推广"这一服务平台，可以把新品种、新技术等知识通过互联网传送到农户手中并获得生产需求，农户也可以通过通信设备和远程视频系统等方式进行专家咨询等，加快了农民接收信息的速度。

第三，实践出农技推广新模式。华南农业大学与农业龙头企业、专业合作社等合作，探索并建立了"大学+县市农技推广中心+龙头企业+基地+农户""大学+农业产业化龙头企业+理事会+农户""高校+专业合作社+社员"等农技推广服务模式。大学自身有着资源优势，但是在开展农技推广工作过程中，借助专业合作社或者龙头企业这一载体可以有效地开展农技推广工作。同时通过线下建基地进行示范推广服务（Offline），线上实现"互联网+大学农技推广"进行服务（Online），形成了线上线下的大学农技推广服务O2O（Online/Offline）新模式。

第四，制定一系列考核制度并创新绩效考核系统。华南农业大学建立一套管理办法和绩效考核机制，实行农技推广服务与年度考核和薪酬"双挂钩"，并利用绩效考核系统实现实时上报农技推广工作量，更科学有效地进行农技推广人员的绩效考核工作，同时学校开展"A/B角"授课制度，一门课可以由两名以上教师授课，解决了上课不能到基地指导的难题，有效地激发了教师开展农技推广服务地主动性和积极性。

第五，积极组织学生到实践基地进行实训，开展百千万工程计划。农技推广工作需要强大的推广队伍，华南农业大学除了积极组织教师进行农技推广服务工作，同样注重培养优秀学生参与到农技推广队伍中，通过开展百师千生服务万农的农村科技服务工程，组织了1 038位农技推广志愿者一起参与农技推广工作，到各地了解当地农业发展并获得生产需求。

（三）华南农业大学模式分析

华南农业大学与温氏集团的产学研合作进行科技成果转化以及技术服务所形成的模式在广东省甚至全国都具有示范作用（吕建秋，2012；罗庆斌等，2014；房三虎等，2016），把该合作案例作简要分析，分析其合作、技术服务形式的发展历程及其获得成效，进一步推动该模式的发展。

1. 合作模式发展历程

华南农业大学与温氏集团的合作从开始的"顾问式"到如今全面合作的产学研一体模式，有效地利用了学校的资源给企业提供技术支持和技术服务，为温氏集团带来了较大的收益，同时通过合作，加强了学校的人才培养，有利于学校的发展。具体合作历程如图4-15所示。

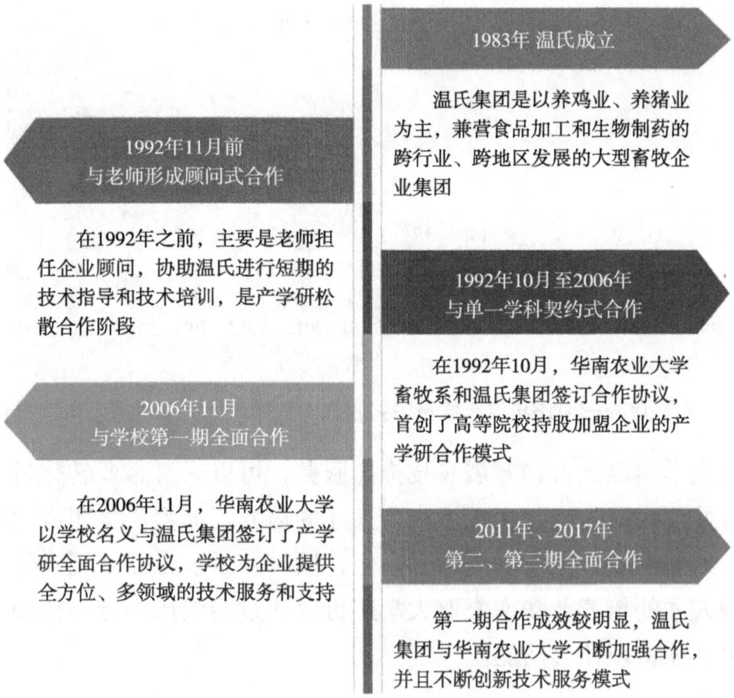

1983年 温氏成立

温氏集团是以养鸡业、养猪业为主，兼营食品加工和生物制药的跨行业、跨地区发展的大型畜牧企业集团

1992年11月前
与老师形成顾问式合作

在1992年之前，主要是老师担任企业顾问，协助温氏进行短期的技术指导和技术培训，是产学研松散合作阶段

1992年10月至2006年
与单一学科契约式合作

在1992年10月，华南农业大学畜牧系和温氏集团签订合作协议，首创了高等院校持股加盟企业的产学研合作模式

2006年11月
与学校第一期全面合作

在2006年11月，华南农业大学以学校名义与温氏集团签订了产学研全面合作协议，学校为企业提供全方位、多领域的技术服务和支持

2011年、2017年
第二、第三期全面合作

第一期合作成效较明显，温氏集团与华南农业大学不断加强合作，并且不断创新技术服务模式

图4-15 华农与温氏集团合作历程

2. 技术服务模式的发展历程

随着生产需求的不断变化，华南农业大学提供给温氏集团的技术服务模式也在逐渐创新，从刚开始的教师作为技术顾问对企业进行短期的技术指导，到以技术入股方式进行科技成果转化和技术转让，再与企业整合资源共建研发平台，用以研发和培养学生，有效地进行了农技推广服务。发展历程如图4-16所示。

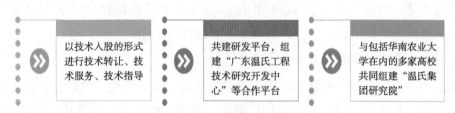

以技术入股的形式进行技术转让、技术服务、技术指导

共建研发平台，组建"广东温氏工程技术研究开发中心"等合作平台

与包括华南农业大学在内的多家高校共同组建"温氏集团研究院"

图4-16 技术服务发展历程

3. 模式开展成效

温氏集团在开展与华南农业大学合作推广后，温氏股份销售收入近年来一直保持平均15%左右年增长率，效益保持增长趋势，如图4-17所示。同时温氏保持着"企业+基地"的模式经营，由华南农业大学提供技术资源进行科研成果的转化和技术服务，同时建设温氏班，学校可以培育生产型人才进行技术推广，企业可以及时在大学吸纳人才到企业进行科研。

单位：亿元

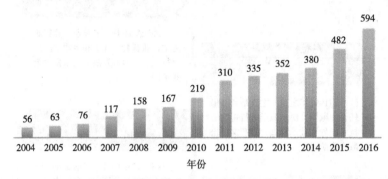

图4-17 2004—2016年温氏股份销售收入（数据来源：温氏股份年度报告）

华南农业大学与温氏合作开展农技推广服务，可以通过企业转化科研成果以及推广，同时通过共建科研平台，实现生产型人才的培养。如温氏集团成立教学科研基地提供实习平台给华南农业大学的老师和学生，同时在学校设立"温氏班"和温氏奖学金，助力学校人才的培养。华南农业大学还可以通过与温氏的合作拓展更多农技推广服务渠道，更好地实现社会功能。

4.模式特色

华南农业大学和温氏集团双方合作建立省级大学生实践教学基地，通过华南农业大学的专业学科与温氏集团的生产线进行结合，实现科技成果的转化，同时定期进行培训指导，有效开展农技推广服务；同时建立"远程视频教学实验室"作为实践教学基地的延伸，学校专家可以通过线上实现远程技术指导和技术服务，解决了生产过程中实时发现的问题，保证了生产线的运转；在华南农业大学成立"温氏班"，设立温氏奖学金，采用"学校专业学习+企业生产学习+企业实训"的校企联合培养模式，培养生产型人才；华南农业大学与企业的800多名技术人员及400多名养殖户助理组成庞大的农技推广服务队伍，进一步开展有效的农技推广工作。

5.华南农业大学农技推广的创新点

华南农业大学开展的农技推广工作有多种模式，通过与地方政府、企业、专业合作社等合作，扩大农技推广队伍及推广范围，并创新推广手段和方式，实现"大学+试验基地+示范基地+农户"推广模式，开发多个系统协助农技推广工作的开展，其创新点如下。

第一，开展"互联网+农技推广"，实现信息共享和信息互通。对比国内其他大学，华南农业大学搭建了"互联网+农技推广"全程化农技推广服务平台，不仅包含手机APP，还建设新媒体服务平台、院校农技推广服务专业系统、大学农技推广服务综合管理及绩效评价系统、农业成果数字化展示系统、农技知识智能问答系统、农技推广远程技术培训及远程诊断服务系统、农业生产远程访问系统、农业物联网监测系统，实现链条式大学农技推广和全程化服务。

第二，形成大学农技推广服务O2O（Online/Offline）"直销"新模式，解决因推广资源缺乏而推广范围过小等问题。对比国内其他大学，华南农业大学实践探索了大学农技推广服务O2O"直销"新模式，即以新型农业经营主体等为载体和媒介，线下组建"科研试验基地＋区域示范基地＋基层农技站点"农技推广服务基地，线上运行"互联网＋"大学农技推广服务平台直接对接大学和新型农业经营主体等，实践线上做服务、线下做示范的大学农技推广服务O2O"直销"新模式，通过线上线下一起进行农技推广服务，更有效地推动农技推广工作的开展。

第三，创新绩效考核机制，对推广服务进行"系统"管理，解决了推广人员绩效考核难等问题。对比国内其他大学，华南农业大学建立了农技推广服务与工作业绩和薪酬"双挂钩"新机制，即农技推广服务与年度考核工作业绩（年度考核、职称评定）和薪酬"双挂钩"，农技推广服务工作量采用实时现场手机（APP、微信小程序等）申报方式，通过多种形式上传农技推广服务的工作量到大学农技推广服务绩效考核管理系统，系统上对工作量进行记录和考核，特别之处在于，因为系统只能在实时地点进行推广服务记录，更科学、更准确地反映不同岗位人员的工作状况，有效地激发了教职工开展农技服务的主动性和积极性。

第四，创新教师授课方式及学生培养制度，解决了教师课程与推广服务冲突等问题。对比于其他大学，为了让更多老师参与到推广服务工作，学校试行"A/B角"的授课模式，也就是一门课由两名以上教师共同授课，交叉授课可以提供时间让教师到基地进行推广服务。在学生培养方面，通过"学校＋基地"等模式培养创新型人才，同时在学校开展百千万工程，组织1 038名学生参与到推广服务工作中。通过组织农业技术知识竞赛等来提高学生的参与度，争取发动更多的学生参与到工作中来，培育更多优秀的人才。

五、国内大学农技推广模式存在的不足

通过大学农技推广的现状分析和研究，可以得出大学农技推广工作在不断发展，出现了许多如"专家大院"等特色模式，给农技推广工作的开展提供了样本，但是大学农技推广模式仍有需要进行改进的地方，在政策、人员、资源等方面都存在着不足，总结得出我国大学农技推广工作存在以下问题。

大学没有纳入国家推广体系，国家对大学推广的绩效评价没有相应制度。中央1号文件明确将大学农技推广定义为公益性的活动，但是大学农技推广没有从制度层面纳入国家和省级推广体系中，其农技推广的开展缺少制度保障。

部分大学科研成果不适用于实际生产。因为大学科研项目大部分在校内进行，虽然进行调研，但其科研成果仍有部分难以真正运用于生产。

公益性农技推广工作没有经费支持，缺乏长效的制度保障。大学开展农技推广工作依赖于项目的科研经费，但是大部分大学开展农技推广的经费没有稳定来源，对于试验示范基地的建设及维护等长远的规划难以实施。

公益性农技推广工作在高校考核评价中没有客观体现，对农技推广人员的激励力度不足。大学教师有教学与科研任务，教师的考核机制大部分由教学与科研以及论文组成，对于推广考核没有完善的制度，导致参与农技推广工作的人员积极性不足。

相关管理工作分散在多个部门和机构，没有统一纳入学校新农村发展研究院建设中，导致工作交叉重复。大部分大学成立了新农村发展研究院，但是其定位与职能还不够精确，导致与学校其他部门有职能的重叠，工作难以开展。

基地建设功能性还不够完善。基地的建设需要发挥社会服务与人才培养等职能，但是大部分基地的基础设施仍不完善。

第七节　大学农技推广服务模式面临的问题

为了创新农业技术推广体制机制，探索科研院校农技推广服务新模式，我国相关涉农大学和科研院所为此做了大量的探索，并以大学农技推广项目为契机，为大学农技推广模式的构建做了大量的实际工作，积累了丰富的经验，但也在以下几个方面存在不足，需要在以后推广实践中进一步完善。

一、推广效果有待提高

农业生产具有周期长、受季节影响大的特点，且农业技术需长时间推广才能在生产中见到实效，大学农技推广项目更是一个长期的过程。一是由于时间和经费使用的限制，项目的示范推广效果受到影响。如项目经费实际到账偏迟，3月才开始使用相关经费，对春季生产示范的安排产生一定影响。特别是水稻、玉米、果树，有些茄果类品种的生产示范一般上年度的12月底就开始育苗，过了适宜播种期，示范基地的选择和组织难以开展，所以有些站点的示范展示工作推迟到秋季。二是项目执行期一年，技术熟化及辐射效率不够高，如信息和技术是当前农业生产中最活跃的生产力，现有项目资金不足以完成整个农业推广体系的建立，只能完成基础平台的开发工作。三是基层农技推广经费不足，部分地区农技推广设施设备严重滞后，现代化的信息设备无法配备。四是信息平台的维护较难，农业合作社（公司）缺乏相关维护技术和维护人员，能否充分发挥信息平台的作用还存在很多的不确定性，需要较长时间维护开发平台使用。

二、推广管理有待优化

因大学农技推广工作处于尝试阶段，暂未有明确项目管理办法，导致项目经费使用遇到困难。一是资金使用范围和支出比例、科研和教学人员差旅费核销办法、用于奖励科技人员的绩效支出资金如何处理尚未明确。二是使用范围不明确。如个别单位在农技推广过程存在类别支出不清的状况，单位开展了一些创新性工作，如构建新型经营主体联盟、搭建信息化平台等。根据现有的经费使用指导意见，许多创新性的工作的支出，不清楚经费支出类别。三是绩效支出无明确条文。基层科技人员的补贴不能名正言顺的纳入项目预算中，暂无法支出相关费用；对提供基层科技人员参与积极性有一定的影响。四是采购流程繁琐、耗时。在大学农技推广工作涉及的采购与经费支出中有严格要求，超过1万元采购计划即需要开展招投标流程，耗时较长，影响试点工作的进度。

三、体制机制仍需破解

大学农技推广涉及组织管理、人事管理、资源整合和知识产权管理等多方面的改革。受限于国家、省（市）和学校原有体制机制，大学农技推广工作遭遇瓶颈。一是大学教学、科研和推广三位一体的功能对每个教师的分工不够明确，农技推广单位/部门职能、性质定位不清；导致高校农技推广等社会服务职能弱化。二是部分高校还无法对从事农业技术推广人员进行有效的管理和评价以及工作量考核、职称晋升等，对农技推广工作方面重视不够。三是高校与原有农业技术推广体系的合作机制也要进一步加强和完善，高校教学、科研和推广人员指导生产的机制和政策也要进一步完善。

四、基层农技推广体系还需进一步健全

一是农技推广队伍结构不全。基层从事农技推广的专业人员较少，没有注入新鲜血液，没有进行连续的系统性的知识更新培训，年龄结构，文化程度结构不合理，知识落后老化造成农技队伍不稳定，年轻的农技人员流失严重。二是高校农技推广出现"缺人下、不敢下、不想下、不能下"局面，学科专家下基层长期驻点困难问题。高校教师常存在着教学、科研与到基层开展技术推广应用工作之间的时间冲突、职称评聘和绩效考核存在轻社会服务倾向、专职推广人员较少等。这些问题在一定程度上限制和影响了教师到基层从事农业技术推广应用工作的积极性和主动性。三是现有基层农技推广体系似有似无，处于尴尬境地，依附于现有公务员政府行政体系，但人员队伍基本待遇没有保障，缺乏推广资金和手段，农技推广服务的主体不明确，上和科研院校、下和企业农户没有稳定的服务渠道，项目实施过程中的创新尝试依靠项目经费维持，一旦项目不能继续，这种尝试就会戛然而止。

五、适度规模经营主体发展还需加快

目前土地多处于分散经营，单个经营主体规模较小，种植水平差异性很大。缺乏适应当前农业产业发展的科技管理人才和经营人才。随着社会经济发展和社会转型，

年轻有知识的农民大都外出务工，不愿意从事农业生产，特别是费工、费时、周期较长的农业生产。留守农村从事农业生产的大多为50岁以上中老年人，其小农意识依然较强，文化素质欠缺，新技术推广困难。不少农户市场信息闭塞，缺乏科学发展观念，种植结构调整随大流，对新技术、新品种接受能力相对较弱，增大了新技术、新品种的推广难度，使得应用科技难以普及。

第四章 国内大学农技推广服务相关政策激励措施

农业科技推广服务体制和运行机制是由面向"三农"提供科技服务的组织、实体及相关基础设施、政策支撑环境构成的系统及运行方式。农业科技推广服务体制和运行机制创新是我国现代农业发展的基础与保障。我国农业大学掌握着农业科技先进技术，是农业科技推广服务体系的重要组成部分。在我国农业和农业生产发生深刻变化的背景下研究大学农技推广服务体制和运行机制，探索适合中国国情的大学农技推广新体制、新模式与新的运行机制，提高农技推广服务的水平和农业科技创新能力刻不容缓。

第一节 大学农技推广体制现状与政策激励

一、大学农技推广体制现状

随着经济社会的发展，我国的农业和农业生产也发生了深刻的变化，新技术、新成果层出不穷。农业经济发展方式、产业结构与布局、组织运行形式和技术装备及技术应用形式已发生重大变化（高道才和林志强，2015）。我国农业科技推广体制却仍然停留在传统的层面上，表现出以国家投入为主的行政推广体制。但国家推广机构缺乏有效的协调、分工，导致简单的投资重复，以致影响到农业科技推广应用的成效。当前，我国越来越多的社会营利机构和涉农高校及科研院所以其独有需求动机和资源条件参与到农技推广过程，对农技推广起着非常重要的推动作用。因此，我国也因势利导，激励和利用这些农业科技推广单位的积极性，将相关涉农单位纳入到我国的农技推广体系中，建立新型的与农业经济发展方式、产业结构布局相适应的基层多元化农业科技推广体制。这种体系就是以政府公益性农业科技推广组织为主体，以高校和科研院所推广机构及社会推广机构为补充的"一主多元"推广体系（汪发元和刘在洲，2015）。其中，高校和科研院所以其独有的人才、技术和科研优势，积极参与我国农技推广过程，成为农机推广体系的重要一员。

我国的各个农业大学掌握着农业科技的先进技术，是农技科技成果、人才、信息的源泉，是农技推广的重要力量。大学农技推广服务作为农村公共服务的重要组成部分，在提高农业生产效率、抵御农业生产风险、提高农民收入、农业经济的持续发展、农业成果的转化等方面都起到了重要作用。高校逐渐成为我国探索农技推广改革的重要力量，很多农科院校都对大学参与农技推广做了大量的探索，因地制宜地建立起一系列大学农技推广模式，这其中比较典型的有华南农业大学的"大学+试验基地+示范基地+农户"推广模式，南京农业大学的"科技工作站"，中国农业大学的"科技小院"，西北农林科技大学的"链式农技推广模式"等（熊春文等，2015；汤国辉等，2012；安成立等，2014）。

二、国家对大学农技推广的激励政策与法律

我国最早开展农技推广活动的相关论述出现在西周时期，新中国成立以后，现代农技推广正式出现，1953年农业部颁布《农业技术推广方案草案》，根据草案要求，各级政府设立专业机构，配备专职人员，建立起"互助组+农场+劳模+技术员"的技术推广网，1954年，《农业技术推广站工作条例》正式颁发，对农技推广站的性质、任务等做了具体规定。我国初步形成以政府为主导的农技推广体系（扈映，2006）。改革开放以后，我国农村实行家庭联产承包责任制，农村生产活力进一步解放，农民的技术需求进一步增加，农民对农技推广的需求越来越大。但作为计划经济的产物，原有的农技推广体系已经不能适应农村生产经营形式的变化。

自2004年以来，中央连续多年在1号文件中，提到了对农技推广体系改革与建设的重点部署。2016年中央1号文件提出"农业科技创新能力总体上要达到发展中国家领先水平，力争在农业重大基础理论、前沿核心技术方面取得一批达到世界先进水平的成果"。中央1号文还提出要"完善符合现代农业需要的农业推广体系，农技推广不再是自上而下的单向传播，而是自下而上的相互交流，需求引导供给，让农民主动参与，做个性的农业推广服务"。2017年中央1号文件指出要"强化农业科技推广。创新公益性农技推广服务方式，引入项目管理机制，推行政府购买服务，支持各类社会力量广泛参与农业科技推广。鼓励地方建立农科教产学研一体化农业技术推广联盟，支持农技推广人员与家庭农场、农民合作社、龙头企业开展技术合作"。2018年中央1号文件指出，"加快建设国家农业科技创新体系，加强面向全行业的科技创新基地建设。深化农业科技成果转化和推广应用改革"。

目前，全国39所高校相继成立新农村发展研究院，推出以大学和科研机构为主导的农技推广专项基金，不断健全适应现代农业发展要求的农业科技推广体系和运行机制，对基层农技推广公益性与经营性服务机构提供精准支持。

长期以来，虽然涉农大学作为农业科技成果转化与推广应用的重要参与者，但在农技推广方面未能引起涉农大学足够的重视，也因此未能发挥其应有的作用，这在很大程度上削弱了农技推广的力量和成效，因而进一步研究大学农技推广模式构建的动力、机制及具体实现形式仍然是今后农技推广模式研究的重要议题。

第二节　大学参与农技推广服务的动力、机制和管理原则

一、大学参与农技推广的动力

科研院所和高等农业院校是从事农业研究和试验、示范的机构，因为自身科研项目研究的需要，应当主动和农户、新型农业经营主体建立联系，成为农业科技推广的重要成员。他们的职责有两方面：一是科研成果的试验示范，这是出于科研项目研究、鉴定的需要。二是科研成果的推广，这是科研院所和高等农业院校提高社会美誉度和服务社会的需要。在这两种内在动力的作用下，科研院所和高等农业院校在农业科技推广中可以发挥出重要作用。

二、大学农技推广模式的运行机制

科研院所和高等农业院校的科研项目必须通过试验和示范才能通过验收，因此，在此动机的作用下，项目主持人或通过地方政府，或直接联系新型农业经营主体或农户，开展项目的试验示范，获得相应数据，通过项目验收结题。在此基础上，政府可以规定科研院所和高等农业院校的科研项目在申报政府各类奖项时，必须有3年的示范效益。在这一条件的要求下，科研院所和高等农业院校就有科研成果试验示范应用的动机，通过各种办法，在新型农业经营主体或农户田间进行试验示范。在这个过程中，科研院所和高等农业院校获得申报奖项的条件，而承担试验示范的新型农业经营主体或农户获得先进的农业技术和先进的科研成果。同时，这些承担具体任务的农民提高了科学素质。

因此，科研院所和高等农业院校的试验示范离不开农村，无论是主观上还是客观上，在科研成果的试验示范中，科研成果必然为农民接受和掌握。在这一过程中，高等农业院校和科研院所实质上开展了农业技术推广工作，提高了农民的素质；而地方政府拥有广泛的行政资源，也为高等农业院校和科研院所的科研工作提供了便利条件。以高等农业院校和科研院所为依托的农业科技推广体系，必须围绕所在地的农业主导产业，同政府公益性农业科技推广部门、新型农业经营主体相结合，服务地方主导产业。

三、大学农技推广服务管理原则

一是明确高等农业院校和科研院所服务农业的职责。服务农业是国外高等农业院校和科研院所的法定职责，我国应当以法定的形式加以明确，赋予高等农业院校和科研院所服务社会的法定职责。改变现有农科类教授和专家只懂理论不懂实践、农业科研成果只供评奖难以应用于生产实践的现状，从而提高科研经费使用效率，使高等农业院校和科研院所的科研成果应用价值更大。二是明确高等农业院校和科研院所开展农业教育的职责。高等农业院校和科研院所应当是开展农业科技教育的中心，在培养现代农业人才方面，具有其他任何机构不可替代的特别优势。我国已经进入到终身接受教育的时代，因此，高等农业院校和科研院所应当大力开展新型职业农民培训，充分发挥其教育优势，为现代农业的发展培养普及性人才。高等农业院校和科研院所既承担着人才培养工作，又承担着科研工作，做好新型职业农民培训工作，有利于教学科研人员了解社会需要，掌握社会动态，有利于促进高等农业院校和科研院所的科研工作。高等农业院校和科研院所走农科教相结合之路，这是促进农业科学技术成果转化不可或缺的途径。国家应当通过法定方式，明确高等农业院校和科研院所开展新型职业农民培训的功能，使其农业推广工作更加富有成效。三是加强高等农业院校和科研院所农技推广服务过程的监管。高等农业院校和科研院所承担着农业科技成果的研发工作，而研发成果必须经过实践的检验。但在现实中，农业科技成果的试验示范还不同程度地存在着弄虚作假的情形。国家应当加强对高等农业院校和科研院所成果试验示范的监管力度，提高成果的可应用价值，促进农业科技成果推广转化的成效。

第三节　大学农技推广服务模式的典型管理制度创新

在大学农技推广过程中，各科研院校积极探索农技推广服务管理机制，与各部门联动制定各类制度，包括大学农技推广前期项目运行管理机制、合约管理机制、岗位责任制和实施中期的专家驻点机制、专家负责制及后期考核、激励机制等多种制度，明确参与大学农技推广工作的各方职责、落实考评、激励制度，多手段、全方位完善管理机制以保障大学农技推广工作顺利运行，以下对大学农技推广单位尝试的管理机制进行总结。

一、专家驻点服务制

江苏省农业科学院建立专家驻点服务机制、双首席专家负责制、与地方推广部门的连接机制、考核激励机制等，多管齐下，保障农技推广服务顺利开展，激发推广人员活力；安徽农业大学探索学科专家常驻区域试验示范基地机制，科教人员深入农村一线从事农技推广机制，创新、示范、推广一体化；华中农业大学研究团队长期住在农村，深入了解基层需求和进行推广；广东省农业科学院出台修改了项目管理办法和专家服务团管理办法，派出专家到基层驻点工作，落实"把论文写在大地"；华南农业大学实行学科专家常驻区域示范基地和基层农技推广站点制度，每个区域示范基地委派2名以上学科专家常驻，切实开展现场技术指导，及时解决农业生产中遇到的问题。

二、工作岗位责任制

沈阳大学建立科学的农技推广运行机制，实行岗位责任制、有偿服务制、参与经营制，以制度保证农业科技人员到农村一线从事农技推广；南京农业大学研究制定了"重大农技推广服务项目工作岗位专家职能职责"，并与产业首席、基地对接专家签订了责任书与月度计划书，将专家参与项目工作纳入学校社会服务量统一认定与管理。华南农业大学成立以陈志强副校长担任组长、新农村发展研究院、资源环境学院、园艺学院、财务处、资产管理处、审计处和现代教育技术中心等部门负责人共同组成的国家重大农技推广服务项目领导小组和项目PI专家执行小组。制订了《国家重大农技推广服务试点项目管理办法（暂行）》和《国家重大农技推广服务试点项目经费管理办法（暂行）》两个项目管理文件，实行项目工作层层责任制、项目每周例会制度、经费使用周报制度等工作方法。

三、首席专家负责制

河南农业大学农技推广项目实行首席专家负责制和工作督导制，为扎实推进各项工作奠定了坚实基础；南京农业大学实行首席专家制度，明确任务与指标；辽宁省农业科学院实行首席专家负责制和工作任务合同制，明确工作任务、目标、经费等内容，每个基地省级岗位专家团队，年驻点不少于150天，保证试验和示范工作的质量和效果。福建农林大学完善大小合同签订，层层把关，推进项目落到实处，学校与各产业首席专家签订的总合同5份，首席专家与各创新推广团队、试验基地、示范基地及基层推广站点签订的子合同达200余份。

四、项目管理条例制

针对项目特点，陕西省制定了《陕西省重大农技推广服务试点项目管理办法》，明确了陕西省重大农技推广服务项目是在陕西省农业厅、财政厅领导下，由西北农林科技大学具体负责组织实施。南京农业大学制定《南京农业大学重大农技推广服务试点工作管理实施细则（暂行）》，严格按照有关规定政府采购（招投标）、报销。

五、人员考核量化制

江苏省农业科学院出台了《关于推进科技服务体制机制创新的实施意见》，对推广团队进行目标管理和绩效考核,对完成目标任务较好的团队,在院职称评审、干部选拔等方面给予倾斜。华南农业大学结合学校的实际情况,开展国家重大农技推广服务试点项目管理体制机制试点,激发广大师生深入基层开展农技推广的活力,从农技推广补贴和奖励、职称评审、岗位聘用、年度考核等方面,创新利益分配机制、绩效考核机制、激励机制等,制定相应对策措施和管理制度。辽宁省农业科学院根据工作表现进行量化考核。制定了科研人员在农村一线工作的相关配套政策,打破重科研轻推广的局面,有效调动科技人员从事农技推广工作的积极性,执行专家组对项目参与单位、服务团队和个人进行目标管理和绩效考核。实行末位淘汰制,对目标任务完成较好的团队和个人给予奖励,并对其所在单位的职称评审、干部选拔等方面提供建议。南京农业大学为激发专家的工作积极性,制定了《南京农业大学社会服务工作量认定管理办法》《南京农业大学试点工作考核方案》《外聘教授聘用协议》,将工作量与绩效挂钩。

六、项目评价第三方制

为提高项目实施可靠性和信誉度,促使项目顺利推进,华南农业大学利用第三方人员或社会化服务机构,对大学农技推广产业进行测产验收,以保证项目实施的公平、公正。河南农业大学委托第三方考核专家组(全为正高级职称)分2组(南片和北片)对小麦示范基地的示范技术及成效、档案资料、资金使用情况、示范带动情况及产量等内容进行了现场考核。江苏省农业科学院委托第三方设立"科研院所重大农技推广试点项目机制创新与成效评估研究"课题,研究总结大学农技推广工作和机制体制创新经验。

第四节　激励大学农技推广服务的政策建议

一、通过相关法律法规明确大学在推广体系中的地位

目前,中国大学参与农技推广还主要出于自身发展需求,对整个推广体系的推动作用十分有限。公益性推广体系不仅包括政府五级农技推广体系,还包括大学、科研机构等的推广职能。应该合理借鉴美国的经验,健全相关法律法规,为大学参与农技推广体系的发展提供稳定的制度环境。进一步修订《农业技术推广法》,将大学农技推广服务模式纳入国家公益性农技推广体系之列,保障大学推广职能发挥,使之成为公益性农技推广的重要力量。充分利用中国农业类大学的资源优势,弥补现有农村科技服务之不足,同时为涉农大学的社会服务提供更为广阔的空间。

高校和科研单位等相关部门在农业技术推广中也具有重要的作用,要参照国际经

验，进一步规范经营性农业技术推广服务体系和推广行为，要进一步发挥农业科研单位和高校等相关科研机构的技术优势和人才优势。在农业技术推广过程中，要重视对基层农业技术推广人才的培训和指导，进一步强化产学研一体化，逐步提高农业技术推广的有效性。同时在经营性推广服务中，要充分发挥市场机制的调节作用，通过市场机制进一步调动经营人员的积极性，确保复杂的农业技术推广工作能够顺利完成，要逐渐改变原有的政府单一模式，强化推广体系的层次性和多元化。

二、设立大学农技推广专项基金

稳定的经费支持是涉农大学开展公益性农技推广服务工作的基本前提。通过调查发现，主观规范与农技推广行为意向呈现显著正相关，感受到政府的支持，高校教师就会产生强烈的行为意向。政府提供政策和资金保障，确保大学农技推广服务获得充裕的资金，例如，政府提供大学农技推广的资金保障等，可有效激励高校教师参与到农技推广工作中去。同时，农业新品种、新技术、新模式的形成和推广，很难在短时间内产生效果。农业技术的推广具有强公益性，更需要持续稳定的经费支持。基于上述分析，建议政府建立长期专项基金，持续稳定地对大学农技推广服务进行资助，并明确资金使用范围，允许资金用于人员聘用、绩效考评奖励，建立高标准的服务基地及基础设施建设，并组建高水平的科技服务团队，以有效激发高校教师参与农技推广服务的积极性。为了进一步推广农业技术，必须加大资金投入来保证大学农技推广服务的有效进行。同时，要考虑到不同地方的不同情况，因地制宜、适时地投入资金，确保合适的地方分配合适的资金量。此外，加强大学农技推广资金使用情况的监督，保证各项资金都能真正用在农技推广服务上，促进农业发展，让农民真正获得农技推广利益，为农村全面建成小康社会的目标作出贡献。

三、高校应组建能力过硬的大学农技推广服务教师团队

教师是大学农技推广服务的推动者和实际执行者，因而组建能力过硬的大学农技推广服务教师团队，鼓励教师到基层参与大学农技推广服务，真正发挥智力资源，是农技推广服务模式取得成功的关键。在访谈和调研中了解到，大部分农技推广对象十分信任高校专家的技术水平以及解决问题的能力，很多专家的技术推广也切实为企业带来了很好的收益与成效，但也有一些农技推广对象或者是合作后产生的效果不好，或者是对高校存在偏见而没有很好的合作意愿。因此，有必要建立起一套切实可行的高校教师参与大学农技推广服务的激励与考核机制。第一，重视高校教师的社会服务工作，通过多种方式引导教师参与农技推广。当前，很多学校已经开始尝试将社会服务纳入教师工作的考评之中，社会服务在教师工作中也变得越来越重要。努力改变高校教师的评价依然以教学和科研为主，教师科研、教学任务繁重的不利局面，让教师在社会服务上花更多的时间。鼓励高校教师下乡，激励一批有能力、有技术、有担当

的高校专家去切实参与大学农技推广服务。第二，健全农技推广效果的评价机制，把控服务成效。农技推广的效果关系到大学以后农技推广工作的开展，因而，有必要建立起一套农技推广成效的考评机制，监督和把控农技推广的服务质量，以此防止一些不必要，且没有成效的推广的产生。可以通过引入第三方评价、后续的调研反馈等机制，制定并定期发布社会服务效率排名，对于表现优秀的人予以表彰奖励等措施，提高社会服务质量。

四、提高农技推广人员和农民的综合素质

农业技术是由农业技术推广人员传授给农民的，所以农业技术人员和农民是农业技术推广过程的主体和客体，主体和客体相互作用的质量决定了农业技术的推广效果。大多数农业技术推广人员都是大学毕业生，从事农业生产的经验不足、资历尚浅，所以农业技术推广人员的综合素质并不是很高，极大地影响了农业技术的推广效果。在市场经济的影响下，我国的工业和服务业发展较好，所以大多数青壮年农民选择从事工业和服务业，剩下的农民大多数是老龄人群，他们接受新知识的能力不强，这便会影响农业技术推广的效率和速度，大大降低农业技术的推广效果。所以，农业技术推广人员和农民的综合素质水平是影响农业技术推广效果的一大影响因素。在构建大学农技推广服务模式的过程中要牢牢抓住人才这个核心，利用大学和科研院所独有的人才培养、技术开发和科研推广方面的优势，为推行大学农技推广服务模式造就高素质的农技推广人才。同时，要通过积极培训而提升以农民为主的推广客体的科技素质，只有从推广客体和主体两个方面下工夫，才能提升大学农业技术的推广效果。在解决这一问题时，推广高校必须加大对培训项目的资金投入，为农业技术推广人员和农民提供一个学习的平台，综合提升农业技术推广人员和农民的综合素质水平。只有农业技术推广人员的业务能力得到了提升，才能够更好地教授农民农业技术。另外，农民的综合素质水平得到了提升，接受新知识的能力得到了提升，才能够更好地学习新的农业技术，才能够促进农业的发展，最终发挥出农业在社会主义现代化发展中的作用，才能为工业和服务业的发展提供坚实的基础。

五、因地制宜以市场需求为导向推广农业技术

中国地大物博、幅员辽阔，每个地方的农业都不尽相同，再加上各个地方气候等都不尽相同，所以每个地区的农业发展都有自己的特殊性。大学在推广农业技术时，应因地制宜地进行。要调查推广对象的技术需求和技术接受能力，预测市场对相应产品的需求及其动态变化，确保所推广的农业技术能够与推广对象的需求和市场需求实现对接，确保相应技术顺利应用和农业丰产时不会出现滞销现象，以此来实现增产增收的目的。有些地方出现过农产品丰收而农民不挣钱的现象，这是因为农民没有根据市场需求适时调整自己种植的农产品，农业虽然丰收但并没有满足消费者的需求，所

以购买量不多。所以，在推广农业技术时，要根据市场需求来推广适合当地情况、适合当地消费者需求的农业技术，帮助农民丰产增收，让农民致富。另外，推广农业技术必须适合当地的地理环境、人口因素等，否则不合适的农业技术推广在不合适的地方，非但起不到应有的作用，而且还会让农民丧失对党和国家的信心，不利于社会主义现代化建设。所以，在推广农业技术时必须做到因地制宜，按照市场需求来推广所需的农业技术。

第五章　大学农技推广服务模式的
国际经验与趋势

第一节　大学农技推广服务模式的国际经验

农业科技推广是农业科技发展的重要组成部分。以美国、法国和日本为代表的发达国家十分注重农业科技推广与国家经济发展的关系（Rufia et al，2009），不仅在农业科技推广理论上研究的较早，也构建了完善的农业科技推广服务体制。分析和借鉴发达国家农业科技推广服务模式的成功经验，对加快我国农业科技推广服务体制改革，提高农业科技成果转化率，探索建立以大学为依托的农业科技推广服务新模式具有重要的借鉴意义（Swanson，2006）。

一、完善的法律保障体系

美国、日本等发达国家为农技推广服务建立了完备的法律保障体系，农业从法律政策上得到了政府的保护与支持。美国农业推广合作体系是采用固定的法律、规章制度，逐步使农业技术推广和农业研究、农业教育结合起来，从而形成了农业技术推广体系的一体化（张晓川，2012）。美国的《莫里哀法》《哈奇法》《史密斯—利弗法》3部法案奠定了美国农业科技推广服务的基本制度（Alkaisi et al，2015）。农业的落地推广、科研和学校教学有机结合，形成了以农业大学为依托的"三位一体"的合作推广体制（聂海，2007），州农业推广站的站长由农业大学校长或副校长兼任，农业大学的教授不仅承担科研、教学任务，推广实施也是他们晋升考核的重要指标之一（孟莉娟，2016）。由州立大学农学院领导农业推广站是一种新的农业推广体系（张健，2013），这一体系充分发挥了大学在农业推广中的主力作用，在世界很多其他国家得到推广，为美国及世界的农业科技推广事业作出了重要贡献（Yuan & Tao，2017）。此外，日本为保障农业科技推广的制度化、长期化，先后颁布了《农业协同组合法》等一系列的法律法规，并且每年都会制定一套《协同农业普及事业运行方针》，这些法律与方针对日本形成完善的农业推广体系发挥了重要作用（李继锋等，2014；Li，2017）。

二、多元化融资渠道

世界上很多国家在农技推广服务上投入了大量经费，多元化的融资渠道对农技推广服务起到了重要的支撑作用（Marcia & Douglas，2006）。农技推广服务经费主要有三大来源，其中以政府拨款为主，科研成果转化以及个人、社会团体与企业捐赠为辅（陈一鸣，2014）。政府拨款是农技推广服务的主要融资渠道，美国和日本的法律规定只能专款专用，且美国法律规定用于农技推广服务的财政支出必须随国民经济的增长而增长。其中农技推广经费的20%～25%来自联邦农业部，40%～50%来自州农业部，15%～20%来自县级政府（杨笑等，2013）。日本法律规定，中央政府需向各都道府县拨付用于农业推广事业的交付金，而都道府县的地方财政拨款不得少于交付金的1/2（崔春晓、李建民和邹松岐，2013）。法国农技推广经费主要来源于税收，通过征收一定的农产品销售科技税，再分配给相关机构用于农技的研究和推广，从而形成良性的循环机制（袁方成、王明为和杨灿，2014）。

科研成果转化得到的资金也占农技推广服务经费的一部分（姜峰、崔乃文和郭燕锋，2016），例如，日本农协的经费主要来自农协内部开展经营服务活动的盈余，包括事业收入、征收税款、机械使用费等（李冬梅等，2008）。印度多数农业大学通过向其他机构申请项目、生产和出售种子、为企业提供产品检测和咨询服务、收取学生注册费等增加经费来源（万宝瑞，2007；Sivakami & Karthikeyan，2009；Dubey et al，2016）。社会团体、企业及个人的捐赠只占农技推广经费中的小部分（韩清瑞，2014）。

三、科研、教育与推广的紧密结合

农业产学研的有效结合，在美国以大学为依托的农业推广体系中得以成功实现（张正新等，2011），其典型特征是大学集农业科研、教学和推广于一体，并负责组织、管理和实施基层的推广工作，这一体系充分发挥了大学在农业科技推广和区域经济发展中的积极作用（高建梅和何得桂，2013；Almeida et al，2016）。美国在大学建立州农业推广中心管理全州推广工作，全美共有56个州农业推广中心（惠飞虎，2004）。州农业推广中心负责建立面向农场主和农民的县推广站，县推广站不从事科研，只从事推广工作（刘同山和张云华，2013），从而形成了"州农业推广中心—区域农业试验站—县推广站"三级完善的组织管理机构（纪韬，2009）。大学及其农学院是推广体系的主体，负责组织开展全州的推广服务工作，居于核心地位（彭超和高强，2015）。由此可见，大学在农业科技推广方面发挥了一定的作用（张忠、牟少岩和吴飞鸣，2013）。日本为培养专业的农业接班人和农业科技型人才，专门设立了短期的农业大学来传递有用的农业科技和经验（韩清瑞，2014），将教学与实习相结合，但学校规模较小，学生一般来源于决心务农的高中毕业生，学制为2年（Takemura、Uchida & Yoshikawa，2014）。农业大学还为农民提供个性化一对一的教学计划，农民可以依据自己的学习计划到农业大学学习个别农业技术，进行目的性的短期学习或考察（韩清瑞，2014）。法国农业科技成果推广的重要平台是农业学校，法国的农业院校遍布全国各地，且数量庞大。这些学校负责向各地的农民进行农技推广服务和提供最新的农技培训，农民也可以随时到学校进行咨询学习或查找资料（刘同山和张云华，2013），通过不断的沟通学习，保证农民可以快速而准确地接受到最新的农业科技知识。

四、高素质的农技推广人才队伍

高质量的农技推广人才是实现农业现代化的重要组成部分，而大学在农业科技人才的培养方面有着关键作用（Park & Lohr，2010；李玉芝，2013）。很多发达国家都非常注重农技推广人才的培养，一方面，从多个平台和不同的途径来提高农技推广人才的技术和知识水平，为他们提供较好的工资待遇和较高的社会地位，另一方面也非常重视对农民专业素质和农业技能的教育和培训（李庆堂，2014）。

美国农业科技促进体系的目标是"把大学带给人民"，为农民提供社会教育和服务。美国采用交叉式的推广方法、"上下"相结合的多样化推广形式，本着"运用知识为农民解决实际问题"的宗旨，最大限度地避免科研内容与农民需求相脱节。除了完善的农业技术推广组织体系外，美国还拥有一支高素质、高学历、经验丰富的农技推广人才队伍（李庆堂，2014）。农业技术人员是大学农技推广服务模式的主体，县级农业技术和推广人员每年都要到大学推广站进行业务能力培训和农业知识的更新，主要负责农技推广与农民家庭和营养健康等社会经济方面的推广工作（刘同山和张云华，2013）。为了有效提高和保证农技推广人员的专业素质和素养，相关单位每年都会召开考评大会，并以考评结果作为农技推广人员加薪和晋升的重要依据（崔春晓、李建民和邹松岐，2013）。在农技推广人才的学历方面，大学教授是大学农技推广模式的核心，所以州一级的推广专家均为大学的博士或教授，而县级推广员绝大多数为硕士，其余为本科生（刘同山和张云华，2013）。

日本对参与农业技术推广工作的人员也有着明确的学历要求，除了要达到国家规定的从事农技推广工作的学历标准，还要通过与农业技术和农业推广相关专业的技术考核。若想成为专业技术员，还必须具备一定的农业研究、农业教学或技术推广的实践经验（李庆堂，2014）。为了让农业产学研保持密切联系，日本很多农技推广和研究人员都是由大学教师兼任。除此之外，他们将很多农业科研项目研究中心和推广普及中心建在同一地点，以达到将农业技术研究和推广普及相结合的目的（潘鸿和刘志强，2010）。农户也会及时将信息与问题反馈给农技推广人员，形成了自下而上的"科研—推广—科研"的良性循环（陈亚红，2016）。

五、现代化农业推广手段和方法

现代互联网计算机设备和通信工具得到了农业发达国家技术推广组织的高度重视，通过广泛运用现代信息技术和技术成果，并联合政府部门、民营企业、农民协会、高校等组织机构，建立了丰富多元化的现代农业信息服务体系，这是促进农技推广服务卓有成效的关键因素之一（李庆堂，2014）。计算机信息技术的利用加速了农业推广服务体系的构建和完善，美国从20世纪70年代开始建立自己的农业技术信息数据库，各种网络和通信工具得到广泛应用，如通过卫星系统直接向农民提供各种信息，通过电视台和广播站进行农业技术推广服务等，此外，各级推广站都配有联网的计算机系统，农户可以第一时间获得最新的农业科技信息，及时享受农业科研成果，最大限度地满足了农民需求（韩清瑞，2014）。法国农业同样具有多元化的农业信息服务体系，且不同的服务组织机构有自己独立的农业网络信息系统，这些组织机构包括农业生产合作社、涉农企业以及政府组织机构等，各机构的农业网络系统既相互独立，又相互联合，在农业技术推广服务中发挥了重要作用。

第二节　大学农技推广服务模式的趋势探讨

改革开放以来，我国作为一个农业大国，农技推广服务一直受到政府极大的关注。虽然中国自上而下的农业推广体系在计划经济下的农业发展和20世纪80年代早期改革时期发挥了重要作用，但传统的自上而下的推广模式已经很难满足数百万小农户对农业推广服务的多样化需求。传统的农业科技服务体系在计划经济向市场经济转变的过程中出现问题后，我国也积极探索新的农业推广模式和体系，其中以大学为依托的农业科技推广模式是很重要也富有成效的一种推广模式。以大学为依托的农业技术推广模式不是对国家现行农业科技推广体系的颠覆和替代，而是对国家现行农业科技推广体系的补充、完善和强化。近年来，我国出现了很多行之有效的大学农技推广服务模式，例如，西北农林科技大学的试验示范站、示范基地模式；南京农大的"科技大篷车"模式；河北农业大的"太行山道路"模式等，以大学为依托的农技推广服务模式的发展趋势正在发生改变（Hu et al，2014）。

一、完善农技推广法律和经费保障

农技推广立法对国家的农业发展至关重要，一方面，农技推广立法为农业推广事业的顺利发展提供了法律保障，另一方面，农技推广立法确保了农民和农技推广人员的权益。我国只在1993年颁布了《农业技术推广法》这一与农技推广相关的法律，但该法律在立法时就存在管理体制不完善、职权不明晰、保障力度不够和实用性不强等问题，这些问题导致其条文多为原则性的规定，缺乏可操作性和有效的约束性。该法律颁布之后也并没有受到有关部门的重视，对我国农技推广事业的发展仅发挥了有限的作用（张晓川，2012）。实际指导各部门农技推广工作的是各式文件，但文件的效力远远低于法律，且文件容易导致不同部门在文件内容上出现冲突。中央下达的文件传到地方时可能早已失去了实效性，且文件传递容易导致各部门之间信息传达不完整、职权不明晰、责任意识缺乏等一系列问题。相比之下，法律具有更强的规范性、普遍性和严格性，从而为其规范性对象提供了更多的约束和保护。所以，在新时代的背景下，我们有必要进行农技推广服务相关法律的修订与完善，建立健全农业技术推广法律制度，这是农业技术推广的根本保证（孔祥智和楼栋，2012）。

除了对农技推广相关政策进行法律规定外，很多国家也通过法律明确规定农技推广所需的经费额度，农技推广经费必须专款专用，包括用于农业科研的经费、农业技术推广的经费以及政府及相关机构的出资额度，都通过法律进行了明确的规定（张晓川，2012），做到有法可依，相关工作人员必须按法律规章制度来开展工作。英、美、日等国都通过法律对农技推广经费进行了规定，美国规定推广经费随国民经济的增长而增长，英国、日本政府规定农技推广经费由各级政府共同承担，法国农技推广经费的一大半来自农业税，且由政府全部承担（罗忠荣，2013）。

农业部科教司2010年6月对全国基层农技推广体系的调查表明，基层农技推广机构中，工作经费由财政保障80%以上的共55 626个，占总数的一半以上，但与其他发达国家农技推广经费相比，还相差甚远（农业部科技教育司，2011）。目前，我国以大学为依托的农业推广体系具有明显的社会公益性，推广经费多来自财政拨款、学校或企业捐赠，但学校及一般的推广单位难以负担高昂的推广成本，同时农民由于无法及时接收先进的农业技术和科技，导致较低的生产效率，这就要求政府要加强对农技推广服务的财政支持力度（张健，2013）。

我国应该以法律形式确定和保障农技推广经费的来源（祖同蔚，2011），可以从以下几个渠道增加对大学农技推广服务的资金投入。一是将大学农技推广经费纳入国家财政拨款体系（薛林莉，2008），并明确规定专款专用，此项经费只能用于大学农技推广服务模式的探索和建设，对于违反法律规定擅自挪用专项基金的，也应以立法的形式确定明确的处罚措施；二是地方政府应按农业产值的一定比例拨付农技推广经费，并配套一系列政策和机构帮助大学进行农技推广服务；三是建立大学教授进行农技推广研究的专项经费，学校、政府及相关机构应积极支持大学教授进行农技推广研究，注重将农业产学研相结合；四是增加高校与企业和其他机构的横向合作经费，除了政府需要加大对大学农技推广服务的资金投入，企业、社会研究机构、农业合作社等也应该积极支持大学进行农技推广服务，多元化的合作方式可以促进农技推广体系的建立与完善，产学研、农科教的结合有利于加快农业科技成果转化（张健，2013）。

二、合作多元化趋势

建立现代化农技推广服务体系不仅靠政府及各级单位的资助与支持，也需要高校尤其是农业院校的积极参与。大学在我国现代化农技推广服务体系的建立中能够发挥积极作用，一方面，大学教授及博士研究团队是开发农业新技术的中坚力量，研发内容不仅包括提供农业新技术，也包括为解决实际问题提供解决方案，研发出来的科技成果可以快速准确地传递给农民，有效加快农业现代化的发展速度（安杰、孙境鸿和刘顺，2010）；另一方面，大学在培养现代化农技推广服务人员上发挥着重要作用，包括在大学培养高素质专业人才，为农业推广站提供技术培训以及开设农民教育等（张晓川，2012）。大学农技推广服务不能脱离高校，但也不能完全依赖高校（赵文生，2012）。应从以下几个方面展开多元化的合作。

一是校企联合。高校院系及下属科研单位可以跟涉农企业进行长期互利合作，一方面，高校可以为企业定向培养专业型人才，定期定时向企业输送应届毕业生和实习生，为企业解决部分人才招聘问题；另一方面，企业可以为学校提供资金支持和工作岗位，为高校解决资金短缺及学生就业问题，为高校培养人才提供生产实践的平台与机会（祖同蔚，2011）。

二是校地合作。目前我国农技推广服务体系存在农业技术的科研与农业技术的推广没有进行有效结合的问题，科研成果的研发者和科研成果的使用者没有找到共同的利益结合点，造成科研成果不能及时的推广到市场，失去了科研成果的实际应用价值，进而导致科研成果转化率低下，市场利用率不高，市场发展缓慢（张健，2012）。高校科研单位应积极与市县等农业推广服务部门进行合作，大学教授在此过程中应发挥带头引导作用，在科研的同时，及时与地方推广站及试验站进行交流合作，发挥技术人员的主体作用。大学教授与地方技术人员配合以及农民技术骨干的参与是大学推广模式的基本形式（安成立等，2014）。此外，大学的科研人员应做好试验站的资料积累、数据分析、环境监测等基础性工作（张正新等，2011），并及时对出现的问题进行反馈与解决，形成行之有效的双向合作模式（何得桂和高建梅，2012）。校地合作有效结合了高校科研力量的优势和当地市场需求的渴望（冯艳春、杨微和郑金玉，2008），既发挥了科研成果的市场作用，提高了科研成果转化率，又解决了实际生产中的难点、痛点问题，真正达到"双赢"的目的（祖同蔚，2011）。加快农业科技成果转化，促进产学研、农科教相结合，支持高等院校同市县推广站、农业大户等开展多种形式的技术合作（李艳君，2010）。

三是农民合作组织。高校除了与当地政府、企业等进行合作，农民合作社也是不可忽视的重要部分。农民合作社不仅是大多数农民获取农业资源与服务的重要途径，也是直接连接高校科研单位与农民的有效渠道。农民合作组织如农民合作社等是提高农业科研成果转化率与推广新型农业技术的重要平台，可以成功将实用新型的农业技术进行广泛应用（Cao et al, 2014；李苗，2014）。合作社对社员进行统一的服务与指导，包括农业生产技术、疫病防控技术等，高校与合作社的直接合作，可以有效解决农业技术推广到农户时效性低的难题。

三、建立人才培养机制

农技推广服务人员的专业素质与综合素养，对我国现代化农业的实现有着关键作用（潘根宝，2000）。在目前形势下，由于环境及待遇不好，出现了农业推广组织的供给与农业推广组织的需求错位。我国现在存在严重的专业型农业推广人才紧缺和人才过于集中分布的问题，基础单位由于地理位置及经济环境的问题，很难吸引到高素质的农技推广人才，大多数大学毕业生倾向于到县市一级单位工作，造成县市一级单位出现人员过剩问题，而乡村级单位的高素质专业型人才越来越少，而且存在一些非专业型人员占用技术岗位，导致农技推广服务人员分配不合理，专业素质低下，知识水平不配套等问题（祖同蔚，2011）。

随着社会经济与科技的发展，我国农业领域也出现农民需求与科技供给不配套的问题，现代农民对农业科技化的需求日益明显，我国急需一批专业性强的高素质科技型农技推广人才。建立一支素质高、数量足的高素质农技推广人才队伍对我国建设现代化农业和促进农业经济发展具有重要意义（郑锐娟，2011）。在国家政策的支持下，国务院学位委员会批准设立"农业推广硕士专业学位"（王昭荣和童晓明，2005），我国在各地高等院校及职业院校开设了农业推广专业，用于培养农业科技研发和推广的专业型人才。课程设置以实践居多，与普通的本科理论教学有所不同，更加强调农技推广的实践性、应用性，同时与国家的"三农"服务政策紧密相连（祖同蔚，2011）。除了要在培养人才上作出实质性的改变外，在大学内部的激励政策上也要有所加强。从大学内部的管理体制入手，将大学农业技术相关的科研人员的薪酬发放、职称晋升、组织管理等与科研的绩效密切相关，充分调动科研人员的工作热情，鼓励他们深入生产第一线，积极参与到农技推广与生产服务中，真正做到农业产学研相结合，相促进（刘光哲，2012），形成适应发展需求、符合现代农技推广特点的管理体制和运行机制（张健，2014）。

四、系统化、信息化和可持续化

改革开放以来，农技推广服务受到政府及相关单位越来越多的重视，我国为建立适合中国国情、符合现代经济发展体制的农技推广模式进行了积极的探索，并取得了一定的进展，目前我国农技推广服务体制日趋完善，但仍存在很多问题，因此要努力形成系统化、信息化和可持续化的农技推广服务发展模式（张健，2014）。

一是系统化。系统化服务对农技推广服务标准化具有重要作用。目前，我国在很多地方建立了农业产学研示范基地，为推广现代化农业技术做了有效铺垫（穆养民、刘天军和胡俊鹏，2005）。例如，湖南农业大学的"双百科技富民"工程做到了系统化地为农民提供服务（刘纯阳、王奎武和杨金海，2006），成功将高校科研成果转化为实际生产，形成了"大学+基地+农户"的新型农技推广服务模式。他们奉行一对一直接服务，坚持"一个科技服务小组"服务"一个科技师范基地"，结合专业特色建立示范基地，让专业的高素质农技推广人才定点服务相应的生产示范基地，做到实时、有效、专业解决科研生产中的实际问题（刘双清等，2014），从而建立了一个持续性、系统性的农村科技服务体系，进而达到以成功基地带动一般基地，以点促面、点面结合的目的。这种模式解决了以往科研与生产相脱节的问题，成功构建了农村示范基地与高校科研相结合的纽带，开创了农技推广服务模式的新局面（周星，2014）。建立科技网络示范基地对成功建立现代化农技推广服务模式具有重要的引导示范作用，科技网络示范基地为高校进行科研成果的试验提供了检验基地，除了高校以外，企业在农技推广示范基地的发展中也起到了积极的促进作用。我国目前不仅在发达地区，在某些欠发达地区也设立了农业科技园区，这些科技园区对新技术的推广与普及起到了积极作用，受到了农民的普遍欢迎（祖同蔚，2012）。有些园区的企业为了满足生产上的需要，主动要求农民参与实践生产，还免费为农民提供技术指导，形成了"公司+农户"的农技推广模式，成功带动了农业新技术的发展与普及（崔俊敏，2010；黄鸿翔，2005）。

二是信息化。信息网络技术是20世纪科学技术发展的直接产物，建立现代农技推广服务发展体系离不开信息化网络技术的参与。在农技推广中进行信息化建设，一方面可以解决我国农业科技市场供需不平衡的问题，由于信息流通不及时，基础设施建设落后，导致我国很多地方无法及时接受到先进的农业技术，从而导致农业生产落后、农业科技成果转化效率低的问题（王鑫蓉，2011）；另一方面，由于市场信息流通缓慢，导致高校等科研机构无法及时获取实际生产中出现的问题，也无法及时接收农民新的需求反应，很多教授及研究员研究的内容具有严重的滞后性和重复性，从而导致科研教育资源的浪费，严重影响到现代化农业进程（沈威，2016）。在此形势下，我们应积极加强现代化基础设施的建设，包括在大部分农村地区建立卫星观测站、农技推广网络服务站等，充分利用网络、卫星遥感、视频会议系统等现代化服务手段（祖同蔚，2012），充分利用现代化推广手段，让农民及时获得先进的农业科技信息及科研成果，拓宽农技推广服务范围，加强农技科研成果的顺利转化和农业技术信息数据库建设，建立健全农业科技推广体系的网络化平台（张健，2014；丁自立、焦春海和郭英，2011；Klerkx & Leeuwis，2008）。

三是可持续化。近年来，国际上越来越推崇可持续发展的理念，可持续发展在环境、科学、经济等领域有着重要的指导作用。同样，可持续发展对农业的规划与发展至关重要。农业技术推广可持续发展正是可持续发展思想在农业技术推广过程中的重要运用，也是农业技术推广发展的必然结果（张健，2014）。农业技术推广若想取得长足的发展，必须具备一定的可持续性。农业发展需要很多不同的主体参与其中，科研、教育、生产等都需要不同的主体参与，农技推广服务只有在各主体进行分工细化、合作紧密的趋势下才可取得长足的发展。这就要求农技推广相关主体必须具有长远的可持续发展观，不仅农业生产者在实际操作过程中需要具备长远的发展眼光，农业技术研发人员也应该注意研发可持续性强的科研成果。除了要保持土地资源、水资源及动植物资源的合理开发利用，科研人员也要对现有的技术和体制进行不断的优化调整（冯媛，2014），在满足当代需求的基础上，又不会危及后代子孙的发展，达到有效推动农技推广服务和促进社会进步的目的（彭强，2017）。

五、试点农业推广体系的建立

20世纪70—80年代，虽然自上而下的公共农业推广体系在促进中国的技术进步和农业产出增长方面发挥了重要作用，但当中国加速从计划到市场经济的改革进程时，这一体系也面临着巨大挑战（Xie，2015；Fan，2000）。和其他发展中国家一样，自20世纪80年代中期以来，中国政府进行了一系列农业推广改革。1985年，政府鼓励公共农业推广站通过商业活动赚取自己的收入，以弥补预算的不足（Wang，1994）。虽然这项改革确实提高了预算来克服预算限制，但商业化改革也促使公共推广机构向农民出售更多的农药和化肥（Qiao et al，2012）。20世纪90年代早期，预算约束和转向更加市场化的经济也导致了中国城镇农业推广站的分权改革，改革将乡镇农业推广站的管理权和县农业部门的核心资金转给了乡政府，这一改革导致农业推广人员在行政事务上花费太多时间而不是在推广上（Hu et al，2009）。一项调查发现，1996—2002年，超过80%的农民没有在村庄看到任何推广技术人员（Cai & Hu，2009）。有些实际农业推广工作，技术人员主要集中在粮食部门和指定的示范农民上，这很难满足农民对多样化推广服务的需求（Hu et al，2007）。为了应对早期改革的混乱结果，中国启动了一系列新举措以推动一个以需求为导向的公共农业推广体系。

目前农业高校的科研项目多为基础研究，应用研究的较少，直接运用于生产的应用开发研究则更少。而世界发达国家的研究开发项目70%～80%来源于市场与生产需求，能直接运用于生产。因此要完善农业科技成果的正确试点评价机制，提高科技成果的转化率，实施良好的项目确立机制，让科研和市场对接（张健，2013）。2005年四川省彭州市（县级市）和内蒙古自治区武川县引进了一套具有包容性的公共农业技术推广系统，这个体系的3个特点是：所有农民都是目标受益人；有效识别农民的推广服务需求；农业推广服务的问责制。试点的目标是使公共农业推广技术人员到农民的土地上提供推广服务，以满足农村基层农民多样化的技术和营销信息需求（Chen & Shi，2008）。在最初的成功之后，这个改革模式得到了地方政府和中央政府的支持，在2006年和2007年进行了修改和扩大。试点的农业推广体系更好地满足了小农的多样化需求。

以后应从以下4个方面继续作出努力，一是继续推进当前的农业推广改革，将试点项目扩大到全国其他地区。二是从自上而下到自下而上的转变是具有挑战性的，需要地方政府作出强有力的政治承诺，要防止领导人和推广人员的注意力在扩大期间减少。三是改善和扩大工作人员的人力资本。许多城市级别的扩展组织已经消失或停止运作，在实施改革时，应仔细考虑聘用新员工和提高他们的综合公共推广服务技能。四是改革需要大量投资，政府和相关机构应为激励和维持庞大的公共扩展系统提供额外的费用。

第六章　广东大学农技推广服务模式专题研究

第一节　高校涉农教师农技推广服务供给意愿研究
——基于广东省的调查

一、绪论

（一）研究背景

中国自古以来就是农业大国，农业的发展关系到人民的生活、社会的稳定和国家的长治久安。但是就目前而言，我国仍然处于农业发展进程缓慢、农村科技落后、农民收入普遍偏低的阶段。农业科学技术传播和发展是解决农业发展问题的根本途径，农业技术推广服务体系将"科学技术"和"农业"有机结合起来，是转化科技成果的重要载体。长期以来，我国农技推广主要是一种以政府为主导，多种推广模式参与的农技推广模式。这种推广模式随着时代的发展，各种弊端也显露出来，如农技推广人员技术缺乏、技术需求和技术供给脱节等。近10年来，我国农业科技创新研究取得了系列重要进展，然而，我国的科技成果转化与推广应用率很低。相关资料显示，我国农业科技成果转化率为30%～40%，仅为欧美发达国家的一半。相当多的科技成果只能是束之高阁，或是项目完成即开始消亡，农业科技"最后一公里"的问题一直悬而未决，严重制约了现代农业的发展。

自2004年以来，中央连续多年在1号文件中提到了对农技推广体系改革与建设的重点部署。2016年中央1号文件提出"农业科技创新能力总体上要达到发展中国家领先水平，力争在农业重大基础理论、前沿核心技术方面取得一批达到世界先进水平的成果"。中央1号文件还提出要"完善符合现代农业需要的农业推广体系，农技推广不再是自上而下的单向传播，而是自下而上的相互交流，需求引导供给，让农民主动参与，做个性的农业推广服务。"2017年中央1号文件指出要"强化农业科技推广。创新公益性农技推广服务方式，引入项目管理机制，推行政府购买服务，支持各类社会力量广泛参与农业科技推广。鼓励地方建立农科教产学研一体化农业技术推广联盟，支持农技推广人员与家庭农场、农民合作社、龙头企业开展技术合作。"2018年中央1号文件指出，"加快建设国家农业科技创新体系，加强面向全行业的科技创新基地建设。深化农业科技成果转化和推广应用改革。"

大学农技推广是对农技推广形式的一种重要补充。我国的各个农业大学掌握着农业科技的先进技术，是农技科技成果、人才、信息的源泉，是农技推广的重要力量。大学农技推广服务作为农村公共服务的重要组成部分，在提高农业生产效率、抵御农业生产风险、提高农民收入、农业经济的持续发展、农业成果的转化等方面都起到了重要作用。长期以来，涉农科研机构作为农业科技成果转化与推广应用的主体，大学在农技推广方面未能受到足够的重视，也因此未能发挥其应有的作用，这在很大程度上削弱了农技推广的力量和成效。

目前，全国39所高校相继成立新农村发展研究院，推出以大学和科研机构为主导的农技推广专项基金，不断健全适应现代农业发展要求的农业科技推广体系和运行机制，对基层农技推广公益性与经营性服务机构提供精准支持。但是由于推广机制不够完善、推广力度不够深入、推广覆盖度不够广、供需双方信息不对称等原因，导致大学农技推广服务的效果不够理想。因此，对大学农技推广服务中大学教师的供给意愿的前因变量以及他们对农技推广行为的影响机制进行专题研究，探索影响高校教师参与农技推广的供给意愿的影响因素，不仅有助于激发大学科技人员从事农技推广的积极性，还有助于提高农业生产效率，增加农民的收入，促进农业和农村经济的可持续发展。

（二）研究目的

1.提升高校教师参与农技推广的积极性

我国的各涉农院校作为国家农业科技资源的集中地，拥有大量的先进农业科学技术以及相关人才，为建立大学农技推广体系提供了良好的基础。激励高校教师参与农技推广，提升参与意愿和从事农技推广服务的积极性和主动性，从提高农业科技供给的质量出发，用改革的办法推进结构调整，扩大有效供给，提高供给结构对农业科技需求变化的适应性和灵活性，提高全要素的生产力，从而更好地满足广大农户的需求，促进农村经济社会持续健康发展。

2.为政府部门制定相关政策提供咨询参考

长期以来，我国的大学农技推广服务模式都是以政府为主导的，各个地方的涉农院校配合教育部、科技部关于新农村发展研究院的建设要求，依靠自身优势，结合所处地方农业发展的现状和特点，形成了目前大学农技推广的一般模式。在这种模式下高校教师作为农技推广中的关键环节，农技推广的意愿是否强烈会影响农技成果的转化、农技推广服务的质量、农技推广效果等。构建以大学为依托的农技推广模式，可以加强多元化农技推广的力量，是对目前农技推广体系的完善。

我国的大学农技推广服务模式是以政府为主导的，各个涉农院校根据自身特点，形成各具特色的农技推广模式。政府部门的相关政策起到至关重要的作用，直接影响到大学农技推广的相关制度、高校教师的参与意愿等。本研究基于高校教师的角度，分析影响参与大学农技推广意愿的因素。以大学农技推广的行为主体为视角，探讨农技推广行为影响因素，为政府部门制定相关政策提供咨询参考。

（三）研究方法

根据国家农技推广的相关政策、各级政府的指导方针以及各个涉农的实际情况，结合国内外的有关文献作为研究的理论基础，对高校教师农技推广服务意愿进行问卷设计。在设计指标体系过程中，主要采用文献研究法、实地调查法、案例研究法和结构式访谈来确定问卷中的具体题项。确定问卷初稿之后，通过访问员访问、邮寄访问以及网络访问的方式进行问卷预调查。调查数据通过效度和信度的检验，最终设计出对高校教师农技推广供给意愿的调查表。

1. 文献研究法

通过对国内外有关文献资料搜集的基础上，经过归纳整理、分析鉴别，对高校教师农技推广意愿的研究成果和进展进行系统、全面的叙述和评论，对历史和当前研究成果的深入分析，并依据有关理论，研究条件和实际需要等，对高校教师农技推广意愿体系进行评述，为研究提供基础或条件。

2. 实地研究法

实地研究是一种深入到研究对象的生活背景中，以参与观察和无结构访谈的方式收集资料，并通过对这些资料的定性分析来理解和解释社会现象的社会研究方式（风笑天，2009）。实地研究是应用客观的态度和科学的方法，对大学农技推广服务，在全国范围内选取部分具有代表性质的高校进行实地考察，并搜集大量资料以统计分析，从而探讨高校教师农技推广意愿研究。

3. 案例研究法

案例研究是一门拥有自己独特的研究对象、适用条件、研究路径以及限度的研究方法，它具有特殊性、整体性、描述性、诠释性等特点。案例研究强调研究者与研究对象之间的真实互动，是对社会现象或社会问题进行深入探索的一种研究活动（陈振明，2012）。案例分析能够发现特殊现象的优势，并且具有弹性，理想的案例研究对学术界和事业界都有价值。

4. 问卷调查法

根据大学农技服务推广公共服务供给意愿影响因素指标体系，设计大学农技推广服务供给意愿的调查表，对高校参与农技推广服务相关人员作为调查对象进行调查，之后对收集数据进行统计分析。

5.结构式访谈法

结构式访谈又成为标准化访问（风笑天，2009），即按照事先设计的、有一定结构的访问问卷进行的，是一种高度控制的访问方法。由于结构式访问的进行在很大程度上依赖于访问问卷，因而，也可以把它看成是以访问的形式进行的问卷调查。

（四）技术路线

技术路线如图7-1所示。

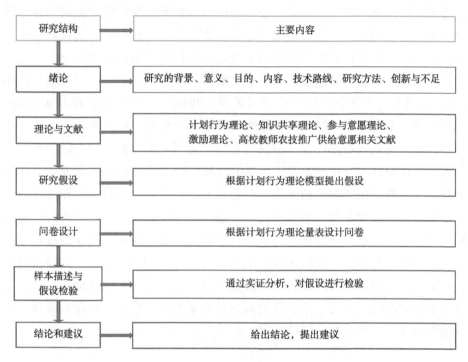

图7-1　技术路线

（五）研究意义

1.理论意义

本研究将计划行为理论运用于农技推广领域，以计划行为理论作为路径分析的基础，通过构建高校教师参与农技推广意愿指标体系，设计高校教师参与农技推广意愿量表，并且实证分析了量表的信度和效度，进而深化了计划行为理论在农技推广意愿领域上的应用，为进一步丰富计划行为理论奠定理论基础。

2.实践意义

本研究立足于广东省涉农高校，通过分校高校教师农技推广供给意愿，探索影响高校教师农技推广意愿的主要因素和提升高校教师参与农技推广意愿的途径，为优化以大学为依托的农技推广服务体系，充分发挥大学农技推广在农业农村建设中的重要作用，全要素地提高农业生产力，更好地满足广大农户的需求，促进农村经济社会持续健康发展，为乡村振兴提供有力的科技支撑，具有重要的实践意义。

（六）可能的研究创新与不足

通过对学者以往研究文献的总结，结合本研究的实际情况，可能的研究创新有以下两点：第一，研究角度上创新。之前的学者对于大学农技推广的研究更多的关注推广的模式、推广体系、推广效果等，往往忽略了大学农技推广的主体——高校教师。本研究从大学农技推广服务主体——高校教师角度分析农技推广的意愿，通过文献综述、实地调查以及问卷调查等方式，总结出高校教师农技推广供给意愿的指标体系，探讨影响高校教师农技推广参与意愿的影响因素。第二，研究方法上创新。本研究主要通过实证分析研究高校教师的供给意愿及其影响因素。目前做相关分析定量研究较少，一般定量研究采用的是描述统计（李冬梅等，2009）、相关分析（胡婧，2015）或者Logistic回归（张朝华，2012；汤国辉等，2014）。本研究使用结构方程路径分析，同时处理多个变量之间的关系，数据样本量大，数据结果直观清晰。

当然，本研究从农技推广主体的供给意愿视角研究促进农技推广的效果，具有一定的创新性，但也存在一定的不足，大学农技推广是一个值得深入研究的大课题，由于能力有限，尽管付出了艰苦的努力，但是仍然存在着诸多有待完善和改进的方面。在调查对象方面存在局限性，高校农技推广是由政府、大学、农户多方协作的过程，高校教师是进行农技推广的主体，是农业技术的传播者，但是在工作的过程中离不开政府相关政策的保驾护航、学校的制度支持以及农户的需求等。仅从高校教师的角度出发，不能全面考虑农技推广过程中的其他要素，因此仅从大学教师来研究供给意愿存在着一定的局限性。同时，本研究的调查对象主要为广东省涉农高校教师，由于广东省地域的特殊性，也存在一定的局限。

二、理论基础与文献综述

（一）计划行为理论

计划行为理论（Theory of Planned Behavior，TPB）的概念是由Icek Ajzen（1991）提出的。在理性行为理论（Theory of Reasoned Action，TRA）（Fishbein et al，1977）的基础上，剖析了个人是如何改变自己的行为模式。

计划行为理论包括5个要素：行为态度、主观规范、感知行为控制、行为意向、实际行动。

（1）行为态度（Attitude）是指个人对某项行为所持有的认知、感觉或者喜好，是经过评价之后形成的态度，可能是正面的也可能是负面的。行为态度往往会对实际行动产生直接、显著影响。

（2）主观规范（Subjective Norm）是指个人在实施某项行为时可能会承受的社会压力。个人在进行行为决策时会受到来自对其具有一定影响力的团体或个人因素的影响。

（3）感知行为控制（Perceived Behavioral Control）是指个人在进行行动决策的时候会受到过去经验和预期的困难阻力的影响。个人的经验越丰富，掌握的资源越多，预期的困难阻力越小，对行为的感知控制能力就越强。

（4）行为意向（Behavior Intention）是指个人对于采取某项行为时的主观判定，它反映了个人对于某一项行为是否可行的意愿。

（5）实际行为（Behavior）是指个人实际采取行动的行为。所有可能影响行为的因素都是经由行为意向来间接影响行为的表现（Ajzen，1991）。

行为意向受到3个因素的影响：行为态度、主观规范和感知行为控制。一般而言，个人对某项行为的态度是正向的、积极的或者喜爱的，那么个人的行为意向就会越强；当行为的主观规范偏向正向时，那么个人的行为意向也会变强。当感知行为控制越强，个人的行为意向也会越强。具体关系如图7-2所示。根据计划行为理论，大学教师供给意愿受到其对农技推广行为的态度和评价、主观规范以及对推广行为控制感知影响，进而影响其是否从事实际的农技推广行为，因此，计划行为理论是本专题研究的重要理论基础。

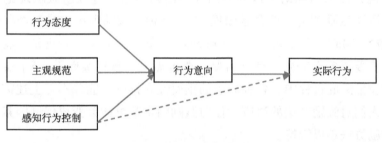

图7-2　计划行为理论路径

（二）知识共享

在知识经济时代，知识是一种具有流动性质的综合体，它包括结构化的经验、价值、文字化后的信息、专家独特的见解、组织的观念、规则、程序等。知识与一般产品不同，它不具有规模效益递减特点，组织内的知识共享越频繁，越能发挥知识的价值。

知识经过共享传播，传递着和接收者都会获得信息和经验，并且会呈线性增长。如果知识多次共享或传播，共享者将会得到的信息和经验呈指数增长，从而使知识得到最充分的利用（Quinn et al，1996）。

农技推广和知识共享一样，是一种沟通互动、相互作用的过程，不能够自由单向传递。在分享之前，要对技术或知识重新梳理、整合，具备一定的储备之后才能传递或接收新的信息。在分享过程中往往会创造新的知识（Eriksson et al，2000）。

（三）参与意愿理论

目前农技推广参与意愿理论尚未完善，可以借鉴营销学上的顾客参与理论。顾客在某一活动中的参与行为，会与服务质量和重购行为显著正相关（Cermak et al，1994）。对不同文化背景的研究发现，顾客参与是指顾客在服务过程中所作出的贡献，最终形成他们所得到的服务以及所取得的质量（Lloyd，2003）。顾客的参与与服务质量之间显著相关，顾客参与的幅度不同，会有不同程度的影响（Ennew et al，1999）。顾客参与的责任与行为意向正相关，顾客参与的人际互动对服务质量产生直接影响，并影响行为意向（赵菁等，2010）。

"意愿"一词最早是从心理学领域提炼出来的，之后在营销学上使用较为广泛，主要是指个体从事某种活动的主观概率或可能性（Dodds et al，1991）。农技推广行为的参与意愿可以定义为"高校教师参与农技推广行为概率的高低"。

（四）激励理论

激励是管理实践中的重要工作，管理心理学把激励看成是采取一定的措施激励和培养人的动机，使人为了满足需要而积极行动，朝着目标前进的心理过程（毕雪阳，2015）。激励水平越高，完成目标的努力程度和满意度也越强，工作效能就越高；反之，激励水平越低，则缺乏完成组织目标的动机，工作效率也越低。

一般来说，激励的理论可以分为内容型激励理论、过程型激励理论、强化型激励理论、归因型激励理论、综合激励模式理论5种。激励理论中最为经典的马斯洛的需求层次理论（Mallow's hierarchy of needs），属于内容型激励理论，将人们的需要划分为生理需要、安全需要、社交需要、尊重需要、自我实现需要5个层次。在高校参与教师农技推广的过程中，各种需求的重要性和排序可能并不与上述需求层次理论一致。随着人们对激励方法的适应，任何激励因素都可能会变成保健因素（孔宪香，2008），激励方法难以维持。

激励可以挖掘员工的内在潜力；吸引组织所需的人才，保持组织人员的稳定性；鼓励先进，鞭策后进；使员工的个人目标与组织目标协调统一（魏洁，2004）。

三、相关研究综述与假设

（一）大学农技推广的模式

为促进农业科技服务"最后一公里"畅通、高效，努力构建面向未来的农业科技推广管理新体制、运行新机制、服务新模式及激励、导向新政策。承担试点任务的科研院校大胆尝试，积极探索大学农技推广新模式，构建大学农技推广激励机制，多手段激发农技人员深入基层开展农技推广的火力，做好农技推广服务的后勤保障工作。各个农业大学探索各具特色的农技推广模式。

1.政府协作型农技推广模式

政府协作型农技推广模式，即"农业科研（大学）单位+政府+农户"的模式，主要针对公益性强、社会生态效益明显、短时间难以产业化的科技成果推广以及多种不同成果集成、组装与示范等（曾维忠等，2006）。

2. 专家负责型农技推广模式

专家负责型农技推广模式，即农业科研（大学）专家负责，组建推广团队，服务广大农户的模式（汤国辉等，2008；郝凤等，2008）。中国农业大学在河北省针对不同的区域示范基地采取了多样的推广方式，灵活组建专家团队，实施"一带三包"推广模式，"省级专家带县级专家、县级专家包片、乡镇站技术人员包村、科技示范户带动农户"的技术推广模式（陈辉等，2016）。

3. 团队服务型农技推广模式

团队服务型农技推广模式，即农业科研（大学）和地方基层成立服务团队，服务广大新型农业经营主体的模式（汤国辉等，2013）。安徽省建立的"1+1+N"的新型产业农技推广服务模式，即"1支高校创新团队+1支地方推广服务团队+N个新型农业经营主体"的新型农技推广服务模式（刘金荣，2015；熊红利等，2017）。湖北省水稻产业构建的"技术团队—社会组织—社会化专业服务组织—企业、农民"的融合发展模式；创新了"关键科研试验点+区域核心示范点+区域辐射农户"的链条推广服务模式，有效实现了专家教授领衔的科研团队与地方农技推广服务部门和农户的对接（代玲莉，2012）。

4. 技术带动型农技推广模式

技术带动型农技推广模式，即"农业科研（大学）单位+区域示范（农科所）+基层农技站点（农科站）+农户"。华南农业大学在潮州、惠州、韶关、茂名等地区探索实践的"高校+地区农科所+县镇农技推广站（公司）+农户"的模式。

5. 产业主导型农技推广模式

产业主导型农技推广模式，即"农业科研（大学）单位+新型经营主体+农户"。南京农业大学（李玉清等，2015）探索建立的新型农业经营主体联盟，通过联盟将新型农业经营主体组织起来，提供多元化、全产业链服务，培育、扶植新型农业经营主体的发展，在6个地市建立新型农业经营主体联盟，在18个乡镇建立起基层农技推广服务站点，并以站点为依托，就近服务新型农业经营主体达到2 000多户。

（二）大学农技推广的机制

不同的农技推广模式政府的投资效率是不同的，并且存在很大的差异，仅仅依靠政府投入是不够的（夏刊，2011）。我国政府公益性农技推广体系的改革与建设成效初步显现，公益性职能进一步明确，人才队伍建设得到加强，基础设施与服务手段不断改善，但是公益性的农技推广机制较为理想，往往难以达到预期效果。以农民的需求为目标，能够提高推广机制的稳定程度（焦源等，2013）。以盈利为目的的市场化农业技术服务体系，能够充分发挥市场经济对农业科技资源的有效配置作用，让农业技术服务的需求方拥有更多的农业科技服务选择权，也能够让需求主体享受到更加多元、更符合生产实际、更高质量且价格更低的农业技术有偿服务（王甲云，2014）。

（三）大学农技推广的方式

大学农技推广方式是指高校教师开展推广服务的形式和途径。农村改革开放30多年来，农业生产结构和经济成分发生了根本性变化，农业生产由粗放经营向集约经营、数量型向质量型转变（张海平，2016）。农技推广方式由过去单一的政府农技部门转变为政府农技部门为主导、其他形式为补充的多元化农技推广方式。随着现代技术的不断进步，农业技术的推广应深入乡村、掌握农民的真实心理，根据区域实际，因地制宜，创新农技推广方式和方法（张海平，2016），真正调动广大农民接受并采用先进农业技术的主动性和积极性（程相法，2018）。

新媒体的横空出世在一定程度上创新了农技推广的方式，借助新媒体的农业技术推广发展逾越了时空和当前推广体制现状的障碍，通过新媒体获得推广主动性的农户成为信息的接受者和传播者（汪伟坚等，2016）。

（四）基层农技推广人员供给意愿研究

农技推广是发展现代农业的重要手段。在基层的农技推广中，普遍存在着推广效率低、成果转化率低等问题。农技推广效率存在波动幅度较大、平均技术效率偏低（李雄，2016）。基层农技推广人员的工作积极性与待遇满意度、工作认可度、自我成就感、单位同事示范作用、农户信任正相关。地方政府重视不足和技术设施条件落后则会抑制工作的积极性（丰军辉等，2017）。基层农技推广人员的忠诚度在很大程度上是消极的忠诚或形式忠诚（杨璐等，2014；姚江林，2013），能力的洼地和相对的满意是其重要的成因。基层农技推广人员对工作的满意度和忠诚度较低（龚继红等，2014）、工作流动的意愿较强、换岗或离职的现象普遍存在（蒋磊等，2016），推广队伍中缺乏高素质人才，并且高素质人才流失严重（青平等，2012）。

（五）高校教师农技推广供给意愿研究

通过高校教师参与农技推广供给意愿角度进行研究发现，高校教师参与农技推广意愿不强的主要原因是高校教师农技推广服务的体系、配套制度、资源配置、农技推广法的不完善等（田兴国等，2017；胡婧，2015；汤国辉，2014）。政府、企业与高校之间缺乏合作和有效的沟通，导致农技推广体制不顺畅（刘彩霞等，2012）。

美国学者通过数据调查分析得出，组织架构、单位领导、人员配置、资金、问责制度、职称评审等因素影响高校教师的供给意愿（Damona，2016）。肯尼亚学者通过对142个农技推广人员和162个农业科研人员进行问卷调查以及结构式访谈，认为政府政策、监督评价体系、农技推广的经费以及公共基础涉及的健全与否等因素是影响农技推人员是否愿意提供农技推广服务的重要因素（Kiplang et al，2005）。

高校教师参与农技推广的过程中是农业生产和科技成果转化的关键环节和重要纽带（王雪梅等，2013）。从高校教师个人角度来讲，高校教师的年龄、性别、学历、职称等因素显著参与农技推广的意愿（曾维忠等，2010）。

（六）高校教师参与农技推广激励机制

开展农技推广服务是农业大学的一项重要社会责任，但是公益性质的大学农技推广模式存在诸多问题，最有效的解决方案是完善目前高校教师农技推广服务工作激励机制（许竹青等，2016）。有效的激励机制对农业技术推广人员的行为有显著影响。

借鉴发达国家高校农技推广运行机制，结合自身实际情况，构建行之有效的激励机制。设立农业技术推广基金（方付建，2009），以市场为取向，增强市场诱因的激励作用，提高高校教师进行农技推广的主动性和竞争意识（林青等，2007）。从物质方面和精神方面对高校农技推广教师给予不同层次的激励（姚晓霞，2006）。

（七）研究假设

1. 行为态度与行为意向

行为态度是指个人对某项行为所持有的认知、感觉或者喜好，是经过评价之后形成的态度，可能是正面的也可能是负面的。行为态度往往会对实际行动产生直接、显著影响。当高校教师对农技推广评价是正面的，则会产生积极的行为态度；如果是消极的行为评价，则会产生消极的行为态度。高校教师农技推广服务行为态度主要受到行为信念和预期收益等因素的影响，从而产生对农技推广服务行为喜好的评价。行为态度是高校教师对农技推广服务行为内部动机的主要表现（李柏洲等，2014）。当高校教师的农技推广行为信念能够与实际工作相融合，达到预期收益，能够调动进行农技推广的积极性，激发兴趣，增加参与意愿。综上所述，提出如下假设。

H1：高校教师农技推广服务的行为态度与其行为意向呈正向影响关系。

2. 主观规范与行为意向

主观规范是指个人在实施某项行为时可能会承受的社会环境压力。个人在进行行为决策时会受到来自对其具有一定影响力的团体或个人因素的影响。

主观规范由规范信念和依从动机2个变量决定（赵明，2012）。高校教师进行农技推广服务受到的规范信念的主要表现在政府、学校对其的行为和结果的期望压力。而依从动机主要是指周围环境、同事、朋友和与其参与农技推广服务的接受方农户的期望等压力的影响。高校教师的规范信念越强，感受到的来自政府和学校的压力就越大；依从动机越强，感受到来自同事、朋友以及农户的压力就越大。高校教师主观规范越强烈，进行农技推广的行为意向也会更加强烈。

高校教师在进行农技推广的过程中，需要政府政策引领方向（季勇，2014）、学校制度保驾护航，也需要周围同行业相关人士的影响和学习，以及农户的殷切期望，在这样的环境感染熏陶下，高校教师更加有意愿参与农技推广服务。综上所述，提出如下假设。

H2：高校教师农技推广服务的主观规范与其行为意向呈正向影响关系。

H2a：高校教师农技推广服务的主观规范中的政府政策与其行为意向呈正向影响关系。

H2b：高校教师农技推广服务的主观规范中的学校制度与其行为意向呈正向影响关系。

H2c：高校教师农技推广服务的主观规范中的周围环境与其行为意向呈正向影响关系。

H2d：高校教师农技推广服务的主观规范中的农户期望与其行为意向呈正向影响关系。

3. 感知行为控制与行为意向

感知行为控制是指个人在进行行动决策的时候会受到过去经验和预期的困难阻力的影响。当个人的经验越丰富，掌握的资源越多，预期的困难阻力越小，对行为的感知控制能力就越强，行为意向就越强烈，作出实际行动的可能性就越大。

感知行为控制主要包括自我控制和外部的困难阻力两方面因素。自我控制主要是个人对自己的行为安排、知识技能、工作能力等方面的控制，强调的不是执行行为的具体能力，而是个人对自身能力的自信程度。外部的困难阻力主要涉及在农技推广过程中遇到的一些困难阻力。

只有当高校教师认为自身可以较好地掌控自我，并且能够解决在推广过程中遇到的困难阻力时，才能够激发出积极的推广欲望，从而产生行为意向。综上提出如下假设。

H3：高校教师农技推广服务的感知行为控制与其行为意向呈正向影响关系。

4. 行为态度、主观规范与感知行为控制

行为态度、主观规范和感知行为控制三者之间并非独立，而是相互作用相互影响（邓新明，2012；Al-Rafee et al，2006）。主观规范和感知行为控制对行为态度具有显著的正相关影响。

高校教师在平时的工作和生活中，受到来自政府、学校的社会环境的影响，直接或者间接地接收到同事、朋友或者农户关于农技推广的建议或者意见，都会影响其对待农技推广的原始态度，产生依从动机，进而有意识地改变自己的行为态度。与此同时也会对自我控制和困难阻力感知行为控制进行考量，自我控制力越好。并且能够解决困难阻力能力越强，则会对行为态度产生正向的影响。综上所述，提出如下假设。

H4：高校教师农技推广服务的主观规范与其行为态度呈正向影响关系。

H4a：高校教师农技推广服务的主观规范中的政府政策与其行为态度呈正向影响关系。

H4b：高校教师农技推广服务的主观规范中的学校制度与其行为态度呈正向影响关系。

H4c：高校教师农技推广服务的主观规范中的周围环境与其行为态度呈正向影响关系。

H4d：高校教师农技推广服务的主观规范中的农户期望与其行为态度呈正向影响关系。

H5：高校教师农技推广服务的感知行为控制与其行为态度呈正向影响关系。

5. 行为意向的中介作用

行为意向表达高校教师试图实现农技推广服务的程度及其为了达成实际的农技推广行为所愿意投入努力的程度，是个体行为最好的预测指标之一。行为意向受到3个因素的影响，即行为态度、主观规范和感知行为控制。一般而言，个人对某项行为的态度是正向的、积极的或者喜爱的，那么个人的行为意向就会越强；当行为的主观规范偏向正向时，那么个人的行为意向也会变强。当感知行为控制越强，个人的行为意向也会越强。

从某种程度上来说，行为意向可以直接决定行为，也只有当高校教师发自内心地认为进行农技推广行为是有益的并且愿意执行该行为时，才能产生积极的行为态度，感知到行为规范越强烈，会增加对农技推广行为的掌控力，激发实施农技推广服务行为。综上所述，提出如下假设。

H6：高校教师的行为态度与农技推广实际行为呈正相关。

H6a：高校教师的行为意向在行为态度和农技推广实际行为之间起到中介作用。

H7：高校教师的主观规范与农技推广实际行为呈正相关。

H7a：高校教师行为意向在主观规范和农技推广实际行为之间起到中介作用。

H8：高校教师的感知行为控制和农技推广实际行为之间起到中介作用。

H8a：高校教师的行为意向在感知行为控制和农技推广实际行为之间起到中介作用。

四、问卷设计与变量测量

（一）问卷的设计

在前面理论分析的基础上，本章介绍了本研究问卷设计的过程，主要分为探索性深度访谈、设计问卷初稿、进行预调查、修改定稿几个环节。

本研究的问卷设计主要选用Icek Ajzen（1988，1991）的计划行为理论量表。在不改变计划行为理论原有量表的基础上结合本研究的内容对具体题项的描述作出了适当的修改和调整。

1. 探索性深度访谈确定问卷初稿

在问卷正式发放之前，做了农技推广领域专家学者的深度访谈，结合他们的建议对量表进行了修改。访谈是通过3次会议举行的：2016年5月22日，广东省高校农技推广服务模式与体制机制创新研讨会；2016年11月9日，大学农技推广服务模式与体制机制创新模式研讨会；2017年12月7—8日，华南农业大学与广东省农业产业化龙头企业协会联合主办大学农技推广服务模式论坛。上述农技推广专业论坛会议均由广东省内外农技推广方面的专家学者参会，规模盛大，他们提出的真知灼见为高校教师农技推广意愿调查问卷初稿提供了基本框架和理论依据。

2. 预调查后修改定稿

通过以上农技推广专业论坛会议，整理出预调查的调查问卷，之后对华南农业大学农技推广教师进行供给意愿预调查，并根据预调查结果对问卷进行第二次修改。

对收集的样本数据结果的信度和效度进行检验，并针对之前的假设进行探索性因子分析，去除一些因子载荷过低的语句；同时针对调查过程中实际反馈的问题，进一步骤酌题项的设置以及语言表达。在2次问卷修改的基础上，根据预调查的结果，确定最终正式发放的调查问卷。

调查问卷主体包括2个部分，一部分是高校农技推广教师的基本背景信息；另一部分是围绕计划行为量表，包括行为态度、主观规范、感知行为控制、行为意向和实际行动5个方面。这部分的题项基本上采用李克特5分制量表，1~5代表了符合程度由低到高。被访问者根据自己的大学农技推广服务实际情况，选择合适陈述的认可程度，"1"代表非常不同意；"2"代表不同意；"3"代表一般；"4"代表同意；"5"代表非常同意。在实际研究中，各潜变量的得分为所有观测题项的算数平均数。

（二）变量的测量

1. 行为态度量表

行为态度量表主要参照了计划行为量表原有的范式，并根据我国高校农技推广的实际情况进行修正。主要从行为信念和预期收益两个方面进行测量。行为信念具体包括4个观测指标，预期收益包括8个观测指标，各个指标如表7-1所示。

表7-1　行为态度量

变量	题号	观测指标
行为信念	XWXN1	C1.我认为进行农技推广是有益的
	XWXN2	C2.我认为进行农技推广是身心愉悦的
	XWXN3	C3.我认为进行农技推广是有价值的
	XWXN4	C4.我认为高校教师从事农技推广是有必要的
预期收益	YQSY1	C5.我认为进行农技推广能够提高我的经济收入的
	YQSY2	C6.我认为进行农技推广能够提高自我价值的
	YQSY3	C7.我认为进行农技推广能够有效地解决农业问题
	YQSY4	C8.我认为进行农技推广能够了解农业需求
	YQSY5	C9.我认为进行农技推广能够提升合作能力
	YQSY6	C10.我认为进行农技推广能够促进农民对高校教师的信任
	YQSY7	C11.我认为进行农技推广能够提高农民素质和技能
	YQSY8	C12.我认为农技推广可实现双赢，自我进步和帮助他人同样重要

2. 主观规范量表

主观规范量表主要参照了计划行为量表原有的范式，并根据我国高校农技推广的实际情况进行修正。有研究表明（汤国辉等，2014），因政府、学校奖励而愿意参加农技推广对高校教师参与农技推广呈正相关，这表明因政府、学校奖励教师使其更愿意参与农技推广。高校教师因学校制度是否完善对高校教师参与农技推广的意愿在模型显示为正相关。该量表主要从政府政策、学校制度、周围环境、农户期望4个方面进行测量。具体观测指标如表7-2所示。

表7-2 主观规范量

变量	题号	观测指标
政府政策	ZFZC1	D1.政府重视高校农技推广工作
	ZFZC2	D2.政府制定了高校农技推广服务支持政策
	ZFZC3	D3.政府有相关高校农技推广服务表彰办法
	ZFZC4	D4.政府保证了高校农技推广服务的资金
	ZFZC5	D5.政府保障高校农技推广服务基础设施
	ZFZC6	D6.政府给予高校农技推广服务教师物质奖励
学校制度	XXZD1	D7.我进行农技推广是受到学校环境的影响
	XXZD2	D8.学校制定了高校农技推广服务教师绩效考核体系
	XXZD3	D9.学校增设了大学农技推广服务职称评审
	XXZD4	D10.学校制定了大学农技推广服务奖惩制度
	XXZD5	D11.学校领导重视农技推广工作
周围环境	ZWHJ1	D12.我进行农技推广是受到同事的影响
	ZWHJ2	D13.我进行农技推广，我的朋友是认可的
	ZWHJ3	D14.我进行农技推广，我的家人是认可的
	ZWHJ4	D15.我进行农技推广，我本人是认可的
农户期望	NHQW1	D16.我能够跟农民自由沟通，并且知道他们是愿意聆听的
	NHQW2	D17.当有农民愿意合作时，我会感到一种成就感
	NHQW3	D18.我进行农技推广活动受到农民的欢迎

3.感知行为控制量表

感知行为控制量表主要参照了计划行为量表原有的范式，并根据我国高校农技推广的实际情况进行修正。主要包括自我控制和困难阻力2个方面，其中自我控制包括9个观测指标，困难阻力包括7个观测指标，具体观测指标如表7-3所示。

表7-3 感知行为控制量

变量	题号	观测指标
自我控制	ZWKZ1	E1.如果我想，我可以在下学期进行农技推广
	ZWKZ2	E2.我大概可以自主决定是否进行农技推广
	ZWKZ3	E3.我可以控制是否要进行农技推广
	ZWKZ4	E4.我能够自主决定是否要进行农技推广
	ZWKZ5	E5.我能够带动周围同事进行农技推广
	ZWKZ6	E6.我能够解决农技推广工作中遇到的问题
	ZWKZ7	E7.我的专业或技能水平能胜任目前的农技推广工作
	ZWKZ8	E8.在农技推广工作中我的能力能得到充分发挥
	ZWKZ9	E9.我的推广经验能够帮助我更好的工作
困难阻力	KNZL1	E10.我在农技推广的过程中遇到过困难
	KNZL2	E11.如果资金充裕，我参与的农技推广工作会完成的更好
	KNZL3	E12.如果推广效果好，我参与的农技推广工作会完成的更好
	KNZL4	E13.如果跟农民沟通顺畅，我参与的农技推广工作会完成的更好
	KNZL5	E14.如果农民需求与技术供给紧密结合，农技推广工作会完成的更好
	KNZL6	E15.如果有更多政策支持，我参与的农技推广工作会完成的更好
	KNZL7	E16.如果农技推广工作形式多样，我参与农技推广工作会完成的更好

4. 行为意向量表

行为意向量表主要参照了计划行为量表原有的范式，并根据我国高校农技推广的实际情况进行修正，有10个观测指标，具体观测指标如表7-4所示。

表7-4 行为意向量

变量	题号	观测指标
行为意向	XWYX1	F1.我打算在下学期进行农技推广
	XWYX2	F2.我尝试在下学期进行农技推广
	XWYX3	F3.计划在下学期进行农技推广
	XWYX4	F4.我愿意下学期进行农技推广
	XWYX5	F5.我愿意和农民分享我的研究成果
	XWYX6	F6.我愿意使用农民更能接受的方式进行农技推广
	XWYX7	F7.我愿意在进行农技推广的过程中会不断改进推广方法
	XWYX8	F8.我在农技推广的过程中取得了一定的成果
	XWYX9	F9.即使有一份更好的工作，我也不愿意放弃现在的农技推广工作
	XWYX10	F10.我将来打算继续从事农技推广工作

5. 实际行动量表

实际行动量表主要参照了计划行为量表原有的范式，并根据我国高校农技推广的实际情况进行修正。主要从高校教师农技推广行动、推广内容、推广方式、推广收获4个方面进行测量，具体观测指标如表7-5所示。

表7-5　实际行动量

变量	题号	观测指标
推广行动	TGXD1	B1.我曾经向农民进行农技推广活动
	TGXD2	B2.过去一年，平均多久向农民进行一次农技推广活动
	TGXD3	B3.我接下来也将向农民进行农技推广活动
推广内容	TGNR1	B4.我主要推广在实际工作中的经验
	TGNR2	B7.我会根据农民需求，选择合适的推广内容
	TGNR3	B10.我主要推广我自己的科技成果
	TGNR4	B11.我主要推广学校其他老师成熟的科技成果
	TGNR5	B12.我主要推广农技知识的获取途径和方法
推广方式	TGFS1	B8.我会根据农民接受能力，选择合适的推广方式
	TGFS2	B9.我在农技推广的过程中，会考虑农民的感受
	TGFS3	B13.我通过技术讲座的方法进行农技推广活动
	TGFS4	B14.我会借助媒介载体（如网络、电视、报纸）等进行农技推广活动
	TGFS5	B15.我主要通过试验和示范的方法进行农技推广活动
推广收获	TGSH1	B5.我在跟农民讨论的过程中可以获得我想要的信息
	TGSH2	B6.我通过农技推广可以获取新的知识或技能
	TGSH3	B16.我所推广的技术能够给农民带来实际的收益

五、样本描述与数据检验

本章主要介绍两部分：第一，样本描述，包括调查对象、抽样方法、调查方法以及样本数据的结构；第二，数据检验，主要包括信度和效度检验、相关分析、中介效应分析、结构方程的检验等。

（一）样本描述

1. 调查对象

本次调查涉及广东省11所涉农高校，由于涉农高校教师数量庞大，在实际操作中，需要对调查对象进行一一甄别。调查对象要满足下列条件之一：在农技推广系统中有注册、登记，并且参与农技推广工作一年以上；涉农高校涉农专业曾经参与、正在参与或者有意愿参与农技推广工作的教师。

2. 抽样方法

在实际调查中由于不能够保证每个调查单位都有相同被抽中的概率，所以采取非随机抽样的方法。主要采用配额抽样，根据广东省每个涉农高校参与农技推广服务的教师的数量，进行配额抽样。在具体的抽取过程中，采用判断抽样的方法，根据是否参与农技推广服务进行筛选、抽样。判断抽样是根据研究的目标，调查者自己的主观分析来选择调查对象的（风笑天，2010）。这种方法成本相对较小，但也可能存在着选择误差，具有一定的局限性。

3. 调查方法

本研究调查的方法主要分为3个部分，通过广东省召开的各种农技推广主题会议发放问卷；通过问卷星发送网络调查问卷，主要针对在农技推广系统中注册、登记的老师；到广东省各个涉农高校涉农专业发放纸质版的调查问卷。问卷采用自填式问卷。

4. 样本描述统计分析

本次调查样本数量为422个，涉及了广东省内11所涉农高校或者职业学院，调查了422个样本。华南农业大学调查样本数量为162人，占38.38%；佛山科学技术学院33人，占7.82%；广东海洋大学32人，占7.58%；仲恺农业工程学院57人，占13.51%；惠州学院42人，占9.95%；广东科贸职业学院25人，占5.92%；清远职业技术学院25人，占5.92%；嘉应学院19人，占4.50%；广东食品药品职业学院4人，占0.95%；广东环境保护工程职业学院4人，占0.95%。具体数据如表7-6所示。

本次调查对象主要来自涉农高校从事农技推广工作的教师。前期调查发现，从事农技推广相关工作的男性占大参数，通过数据分析显示，在被调查的422人中，其中男性258人，占61.1%；女性164人，占38.9%。从年龄结构上看，25～35岁，有141人，占33.4%；35～45岁有150人，占35.5%；45～55岁有115人，占27.3%；55岁以上有16人，占3.8%，可见在从事农技推广工作的高校教师中，以45岁以下的中青年教师为主。学历方面，本科有53人，占12.6%；硕士169人，占40%；博士200人，占47.4%，从事农技推广工作的教师中拥有博士学历的人数占到将近一半。从婚姻状况来看，未婚有57人，占13.5%；已婚有365人，占86.5%。从职称结构上看，初级职称有44人，占10.4%；中级职称146人，占34.6%；副高级职称有143人，占33.9%；高级职称有71人，占16.8%，其他18人，占4.3%。岗位类型方面，教学科研系列有290人，占68.7%；专职科研系列有31人，占7.3%；推广系列有23人，占5.5%；其他专业技术系列有76人，占18.5%。是否兼有行政工作方面，有133人兼有其他行政工作，占31.6%；289人没有行政工作，占68.4%。具体数据如表7-7所示。

表7-6 各农业高校样本统计数量（N=422）

学校	频数	百分比（%）
华南农业大学	162	38.39
佛山科学技术学院	33	7.82
广东海洋大学	32	7.58
仲恺农业工程学院	57	13.51
惠州学院	42	9.95
广东科贸职业学院	25	5.92
清远职业技术学院	25	5.92
嘉应学院	19	4.50
广东农工商职业技术学院	18	4.27
广东食品药品职业学院	4	0.95
广东环境保护工程职业学院	4	0.95
总计	422	100

通过对422名涉农高校教师的调查数据，结果显示，从事农技推广技术的高校教师中，服务时间在一年以下的有51人，占12%；1~3年的有128人，占30.4%；3~5年的有53人，占12.6；5~10年的有75人，占17.8%；10~15年的有51人，占12.1%；15~20年的有17人，占4.0%；20年以上的有47人，占11.1%。从事农技推广的时间上可以看出，时间分布比较均衡，并呈现出一定的梯度。具体数据如表7-8所示。

表7-7 样本数据的描述性统计（N=422）

变量	类别	人数	百分比（%）	变量	类别	人数	百分比（%）
性别	男	258	61.1		初级	44	10.4
	女	164	38.9		中级	146	34.6
年龄	25~35岁	141	33.4	职称	副高	143	33.9
	35~45岁	150	35.5		正高	71	16.8
	45~55岁	115	27.3		其他	18	4.3
	55岁以上	16	3.8		教学科研系列	290	68.7
学历	本科	53	12.6	岗位类型	专职科研系列	31	7.3
	硕士	169	40.0		推广系列	23	5.5
	博士	200	47.4		其他专业技术系列	76	18.5
婚姻状况	未婚	57	13.5	是否兼有行政工作	有	133	31.6
	已婚	365	86.5		没有	289	68.4

表7-8 您从事农业技术推广服务时间（*N*=422）

时间	人数	百分比（%）
1年以下	51	12.0
1～3年	128	30.4
3～5年	53	12.6
5～10年	75	17.8
10～15年	51	12.1
15～20年	17	4.0
20年以上	47	11.1
总计	422	100.0

上述数据信息反映了目前高校从事农技推广工作教师的基本状况，男性居多，中青年教师居多，一半左右拥有博士学历，中级、副高级职称居多。从事农技推广时间分布比较均衡稳定，呈现出长期发展的态势。样本数据结构与之前学者的研究结果基本一致（汤国辉等，2014；陈秀兰等，2010）。正是这样充满生机活力的人才队伍，才能使农技推广事业蓬勃发展。

（二）信度检验

信度分析是一种测度综合评价体系是否具有一定稳定性和可靠性的有效分析方法（薛薇，2013）。对于量表而言，信度是极为重要的技术性指标。量表编制的合理性和有效性将决定着评价结果的可信性和可靠性。有效的量表应保证评估项目更新前后所得的评估结果有较高的相关性。信度分析是对量表的有效性进行研究，使用SPSS23.0对量表进行信度分析，主要是对量表的内在信度进行研究。它首先对各个评估项目做基本描述统计，计算各项目的简单相关系数以及提出一个项目后其余项目间的相关系数。信度Cronbach'α系数值，这一系数值在0～1变化。经验上，如果Cronbach'α系数值大于0.9，则认为量表的内在信度很高；如果Cronbach'α系数值大于0.8（小于0.9），则认为量表是可以接受的。

1. 行为态度信度检验

信度分析结果如表7-9所示，从数据中可以得出，行为态度量表12个题项的内部一致性Cronbach'α系数值为0.925，远高于0.8的可接受标准，并且12个题项删除后的Cronbach'α系数值均小于0.925。综上所述，量表为高信度量表。

表7-9　行为态度量表信度分析结果（N=422）

	题项	删除项后的Cronbach'α系数值	Cronbach'α系数值
行动态度	XWXN1	0.920	
	XWXN2	0.919	
	XWXN3	0.917	
	XWXN4	0.917	
	YQSY1	0.919	
	YQSY2	0.917	0.925
	YQSY3	0.918	
	YQSY4	0.917	
	YQSY5	0.916	
	YQSY6	0.918	
	YQSY7	0.915	
	YQSY8	0.918	

2. 主观规范信度检验

主观规范量表信度分析的结果如表7-10所示，从数据中可以得出，主观规范量表18个题项的内部一致性Cronbach'α系数值为0.931，远高于0.8的可接受标准，并且18个题项删除后的Cronbach'α系数值均小于0.931。综上所述，此量表为高信度量表。

表7-10　主观规范量表信度分析结果（N=422）

	题项	删除项后的Cronbach'α系数值	Cronbach'α系数值
主观规范	ZFZC1	0.926	
	ZFZC2	0.925	
	ZFZC3	0.924	
	ZFZC4	0.925	
	ZFZC5	0.924	
	ZFZC6	0.925	
	XXZD1	0.930	0.931
	XXZD2	0.927	
	XXZD3	0.927	
	XXZD4	0.926	
	XXZD5	0.925	
	ZWHJ1	0.928	
	ZWHJ2	0.928	

（续表）

	题项	删除项后的Cronbach'α系数值	Cronbach'α系数值
	ZWHJ3	0.928	
	ZWHJ4	0.930	
主观规范	NHQW1	0.929	0.931
	NHQW2	0.929	
	NHQW3	0.930	

3. 感知行为控制信度检验

表7-11显示的都是感知行为控制量表信度分析的结果，从数据中可以得出，感知行为控制量表16个题项的内部一致性Cronbach'α系数值为0.933，远高于0.8的可接受标准，并且16个题项删除后的Cronbach'α系数值均小于0.933。综上所述，此量表为高信度量表。

表7-11　感知行为控制度量表信度分析结果（N=422）

	题项	删除项后的Cronbach'α系数值	Cronbach'α系数值
	ZWKZ1	0.929	
	ZWKZ2	0.928	
	ZWKZ3	0.930	
	ZWKZ4	0.930	
	ZWKZ5	0.930	
	ZWKZ6	0.929	
	ZWKZ7	0.928	
	ZWKZ8	0.927	
感知行为控制	ZWKZ9	0.926	0.933
	KNZL1	0.931	
	KNZL2	0.928	
	KNZL3	0.927	
	KNZL4	0.929	
	KNZL5	0.928	
	KNZL6	0.929	
	KNZL7	0.928	

4. 行为意向信度检验

行为意向量表信度分析的结果如表7-12所示，从数据中可以得出，行为意向量表10个题项的内部一致性Cronbach'α系数值为0.935，远高于0.8的可接受标准，并且10个题项删除后的Cronbach'α系数值均小于0.935。综上所述，此量表为高信度量表。

表7-12 行为意向量表信度分析结果（N=422）

	题项	删除项后的Cronbach'α系数值	Cronbach'α系数值
行为意向	XWYX1	0.925	
	XWYX2	0.928	
	XWYX3	0.926	
	XWYX4	0.926	
	XWYX5	0.928	0.935
	XWYX6	0.928	
	XWYX7	0.929	
	XWYX8	0.931	
	XWYX9	0.935	
	XWYX10	0.926	

5. 实际行动信度检验

实际行动量表信度分析的结果如表7-13所示，从数据中可以得出，实际行动量表16个题项的内部一致性Cronbach'α系数值为0.895，远高于0.8的可接受标准，并且16个题项删除后的Cronbach'α系数值均小于0.895。综上所述，此量表为高信度量表。

表7-13 实际行动量表信度分析结果（N=422）

	题项	删除项后的Cronbach'α系数值	Cronbach'α系数值
实际行动	SJXD1	0.888	
	SJXD2	0.874	
	SJXD3	0.850	
	SJXD4	0.850	0.895
	SJXD5	0.848	
	SJXD6	0.847	
	SJXD7	0.846	

（续表）

题项	删除项后的Cronbach'α系数值	Cronbach'α系数值
SJXD8	0.845	
SJXD9	0.849	
SJXD10	0.861	
SJXD11	0.861	
SJXD12（实际行动）	0.854	0.895
SJXD13	0.855	
SJXD14	0.857	
SJXD15	0.849	
SJXD16	0.850	

（三）效度检验

效度检验，也称为测量的有效度或准确度。它是指测量工具或测量手段能够准确测出所要测量的变量的程度，或者说能够准确、真实地度量事物属性的程度（风笑天，2009）。

效度检验的目的在于一方面保证测量工具是在测量其所要探讨的建构，另一方面是检测该测量工具是否能正确测量出该理论建构。前者是检验内容效度，也就是指测量工具能否覆盖到它所要测量的某一构念的各个层面；后者是检验建构效度，指测量工具能够测量理论建构的程度（董杲，2016）。

聚合效度所探讨的是周延性问题，即要求对原理建构的充分了解，而区别效度所探讨的是排他性的问题，即不相关的理论建构排除在外（荣泰生等，2010）。一般来讲，要检验建构效度的标准包括两个方面：一方面是观察各个题项在建构变量上的负荷情况，需要各个题项的因子载荷均大于0.5，另一方面则是利用结构方程模型常用的拟合指数来检验模型本身的拟合情况。探索性因子分析用来测量建立量表的建构效度，验证性因子分析则是验证构建效度的适切性与真实性（吴明隆，2010）。

1. 探索性因子分析

本研究通过探索性因子分析来筛选掉因子负荷较低的题项，从而分析所在建构变量的内在结构。探索性因子分析的目的在于确认量表因素结构或一组变量的模型，常考虑的是要决定多少个因素或构念，同时因素负荷量的组如何（吴明隆，2010）。在社会科学领域中，所提取的共同因子累计解释变量在50%以上，因子分析的结果是可以接受的。本研究提取主成分的原则是：限定特征根大于1，同时提取的因子累计解释要大于50%。KMO检验统计量是用于比较变量间简单相关系数和偏相关系数。

当KMO值越接近1，意味着变量之间的相关性越强，原有变量越适合做因子分析。KMO的常用标准，0.9以上表示非常合适；0.8表示合适；0.7表示一般；0.6表示不太合适。

（1）行为态度的探索性因子分析。本研究通过SPSS对行为态度的12个题项进行因子分析，表7-14显示了旋转后的因子提取的结果。KMO值为0.918，Bartlett球体检验的近似卡方值为2 802.368，自由度为66，卡方统计值的显著水平为0.000，小于0.001，表明各指标之间具有较高的相关性，适合做因子分析。

分析结果如表7-14所示，在特征值大于1的情况下，提取2个因子累计贡献率为64.974%，高于设定的50%的标准。提取的每个因子载荷量均大于0.5，各个分量表的内部一致Cronbach'α系数值分别为0.855、0.899，具有较高的信度。

表7-14 行为态度量表探索性因子分析结果（N=422）

新因子名称	题项	1	2
行为信念	XWXN1	0.699	
	XWXN2	0.731	
	XWXN3	0.774	
	XWXN4	0.767	
预期收益	YQSY1		0.592
	YQSY2		0.772
	YQSY3		0.748
	YQSY4		0.777
	YQSY5		0.790
	YQSY6		0.754
	YQSY7		0.807
	YQSY8		0.752
Cronbach'α系数值		0.881	0.901
累计贡献率（%）		64.974	
KMO值		0.918	
Bartlett的球体检验	近似卡方值	2 802.368	
	df	66	
	Sig.	0.0	

通过对行为态度的探索性因子分析可以提出2个主成分因子：行为信念和预期收益，说明前文理论分析和量表设计中对行为态度从行为信念和预期收益2个维度的谈论是较为合适的。

（2）主观规范的探索性因子分析。本研究通过SPSS对主观规范的18个题项进行因子分析，表7-15显示了旋转后的因子提取的结果。KMO值为0.918，Bartlett球体检验的近似卡方值为5 004.792，自由度为153，卡方统计值的显著水平为0.000，小于0.001，表明各指标之间具有较高的相关性，适合做因子分析。

分析结果如表7-15所示，在特征值大于1的情况下，提取4个因子累计贡献率为68.814%，高于设定的50%的标准。提取的每个因子载荷量均大于0.5，各个分量表的内部一致Cronbach'α系数值分别为0.937、0.877、0.813、0.825，具有较高的信度。

本研究通过SPSS对主观规范的18个题项进行因子分析，表7-15显示了旋转后的因子提取的结果。KMO值为0.918，Bartlett球体检验的近似卡方值为5 004.792，自由度为153，卡方统计值的显著水平为0.000，小于0.001，表明各指标之间具有较高的相关性，适合做因子分析。

表7-15　主观规范量表探索性因子分析结果（$N=422$）

新因子名称	题项	1	2	3	4
政府政策	ZFZC1	0.714			
	ZFZC2	0.786			
	ZFZC3	0.805			
	ZFZC4	0.818			
	ZFZC5	0.808			
	ZFZC6	0.791			
学校制度	XXZD1		0.576		
	XXZD2		0.692		
	XXZD3		0.666		
	XXZD4		0.743		
	XXZD5		0.77		
周围环境	ZWHJ1			0.598	
	ZWHJ2			0.661	
	ZWHJ3			0.659	
	ZWHJ4			0.564	
农户期望	NHQW1				0.555
	NHQW2				0.567
	NHQW3				0.558

（续表）

新因子名称	题项	1	2	3	4
Cronbach'α系数值		0.937	0.877	0.813	0.825
累计贡献率（%）		68.814			
KMO值		0.918			
Bartlett的球体检验	近似卡方值	5 004.792			
	df	153			
	Sig.	0.00			

在特征值大于1的情况下，提取4个因子累计贡献率为68.814%，高于设定的50%的标准。提取的每个因子载荷量均大于0.5，各个分量表的内部一致Cronbach'α系数值分别为0.937、0.877、0.813、0.825，具有较高的信度。

通过对主观规范的探索性因子分析可以提出4个主成分因子：政府政策、学校制度、周围环境、农户期望，说明前文理论分析和量表设计中对主观规范从政府政策、学校制度、周围环境、农户期望4个维度的谈论是较为合适的。

（3）感知行为控制的探索性因子分析。本研究通过SPSS对感知行为控制的16个题项进行因子分析，表7-16显示了旋转后的因子提取的结果。KMO值为0.921，Bartlett球体检验的近似卡方值为4 151.688，自由度为120，卡方统计值的显著水平为0.000，小于0.001，表明各指标之间具有较高的相关性，适合做因子分析。

在特征值大于1的情况下，提取2个因子累计贡献率为63.668%，高于设定的50%的标准。提取的每个因子载荷量均大于0.5，各个分量表的内部一致Cronbach'α系数值分别为0.900、0.902，具有较高的信度。

通过对感知行为规范的探索性因子分析可以提出2个主成分因子：自我控制、困难阻力，说明前文理论分析和量表设计中对感知行为规范从自我控制、困难阻力2个维度的谈论是较为合适的。

表7-16　感知行为控制量表探索性因子分析结果（N=422）

新因子名称	题项	1	2
自我控制	ZWKZ1	0.697	
	ZWKZ2	0.722	
	ZWKZ3	0.632	
	ZWKZ4	0.634	
	ZWKZ5	0.659	
	ZWKZ6	0.702	
	ZWKZ7	0.720	
	ZWKZ8	0.753	
	ZWKZ9	0.789	

（续表）

新因子名称	题项	1	2
	KNZL1		0.635
	KNZL2		0.734
	KNZL3		0.754
困难阻力	KNZL4		0.711
	KNZL5		0.723
	KNZL6		0.687
	KNZL7		0.743
Cronbach'α系数值		0.900	0.902
累计贡献率（%）		63.668	
KMO值		0.921	
Bartlett的球体检验	近似卡方值	4 151.688	
	df	120	
	Sig.	0.00	

（4）行为意向的探索性因子分析。本研究通过SPSS对行为意向的10个题项进行因子分析，表7-17显示了旋转后的因子提取的结果。KMO值为0.921，Bartlett球体检验的近似卡方值为2 854.104，自由度为45，卡方统计值的显著水平为0.000，小于0.001，表明各指标之间具有较高的相关性，适合做因子分析。

在特征值大于1的情况下，提取1个因子累计贡献率为63.356%，高于设定的50%的标准。提取的每个因子载荷量均大于0.5，各个分量表的内部一致Cronbach'α系数值为0.935，具有较高的信度。

表7-17　行为意向量表探索性因子分析结果（N=422）

新因子名称	题项	1
	XWYX1	0.855
	XWYX2	0.800
	XWYX3	0.832
	XWYX4	0.828
	XWYX5	0.804
行为意向	XWYX6	0.806
	XWYX7	0.789
	XWYX8	0.744
	XWYX9	0.65
	XWYX10	0.826

（续表）

新因子名称	题项	1
Cronbach'α系数值		0.935
累计贡献率（%）		63.356
KMO值		0.921
Bartlett的球体检验	近似卡方值	2 854.104
	df	45
	Sig.	0.00

通过对行为意向的探索性因子分析可以提出1个主成分因子：行为意向，说明前文理论分析和量表设计中对行为意向的谈论是较为合适的。

（5）实际行动的探索性因子分析。本研究通过SPSS对实际行动的16个题项进行因子分析，表7-18显示了旋转后的因子提取的结果。KMO值为0.900，Bartlett球体检验的近似卡方值为2 557.305，自由度为120，卡方统计值的显著水平为0.000，小于0.001，表明各指标之间具有较高的相关性，适合做因子分析。

在特征值大于1的情况下，提取2个因子累计贡献率为57.243%，高于设定的50%的标准。提取的每个因子载荷量均大于0.5，各个分量表的内部一致Cronbach'α系数值为0.900，具有较高的信度。

通过对实际行动的探索性因子分析可以提出4个主成分因子：推广行动、推广内容、推广方式、推广收获，说明前文理论分析和量表设计中对实际行动从推广行动、推广内容、推广方式、推广收获，4个维度的谈论是较为合适的。

表7-18 实际行动量表探索性因子分析结果（N=422）

新因子名称	题项	1	2	3	4
实际行动	TGXD1	0.582			
	TGXD2	0.677			
	TGXD3	0.687			
	TGNR1		0.658		
	TGNR2		0.787		
	TGNR3		0.516		
	TGNR4		0.518		
	TGNR5		0.581		
	TGFS1			0.793	
	TGFS2			0.759	
	TGFS3			0.56	

（续表）

新因子名称	题项	1	2	3	4
	TGFS4			0.533	
	TGFS5			0.679	
实际行动	TGSH1				0.715
	TGSH2				0.745
	TGSH3				0.676
Cronbach'α系数值		0.839	0.687	0.766	0.751
累计贡献率（%）		57.243			
KMO值		0.900			
Bartlett的球体检验	近似卡方值	2 557.305			
	df	120			
	Sig.	0.00			

2. 验证性因子分析

基于以上探索性因子分析的结果，本研究还需要进一步对具有多因子结构的变量进行验证性因子分析，以检验多因子结构对建构变量的拟合效果。

验证性因子分析（CFA）属于SEM的一种子模型，是进行整合SEM分析的一个前置步骤或基础架构。在验证性因子分析中，对建构变量的拟合进行检验的指标较多。根据以往学者的经验，本研究选择了以下几个指标用以判断建构变量的拟合优度，其中绝对适配统计量包括：CMIN/df、SRMR；增值适配统计量包括：CFI、IFI、TLI，判断标准如表7-19所示。本研究采用SPSS AMOS20.0软件来计算。

表7-19 模型拟合指标判断标准

	拟合指标	判断标准
绝对适配统计量	CMIN/df（卡方与自由度的比值）	介于1~3，表示模型适配良好
	SRMR（平均残差协方差标准化的和）	小于0.05，模型契合度良好
	RMSEA（渐进残差均方和平方根）	小于0.05，模型适配良好
增值适配统计量	CFI（比较适配性指数）	大于0.9，表示模型适配良好 大于0.95，模型适配完美
	IFI（增值适配指数）	
	TLI（非规准适配指数）	

（1）行为态度验证性因子分析。行为态度验证性因子分析如表7-20所示，行为态度量表的验证性因子分析模型的绝对适配统计量、增值适配统计量，所有适配统计量的指标值均达到模型可接受的标准。在自由度等于53时，模型的CMIN/df=1.975<3，SRMR=0.024<0.05，RMSEA=0.034<0.05，CFI=0.965>0.95，IFI=0.965>0.95，TLI=0.952>0.95，以上数据说明模型的适配情况良好，收敛效果较佳。

表7-20　行为态度量表验证性因子分析拟合指标结果（N=422）

CMIN/df	SRMR	RMSEA	CFI	IFI	TLI
1.975	0.024	0.034	0.965	0.965	0.952

行为态度量表验证性因子分析结果如表7-21所示，由分析结果可知，仅有一个测量指标的标准化因子负荷量小于0.5，表示模型的基本适配度良好。行为信念和预期收益两个维度的相关系数是0.77，在P<0.001的情况下显著相关。

行为态度量表标准化参数估计值模型图7-3直观地反映出验证性因子分析的结果。

就整体而言，行为态度量表验证性因子分析模型与实际观察数据适配情形良好，没有违反模型辨认规则。理论模型与实际数据可以契合，即测量模型的收敛效果很好。

表7-21　行为态度量表验证性因子分析结果（N=422）

路径	标准化因子载荷	C.R.	P
XWXN1<---行为信念	0.799	–	–
XWXN2<---行为信念	0.783	16.635	***
XWXN3<---行为信念	0.871	18.188	***
XWXN4<---行为信念	0.777	16.476	***
YQSY1<---预期收益	0.468	–	–
YQSY2<---预期收益	0.745	9.233	***
YQSY3<---预期收益	0.731	9.099	***
YQSY4<---预期收益	0.787	9.258	***
YQSY5<---预期收益	0.797	9.422	***
YQSY6<---预期收益	0.743	8.968	***
YQSY7<---预期收益	0.807	9.165	***
YQSY8<---预期收益	0.766	9.153	***

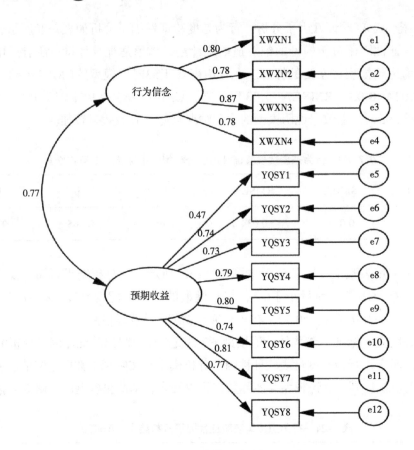

图7-3 行为态度量表标准化参数估计值模型

（2）主观规范验证性因子分析。主观规范量表的验证性因子分析模型的绝对适配统计量、增值适配统计量如表7-22所示，由表7-22可知，所有适配统计量的指标值均达到模型可接受的标准。在自由度等于129时，模型的CMIN/df=2.951<3，SRMR=0.034<0.05，RMSEA=0.034<0.05，CFI=0.925>0.90，IFI=0.925>0.90，TLI=0.907>0.90，以上数据说明模型的适配情况良好，收敛效果较佳。

在假设模型的内在质量方面如表7-23所示，仅有1个测量指标的标准化因子负荷量小于0.5，表示模型的基本适配度良好。政府政策、学校制度、周围环境、农户期望4个维度之间在$P<0.001$的情况下显著相关。

主观行为量表标准化参数估计值模型图7-4直观地反映出验证性因子分析的结果。

表7-22 主观规范量表验证性因子分析拟合指标结果（$N=422$）

CMIN/df	SRMR	RMSEA	CFI	IFI	TLI
2.951	0.044	0.034	0.925	0.925	0.907

表7-23　主观规范量表验证性因子分析结果（*N*=422）

路径	标准化因子载荷	*C.R.*	*P*
ZFZC1<---政府政策	0.718	–	–
ZFZC2<---政府政策	0.82	12.744	***
ZFZC3<---政府政策	0.869	13.906	***
ZFZC4<---政府政策	0.899	14.935	***
ZFZC5<---政府政策	0.907	14.226	***
ZFZC6<---政府政策	0.847	12.826	***
XXZD1<---学校制度	0.582	–	–
XXZD2<---学校制度	0.867	8.291	***
XXZD3<---学校制度	0.829	8.364	***
XXZD4<---学校制度	0.876	8.4	***
XXZD5<---学校制度	0.714	7.413	***
ZWHJ1<---周围环境	0.489	–	–
ZWHJ2<---周围环境	0.873	7.254	***
ZWHJ3<---周围环境	0.88	6.708	***
ZWHJ4<---周围环境	0.717	6.351	***
NHQW1<---农户期望	0.819	–	–
NHQW2<---农户期望	0.733	10.436	***
NHQW3<---农户期望	0.805	11.521	***

就整体而言，主观行为量表验证性因子分析模型与实际观察数据适配情形良好，没有违反模型辨认规则。理论模型与实际数据可以契合，即测量模型的收敛效果很好。

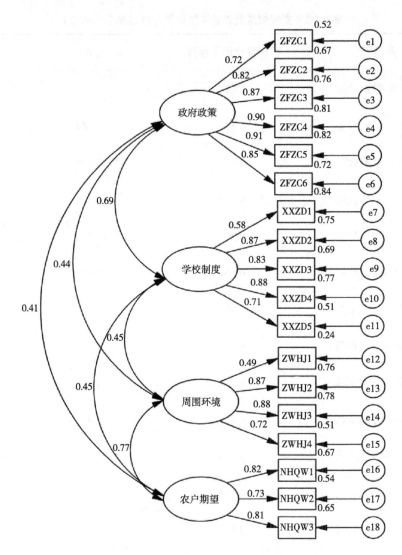

图7-4　主观规范量表标准化参数估计值模型

（3）感知行为控制验证性因子分析。感知行为控制量表的验证性因子分析模型的绝对适配统计量、增值适配统计量如表7-24所示，由表7-24可知，所有适配统计量的指标值均达到模型可接受的标准。在自由度等于103时，模型的CMIN/df=2.344<3，SRMR=0.043<0.05，RMSEA=0.038<0.05，CFI=0.943>0.90，IFI=0.944>0.90，TLI=0.927>0.90，以上数据说明模型的适配情况良好，收敛效果较佳。

表7-24　感知行为控制量表验证性因子分析拟合指标结果（N=422）

CMIN/df	SRMR	RMSEA	CFI	IFI	TLI
2.344	0.043	0.038	0.943	0.944	0.927

　　在假设模型的内在质量方面如表7-25所示，测量指标的标准化因子负荷量均大于0.5，表示模型的基本适配度良好。自我控制和困难阻力2个维度之间的相关系数为0.64，在$P<0.001$的情况下显著相关。

　　感知行为控制量表标准化参数估计值模型图7-5直观地反映出了验证性因子分析的结果。

　　就整体而言，感知行为控制量表验证性因子分析模型与实际观察数据适配情形良好，没有违反模型辨认规则。理论模型与实际数据可以契合，即测量模型的收敛效果很好。

表7-25　感知行为控制量表验证性因子分析结果（$N=422$）

路径	标准化因子载荷	C.R.	P
ZWKZ1<---自我控制	0.684	−	−
ZWKZ2<---自我控制	0.786	9.038	***
ZWKZ3<---自我控制	0.724	6.658	***
ZWKZ4<---自我控制	0.702	6.643	***
ZWKZ5<---自我控制	0.709	8.021	***
ZWKZ6<---自我控制	0.77	8.672	***
ZWKZ7<---自我控制	0.772	9.016	***
ZWKZ8<---自我控制	0.743	9.085	***
ZWKZ9<---自我控制	0.726	8.664	***
KNZL1<---困难阻力	0.613	−	−
KNZL2<---困难阻力	0.776	9.002	***
KNZL3<---困难阻力	0.82	9.576	***
KNZL4<---困难阻力	0.765	8.567	***
KNZL5<---困难阻力	0.819	8.69	***
KNZL6<---困难阻力	0.819	8.868	***
KNZL7<---困难阻力	0.828	8.961	***

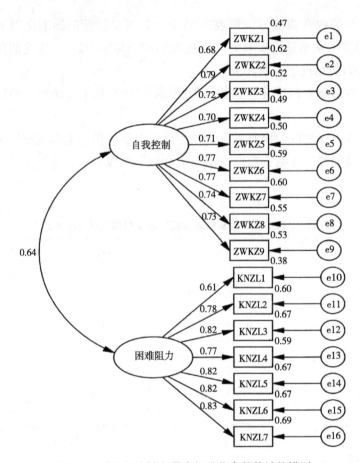

图7-5　感知行为控制量表标准化参数估计值模型

（4）行为意向验证性因子分析。行为意向量表的验证性因子分析模型的绝对适配统计量、增值适配统计量如表7-26所示，所有适配统计量的指标值均达到模型可接受的标准。在自由度等于35时，模型的CMIN/df=2.719<3，SRMR=0.029<0.05，RMSEA=0.048<0.05，CFI=0.973>0.95，IFI=0.973>0.95，TLI=0.953>0.95，以上数据说明模型的适配情况良好，收敛效果较佳。

在假设模型的内在质量方面如表7-27所示，测量指标的标准化因子负荷量均大于0.5，表示模型的基本适配度良好。

行为意向量表标准化参数估计值模型图7-6直观地反映出验证性因子分析的结果。

就整体而言，行为意向量表验证性因子分析模型与实际观察数据适配情形良好，没有违反模型辨认规则。理论模型与实际数据可以契合，即测量模型的收敛效果很好。

表7-26　行为意向量表验证性因子分析拟合指标结果（N=422）

CMIN/df	SRMR	RMSEA	CFI	IFI	TLI
2.719	0.029	0.048	0.973	0.973	0.953

表7-27 行为意向量表验证性因子分析结果（*N*=422）

路径	标准化因子载荷	*C.R.*	*P*
XWYX1<---行为意向	0.852	–	–
XWYX2<---行为意向	0.79	14.444	***
XWYX3<---行为意向	0.83	17.312	***
XWYX4<---行为意向	0.82	15.538	***
XWYX5<---行为意向	0.765	12.923	***
XWYX6<---行为意向	0.765	10.983	***
XWYX7<---行为意向	0.745	10.783	***
XWYX8<---行为意向	0.703	10.24	***
XWYX9<---行为意向	0.611	8.782	***
XWYX10<---行为意向	0.793	12.615	***

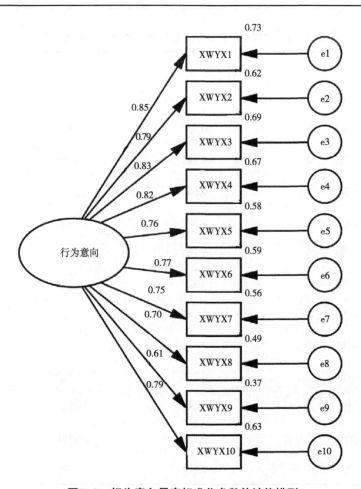

图7-6 行为意向量表标准化参数估计值模型

（5）实际行动验证性因子分析。实际行动量表的验证性因子分析模型的绝对适配统计量、增值适配统计量如表7-28所示，所有适配统计量的指标值均达到模型可接受的标准。在自由度等于98时，模型的CMIN/df=2.375<3，SRMR=0.045<0.05，RMSEA=0.044<0.05，CFI=0.931>0.90，IFI=0.933>0.90，TLI=0.905>0.90，以上数据说明模型的适配情况良好，收敛效果较佳。

在假设模型的内在质量方面如表7-29所示，测量指标的标准化因子负荷量均大于0.5，表示模型的基本适配度良好。实际行动量表标准化参数估计值模型图7-7直观地反映出了验证性因子分析的结果。

就整体而言，实际行动量表验证性因子分析模型与实际观察数据适配情形良好，没有违反模型辨认规则。理论模型与实际数据可以契合，即测量模型的收敛效果很好。

表7-28 实际行动量表验证性因子分析拟合指标结果（N=422）

CMIN/df	SRMR	RMSEA	CFI	IFI	TLI
2.375	0.045	0.044	0.931	0.933	0.905

表7-29 实际行动量表验证性因子分析结果（N=422）

路径	标准化因子载荷	C.R.	P
TGXD1<---推广行动	0.317	–	–
TGXD2<---推广行动	−0.232	−2.861	0.004
TGXD3<---推广行动	−0.927	−3.181	0.001
TGNR1<---推广内容	0.642	–	–
TGNR2<---推广内容	0.771	9.426	***
TGNR3<---推广内容	0.364	6.155	***
TGNR4<---推广内容	0.328	5.196	***
TGNR5<---推广内容	0.469	6.729	***
TGFS1<---推广方式	0.817	–	–
TGFS2<---推广方式	0.726	12.452	***
TGFS3<---推广方式	0.482	6.725	***
TGFS4<---推广方式	0.453	6.386	***
TGFS5<---推广方式	0.624	8.79	***

（续表）

路径	标准化因子载荷	*C.R.*	*P*
TGSH1<---推广收获	0.773	–	–
TGSH2<---推广收获	0.763	11.699	***
TGSH3<---推广收获	0.636	8.353	***

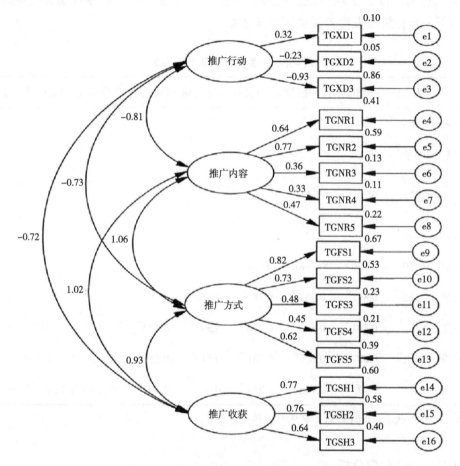

图7-7 实际行动量表标准化参数估计值模型

六、相关分析与假设检验

（一）相关分析

为了验证假设，现对变量做相关分析。相关分析是分析变量之间密切程度的一种数据分析方法，通常用Pearson相关系数来衡量。本研究使用SPSS统计软件对行为态度、主观规范、感知行为控制、行为意向、实际行动以及主观规范的4个维度进行相关分析。

分析结果如表7-30所示，由表7-30可以得出以下结论，行为态度、主观规范、感知行为控制分别与行为意向显著正相关，假设H1、H2、H3得以验证。主观规范的4个维度政府政策、学校制度、周围环境、农户期望分别与行为意向之间显著正相关，假设H2a、H2b、H2c、H2d得以验证。主观规范、感知行为控制分别与行为态度之间显著正相关，假设H4、H5得以验证。主观规范的4个维度政府政策、学校制度、周围环境、农户期望分别与行为态度之间显著正相关，假设H4a、H4b、H4c、H4d得以验证。行为态度、主观规范、感知行为控制、行为意向、实际行动分别显著正相关，为下一步分析假设检验提供了初步依据。

表7-30 相关分析结果（*N*=422）

	行为态度	主观规范	行为控制	行为意向	实际行动	政府政策	学校制度	周围环境	农户期望
行为态度	1								
主观规范	0.579**	1							
感知行为控制	0.671**	0.705**	1						
行为意向	0.678**	0.682**	0.821**	1					
实际行动	0.719**	0.620**	0.708**	0.661**	1				
政府政策	0.370**	0.801**	0.452**	0.384**	0.452**	1			
学校制度	0.257**	0.791**	0.442**	0.378**	0.397**	0.632**	1		
周围环境	0.551**	0.827**	0.610**	0.661**	0.517**	0.510**	0.483**	1	
农户期望	0.671**	0.772**	0.746**	0.759**	0.613**	0.393**	0.410**	0.661**	1

注："**"代表在0.01级别（双尾），相关性显著

（二）中介效应分析

研究中介效应的目的是在已知自变量和因变量之间关系的基础上来探索这个关系内部所存在的作用机制（温忠麟等，2004）。中介变量是由自变量引起的，并引起了因变量的变化。中介效应分析一般使用SPSS统计软件进行多元回归的计算。在进行多元回归分析之间，首先要多变量间是否存在多重共线性进行检验。运行结果显示各变量的方差膨胀因子VIF值和容忍度在标准之内，篇幅所限，具体就不多赘述，故可以认为变量之间不存在多重共线性，可以进行下一步的分析。

在前人的分析上，把学历、职称、工作年限作为控制变量，中介效应检验的结果如表7-31所示，由表7-31可以得出如下结论。

表7-31 行为意向在各变量与实际行为的中介效应（N=422）

变量		实际行动				行为意向				实际行动	
		model1	model2	model3	model4	model5	model6	model7	model8	model9	model10	model11
控制变量	学历	0.008	−0.001	0.036	−0.014	0.052	0.040	0.096	0.016	−0.011	0.001	−0.018
	职称	0.017	0.019	0.031	−0.025	−0.031	−0.029	−0.008	−0.058	0.026	0.024	−0.010
	工作年限	0.051	0.021	0.058	0.001	0.164**	0.127**	0.165**	0.075	−0.009	0.012	−0.009
自变量	行为态度		0.531**				0.645**			0.23**		
	主观规范			0.527**				0.79**			0.276**	
	感知行为控制				0.585**				0.913**			0.396**
中介变量	行为意向									0.383**	0.313**	0.171**
R^2		0.110	0.724	0.611	0.698	0.221	0.650	0.709	0.829	0.766	0.687	0.711
调整的R^2		0.012	0.524	0.373	0.495	0.049	0.422	0.502	0.697	0.585	0.481	0.512
F值		1.71**	114.53**	61.902 1**	98.559 7**	7.117**	75.947**	104.848**	228.66**	117.597**	74.287**	84.474 3**

注："**"代表在0.01级别（双尾），相关性显著

（1）行为态度与实际行为显著正相关，F值为114.53，回归系数β=0.531（t=15.196，P=0.000<0.001）。行为态度与行为意向显著正相关，F值为75.943，回归系数β=0.645（t=19.460，P=0.000<0.001）。在加入行为意向变量之后，行为态度对实际行为的回归系数β从0.531，下降到0.23（t=8.232，P=0.000<0.001）（比较模型model 2和model 9），由于加入中介变量后，回归系数变小，但仍然显著，所以可以说明行为意向在行为态度与实际行为的关系中起到部分中介作用。假设H1、H6、H6a得以验证。

（2）主观规范与实际行为显著正相关，F值为61.902，回归系数β=0.527（t=11.976，P=0.000<0.001）。主管规范与行为意向显著正相关，F值为104.848，回归系数β=0.709（t=16.393，P=0.000<0.001）。在加入行为意向变量之后，主观规范对实际行为的回归系数β从0.527，下降到0.276（t=4.71，P=0.000<0.001）（比较模型model 3和model 10），由于加入中介变量后，回归系数变小，但仍然显著，所以可以说明行为意向在主观规范与实际行为的关系中起到部分中介作用。假设H2、H7、H7a得以验证。

（3）感知行为控制与实际行为显著正相关，F值为98.56，回归系数$\beta=0.585$（$t=14.579$，$P=0.000<0.001$）。感知行为控制与行为意向显著正相关，F值为228.66，回归系数$\beta=0.913$（$t=29.152$，$P=0.000<0.001$）。在加入行为意向变量之后，感知行为控制对实际行为的回归系数β从0.585，下降到0.396（$t=6.12$，$P=0.000<0.001$）（比较模型model 4和model 11），由于加入中介变量后，回归系数变小，但仍然显著，所以可以说明行为意向在感知行为控制与实际行为的关系中起到部分中介作用。假设H3、H8、H8a得以验证。

（三）路径分析

根据中介效应的验证要求，中介验证分为2个步骤，第一步建立行为态度、主观规范、感知行为控制与实际行为的结构方程模型；第二步根据假设在第一步的方程中加入行为意向作为中介变量进行检验。然后比较两个步骤中自变量对结果变量效应值的强弱。若自变量回归系数仍然显著，但是回归系数变小，则表明存在部分中介效应。

行为态度、主观规范、感知行为规范与实际行动之间的直接效应检验结果如图7-8所示，由图7-8可知，行为态度、主观规范、感知行为控制与实际行动的直接效应拟合效果良好，拟合度指标如表7-32所示，由表7-32可知，拟合指标CMIN/df=2.733<3，SRMR=0.028<0.05，RMSEA=0.042<0.05，CFI=0.955>0.95，IFI=0.964>0.95，TLI=0.931>0.90，模型的绝对适配统计量、增值适配统计量，所有适配统计量的指标值均达到模型可接受的标准。

行为态度、主观规范、感知行为规范与实际行动之间具有显著效应（负荷分别是0.31，0.48，0.68，$P<0.001$）。

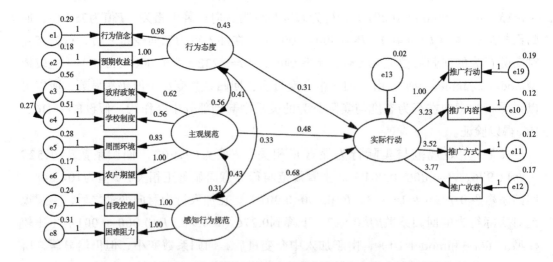

图7-8 行为态度、主观规范、感知行为控制与实际行动之间的直接效应

表7-32　直接效应拟合指标结果（N=422）

CMIN/df	SRMR	RMSEA	CFI	IFI	TLI
2.733	0.028	0.042	0.955	0.964	0.931

　　行为意向在行为态度、主观规范、感知行为控制与实际行动之间的中介模型拟合度如表7-33所示，由表7-33可知，模型的绝对适配统计量、增值适配统计量，所有适配统计量的指标值均达到模型可接受的标准（CMIN/df=2.947<3，SRMR=0.031<0.05，RMSEA=0.044<0.05，CFI=0.945>0.90，IFI=0.945>0.90，TLI=0.920>0.90）。

表7-33　中介作用拟合指标结果（N=422）

CMIN/df	SRMR	RMSEA	CFI	IFI	TLI
2.947	0.031	0.044	0.945	0.945	0.920

　　当原路径模型中加入新的行为意向变量后，行为态度、主观规范、感知行为控制分别对行为意向产生显著影响（负荷分别是0.18，0.55，0.21，P<0.001），行为意向对实际行动产生显著影响（负荷是0.01，P<0.01）。

　　综合以上结果说明，行为意向在行为态度、主观规范、感知行为控制与实际行动之间起到中介作用（图7-9）。

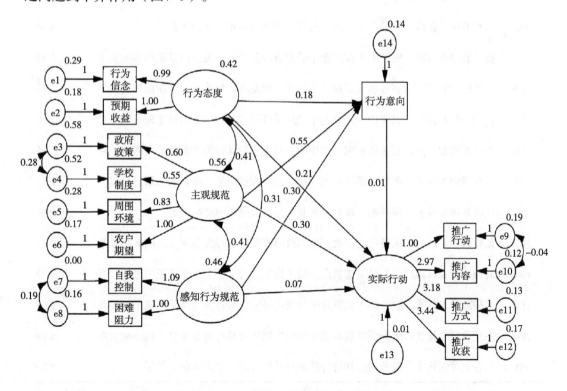

图7-9　行为意向在行为态度、主观规范、感知行为控制与实际行动之间的中介作用

（四）本章小结

本研究实证研究是基于计划行为理论，探讨了计划行为理论5个要素之间的作用关系。具体研究结果如表7-34所示。

通过研究发现，将研究结论总结如下。

（1）高校教师的行为态度、主观规范、感知行为控制分别与农技推广行为意向呈现显著正相关。主观规范的4个维度政府政策、学校制度、周围环境、农户期望分别与行为意向呈现显著正相关。

（2）高校教师的主观规范、感知行为控制分别与农技推广行为态度呈现显著正相关。主观规范的4个维度政府政策、学校制度、周围环境、农户期望分别与行为态度呈现显著正相关。

（3）高校教师的行为态度、主观规范、感知行为控制与农技推广实际行动呈现显著正相关。

（4）高校教师的行为意向在行为态度、主观规范、感知行为控制与农技推广实际行动的关系中起到中介作用。

表7-34　研究假设结果总结

假设	假设内容	结果
H1	高校教师农技推广服务的行为态度与其行为意向呈正向影响关系	支持
H2	高校教师农技推广服务的主观规范与其行为意向呈正向影响关系	支持
H2a	高校教师农技推广服务的主观规范中的政府政策与其行为意向呈正向影响关系	支持
H2b	高校教师农技推广服务的主观规范中的学校制度与其行为意向呈正向影响关系	支持
H2c	高校教师农技推广服务的主观规范中的周围环境与其行为意向呈正向影响关系	支持
H2d	高校教师农技推广服务的主观规范中的农户期望与其行为意向呈正向影响关系	支持
H3	高校教师农技推广服务的感知行为控制与其行为意向呈正向影响关系	支持
H4	高校教师农技推广服务的主观规范与其行为态度呈正向影响关系	支持
H4a	高校教师农技推广服务的主观规范中的政府政策与其行为态度呈正向影响关系	支持
H4b	高校教师农技推广服务的主观规范中的学校制度与其行为态度呈正向影响关系	支持
H4c	高校教师农技推广服务的主观规范中的周围环境与其行为态度呈正向影响关系	支持
H4d	高校教师农技推广服务的主观规范中的农户期望与其行为态度呈正向影响关系	支持
H5	高校教师农技推广服务的感知行为控制与其行为态度呈正向影响关系	支持

（续表）

假设	假设内容	结果
H6	高校教师的行为态度与农技推广实际行为呈正相关	支持
H6a	高校教师的行为意向在行为态度和农技推广实际行为之间起到中介作用	支持
H7	高校教师的主观规范与农技推广实际行为呈正相关	支持
H7a	高校教师行为意向在主观规范和农技推广实际行为之间起到中介作用	支持
H8	高校教师的感知行为控制和农技推广实际行为之间起到中介作用	支持
H8a	高校教师的行为意向在感知行为控制和农技推广实际行为之间起到中介作用	支持

七、结论和建议

通过前面章节的分析，本研究基于计划行为理论、知识共享理论、参与意愿理论、激励理论等理论基础，探讨高校教师农技推广供给意愿指标体系。经实证分析，研究高校教师行为态度、主观规范、感知行为控制、行为意向与实际农技推广行动之间的关系。从而找出激励高校教师进行农技推广的意愿的关键变量。

（一）结论

（1）高校教师的农技推广行为意向受到行为态度、主观规范、感知行为控制的影响。通过数据分析可知，高校教师的行为态度、主观规范、感知行为控制分别与农技推广行为意向呈现显著正相关。高校教师在产生农技推广的行为意向之前，受到行为态度、主观规范、感知行为控制的影响。当高校教师对农技推广行为评价是正面的，则产生积极的行为态度；感受到政府、学校的政策支持、周围同事的影响、农户的殷切期望，并且能够很好地掌控自我，解决遇到的困难阻力时，就会产生强烈的行为意向。

（2）高校教师的农技推广行为态度受到主观规范、感知行为控制的影响。高校教师的主观规范、感知行为控制分别与农技推广行为态度呈现显著正相关。在社会环境中，政府的政策、学校制度、周围的环境、农户的期望、其他人的推荐以及其他人的行为会影响到行为主体的原始态度。同时，高校教师对自我的控制，对困难阻力的预期，以及解决问题的能力都会在潜移默化中影响高校教师对农技推广行为的态度。

（3）高校教师的行为意向在行为态度、主观规范、感知行为控制与农技推广实际行动的关系中起到中介作用。高校教师在进行农技推广的过程中，推广的频率、推广的内容、推广的方式、推广的收获等等会受到行为态度、主管规范和感知行为控制的影响。

高校教师的行为意向在行为态度、主观规范、感知行为控制与农技推广实际行动的关系中起到中介作用。行为意向表达高校教师试图实现农技推广服务的程度及其为了达成实际农技推广行为所愿意投入努力的程度。行为意向受到行为态度、主管规范和感知行为控制的影响。高校教师对农技推广行为的态度是正向的、积极的或者喜爱的，那么个人的行为意向就会越强；当行为的主观规范偏向正向时，那么个人的行为意向也会变强。当感知行为控制越强，个人的行为意向也会越强。

从某种程度上来说，行为意向可以直接决定行为，也只有当高校教师发自内心的认为进行农技推广行为是有益的并且愿意执行该行为时，才能产生积极的行为态度，感知到行为规范越强烈，会增加对农技推广行为的掌控力，激发实施农技推广服务行为，本研究根据调查所得的数据分析也可以证明这一观点。

计划行为理论模型的5大要素中，行为态度、感知行为控制、行为意向和实际行动都是对个人的认知、态度、行为的描述，主观规范则是通过外界影响而形成的。实证分析的结果显示，主观规范的4个维度政府政策、学校制度、周围环境、农户期望分别与行为态度、行为意向呈现显著正相关。主观规范是能够激励高校教师参与农技推广的主要因素。通过政府对政策的完善、学校制度的人性化，周围同事、朋友、家人的支持，以及农户的殷切希望都可以有效激励高校教师参与具体的农技推广工作中去。数据结果也表明，主观规范的意识越强烈，行为态度越正向，行为意向越强烈，进而影响实际的农技推广行为。综上，主观规范的各个维度是激励高校教师参与农技推广服务的影响因素。

（二）政策建议

（1）设立大学推广专项基金，保持服务的持续性和稳定性。稳定的经费支持是涉农大学开展公益性农技推广服务工作的基本前提。实证研究表明，主观规范对农技推广行为意向呈现显著正相关，感受到政府的支持，高校教师就会产生强烈的行为意向。政府提供政策和资金保障，确保大学农技推广服务获得充裕的资金，例如，政府提供大学农技推广的资金保障等，可有效激励高校教师参与到农技推广工作中去。同时，农业新品种、新技术、新模式的形成和推广，很难在短时间内产生效果。农业技术的推广具有强公益性，更需要持续稳定的经费支持。基于上述分析，建议政府建立长期专项基金，持续稳定地对大学农技推广服务进行资助；并明确资金使用范围，允许资金用于人员聘用、绩效考评奖励，建立高标准的服务基地及其基础设施建设以及组建高水平的科技服务团队，以有效激发高校教师参与农技推广服务的积极性。

（2）建立需求导向型服务新模式，增强推广针对性和实用性。目前高校科技创新与市场需求存在一定程度的脱节，高校的农技推广服务需要在与当地政府产业发展规划、产业技术体系、新型农业经营主体等对接的同时，更要关注到企业、经营主体、农户的实际需求，研发产业需求的技术、品种，解决产业中实际问题。实证研究表明，感知行为规范与农技推广行为意向呈现显著正相关，农民的技术需求和高校教师的技术供给紧密结合,将会更有效激励高校教师参与到农技推广工作中去。基于上述分析,建议建立需求导向型公益性大学农技推广服务新模式,以地方农业产业关键技术难题为抓手,从需求侧倒推,增强农业推广服务的针对性和实用性,做到成果推广和技术转化的有的放矢。

(3)组建专兼职推广团队,保障服务高质量和水平。队伍建设是大学开展农技推广服务的前提和保障。在高校开展农技推广服务形式方面,有76.3%的被调查对象选择了团队服务形式,选择学校组织服务的占了19.4%,选择个人服务的占了4.3%。多数教师愿意以团队合作形式参与农技推广服务,这为组建专、兼职农技推广服务团队创造了条件。因此,建议组建专、兼职结合的农技推广服务专家团队。通过制定准入条件,公开招聘方式,吸纳有意愿、有热情、有能力的教师加入服务队伍,并且在组建服务团队时,需要事先调研当前参与农村科技服务教师规模、组成和成效,确定队伍建设规划,明确队伍专、兼职人员数量与比例和不同的任职条件,以确保农技推广服务高质量和上水平。

(4)公益与有偿相结合,保证服务的公平性和有效性。科学合理的绩效考核机制是调动农业科研单位和农技推广人员积极性的关键。制定鼓励教师积极扎根基层、服务基层、从事农技推广服务工作的绩效考核体系、优惠政策与激励机制。建议增加农技推广项目的间接绩效预算政策,成果转化绩效分配、弹性工作时间等方面的优惠政策,鼓励科技人员解放思想,开拓创新,在完成本职工作的前提下,到农村一线领办创办农业科技企业、农业科技示范园、农民专业合作组织等,做给农民看、带着农民干、帮助农民致富,使其真正成为农技推广的主渠道、农业科技创新创业的主力军、农民增收致富的主心骨。推行跨部门协同创新,组建跨部门合作统筹平台,推动农业科技创新与技术推广无缝对接;建立科学的农技推广运行机制,实行岗位责任制、有偿服务制、参与经营制,以制度保证农业科技人员到农村一线从事农技推广;完善农业高校科研院所农业科技推广绩效多元评价体系,积极探索地方政府、农技推广部门、农户多方参与农技推广绩效评价;实行需求导向、政府购买的农技推广组织模式,政府根据农业经营主体需求,面向农业科研院所、农技推广部门购买公共服务,以保证农技服务的公正性和有效性。

(5)完善服务工作考评机制,充分调动高校教师的积极性。建立完善的大学农技推广服务的工作考评机制,能够有效地激发其专家团队和组织成员的科学技术创新性,挖掘他们的潜能,充分调动高校教师参与农技推广服务的积极性。在高校农技推广考评激励方面,研究数据表明,有50.5%高校制定了农技推广服务的绩效考核、49.5%的学校增设了农技推广系列的职称评审和42.9%的学校制定了农技推广的奖惩制度;50.2%的被调查者表示愿意或者非常愿意晋升农技推广系列职称,这对调动广大教师参与农技推广服务的积极性意义重大。因此,建议建立完善服务工作考评机制,积极推行推广类技术职称评价,将参与农技推广服务绩效作为晋升的重要指标,并对论文等级和学历要求适当降低;制定社会服务工作考核指标体系,将服务效益与社会影响、农民与企业的评价等纳入评价体系，加大农技推广服务成效在考核中的权重，根据社会服务工作成效予以表彰和物质奖励，大大激发高校教师参与农技推广服务的积极性。

（6）运用信息化服务手段，提高农技推广效率。农业技术推广工作中，推广形式与方法直接影响着推广的成效。运行信息化的农业推广方法和手段，可为农业高校教师在农技推广工作中带来极大的便利，也是更好的服务农业从业者的渠道。根据调查数据，从农技推广服务实际行动来看，86.5%的高校教师能够根据农民的接收能力，选择合适的推广方式。60%的高校教师能够借助信息化手段，比如网络、电视等多媒体手段等开展农技推广服务，并且愿意在农技推广过程中不断改进推广的方法。这为大学农技推广效率提升提供保障。因此，建议借助互联网、自媒体、卫星系统等多种新型的传播工具，进行形式多样化、方式具体化、内容丰富化、农业推广活动立体交叉化等，全方面、多角度开展大学农技推广工作，为农业生产提供咨询、管理、销售、资源整合等农业推广服务；同时，推进信息技术与农业技术融合，积极运用物联网技术、研发智能农业、精准农业和电子商务等，通过远程讲座、诊断、指导等培训方式，为农业企业和专业户在决策、规划、市场分析、技术支持方面提供帮助和信息服务，最大限度提高农技推广服务效率。

第二节　新型农业经营主体视角下我国大学农技推广供需对接机制研究

一、绪论

（一）研究背景

中国是一个发展中的农业大国，农业在国民生产中占据着重要的地位，是国民经济的基础，农业劳动是其他一切劳动得以独立存在的自然基础和前提。自2004年以来，中共中央、国务院已经连续15年将"三农"问题作为中央1号文件的主题。当前，我国还有将近一半的人口在农村，农业生产率的提高、农民生活水平的改善是当前体制机制改革的重点。

1. 农业现代化的发展离不开高效的农技推广体系

党的十九大提出要实施乡村振兴战略，目标要在2035年之前基本实现农业农村的现代化。农业现代化建设是实现国家现代化的必经之路，农业现代化的重点是改善我国现有的农业生产方式，高效的农技推广体系建设对于农业现代化来讲显得至关重要，2018年党的中央1号文件指出要汇聚全社会力量，为乡村振兴提供人才支撑，大学作为人才资源的重要产出地，应该在我国的农技推广中担负起更多的责任。

2. 农业科技成果的转化率低，高校科研与实践脱节

长期以来，我国的农业科技成果的转化率虽然在逐年增加，但总体上讲与世界发达国家还存在较大的差距，我国每年产生的农业科技成果有7 000多项，但成果转化率只有30%～40%，而发达国家则可达到65%～85%的水平（翟金良，2015）。目前我国高校重学术、轻实践的氛围严重，很多大学里产生的科技成果存在着技术复杂、成熟度不高、实用性不强的特点，学校科研与实际生产相脱节，大学并未在农技推广中起到应有的作用。

3. 我国农技推广需要大学发挥更大的作用

我国农技推广主要是一种以政府为主导的农技推广体系，这种体系在我国农技推广历史中发挥了重要的作用，为我国农业发展作出了巨大的贡献。但是任何一种体系都是时代的产物，在计划经济时代条件下，公益化的政府农技推广模式，也许会更加适合当时农业发展的实际状况，但是随着时代的发展，这种体制的弊端也逐渐显露出来，例如，农技推广人员技术缺乏、消极怠工、创新发展后劲不足、技术需求与技术供给脱节等。

大学作为农业技术主要的产出地之一，在相关领域有着丰富经验的专家、成熟的农业技术，这些都对农技推广起着重要的作用，但现有的农技推广体系中，大学农技推广并未发挥其应有的作用，造成资源浪费。

近几年来，将大学纳入农技推广体系改革中的呼声越来越多，党和国家也十分关注这些科研机构在农技推广中的作用，相继在多所大学成立新农村发展研究院，推出以大学和科研机构为主导的农技推广专项基金，为这方面的体制机制改革做了很多有益的探索。如何在现有的农技推广体系下更好地发挥大学和科研机构的作用，是当前农技推广体制改革研究的一个热点领域。但是整体上来讲，大学科研机构的技术复杂度、技术转移成本偏高，服务能力有限，直接对接广大农户并不现实，目前采用较多的是依托国家现有的基层农技推广体系或者新型农业经营主体来实现技术转移与成果转化，从而达到大学农技推广的目的。

4. 新型农业经营主体已逐渐成为我国农业现代化的重要力量

自从党的十八大提出要构建新型农业经营体系，加大力量培育新型农业经营主体以来，学术界对于新型农业经营主体的关注度大幅提升，在中国知网中以"新型农业经营主体"为检索主题词可以看到2010—2016年7年间该主题的发文情况如图7-10所示。我们可以看到2012年党的十八大以来，发展新型农业经营主体已经成为破解当前农村发展问题的重要方向之一。新型农业经营主体有一定的经营规模，技术需求大，现代化要求程度高，与广大农户联系密切，对于农户的带动示范作用大。高校与新型

农业经营主体的对接，一方面符合国家对于新型农业经营体系构建的需求；另一方面，有助于整合高校的技术优势以及新型农户经营主体的示范优势，共同带动农民增收致富。

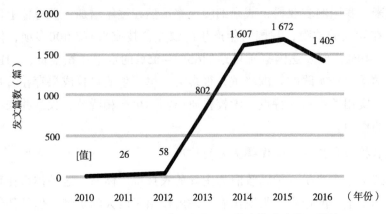

图7-10 2010—2016年新型农业经营主体发文情况统计

（二）研究目的

本研究的目的是从新型农业经营主体的角度出发，探究新型农业经营主体在生产经营中遇到的主要问题以及技术需求等。并结合农技推广理论、组织行为理论，从影响新型农业经营主体技术采纳意愿等角度分析如何构建大学农技推广与新型农业经营主体的供需对接机制。

（三）研究意义

1. 理论意义

农技推广的最终目的是将农业科技成果推广到农民群体中去，农业技术的供需对接是农技推广中的核心问题。弄清楚大学能提供什么、农民需要什么，并提供合适的对接模式与对接手段是农技推广成功的关键所在。本研究从农技推广技术需求方的角度入手，针对新型农业经营主体的技术需求，重点研究大学应该如何与有技术需求的主体进行对接，有助于丰富我国农技推广现有的研究内容与研究视角，为以后农技推广研究提供思路。

新型农业经营主体是我国农业现代化转型过程中的重要载体，是近年来顺应我国农业发展出现的农业经营新形态，党和国家都十分重视对新型农业经营主体、新型职业农民的培养。这类人群是当前农民群体中，对农业技术的理解较为深刻、技术创新需求较强、带动能力较大的群体。研究农业技术在这类人群中的传播问题，有助于把握农业技术流动的核心节点，为提高技术创新流动效率提供参考。

运用组织行为理论、结构方程分析影响新型农业经营主体技术采纳与技术合作的主要影响因素，增加了对于大学农技推广中参与主体的理论研究与实证研究，有助于丰富我国大学农技推广的研究体系。

2. 实践意义

本研究在大学农技推广中新型农业经营主体需求分析的基础之上，从新型农业经营主体的角度，结合实证分析，重点研究了影响大学与新型农业经营主体供需对接的主要因素，并根据实证分析的结果，提出供需对接的相关建议。

（1）有利于了解新型农业经营主体的技术需求。新型农业经营主体是农村技术创新的重要载体之一。随着时代的发展，人民生活水平的提高，粗犷式的农业生产方式已不再适应时代的需求，各种现代化技术、思维的应用带来了更高的农业生产效率，提高了农业生产的价值。时代在变，作为时代发展产物的新型农业经营主体自然而然也就站在了农业创新的最前沿，代表了我国农业发展的方向。对于新型农业经营主体技术需求的把握越来越重要，本研究在实地访谈的基础上近距离接触新型农业经营主体，得到他们技术需求的第一手资料，为大学农技推广提供参考，提高推广的针对性。

（2）有利于完善现有的大学农技推广模式。一是，新型农业经营主体是我国农业现代化的重要推动力，技术需求大，技术转化能力强，研究与新型农业经营主体的对接，有助于提高大学农技推广的效率。二是，我国的农业经营体系仍然以小农经济为主，大学农业技术服务的能力有限，应更多地依靠新型农业经营主体进行示范带动，因此大学与新型农业经营主体的合作十分必要。三是，从新型农业经营主体的角度出发，研究他们对大学农技推广看法，可以让大学的农技推广更有针对性。

（四）研究对象

本研究是从新型农业经营主体的视角出发，对我国大学农技推广的供需对接进行研究，因而主要研究对象是新型农业经营主体。新型农业经营主体在党的十八大报告中已有界定，主要是指专业大户、合作社、产业化龙头企业、家庭农场4类规模较大、集约化程度较高的农业生产经营主体。新型农业经营主体往往有着较大的技术需求和创新需求，对于现代农业技术的应用也更深入，农业科技带来的效果也会更加显著，是我国实现农业现代化的重要力量。并且，作为农村致富带头人，对于创新技术在当地的扩散也有着不可或缺的作用。

（五）研究方法

1. 文献研究法

运用文献研究法，对国内外农技推广的相关文献进行了梳理，总结国内外农技推广的发展情况、学术研究情况等。通过对国内外其他大学进行农技推广的资料分析，总结当前国内外大学农技推广的主要模式。整理新型经营主体与大学对接的影响因素及合作意愿调查问卷。

2.深入访谈法

通过走访国内涉农高校以及新型农业经营主体，了解当前大学农技推广中存在的主要问题，以及现在各大高校开展农技推广的实际情况，并对新型农业经营主体进行深入访谈，从需求端把握新型农业经营主体的主要需求与合作期望。

3.问卷调查法

依据文献分析以及深入访谈的结果，设计新型农业经营主体的合作意愿的李克特五点量表，调查了解新型农业经营主体的实际情况，以及新型农业经营主体开展校企合作的意愿及其影响因素。

4.研究内容

主要研究内容分为4部分，第一部分，国内外农技推广及大学农技推广模式的总结与分析。通过文献研究、实地调研的方式梳理国内外农技推广的发展以及典型的大学农技推广模式，了解目前国内外农技推广的主要特点。第二部分，新型农业经营主体发展情况及需求分析。新型农业经营主体发展现状介绍，通过走访调研、深入访谈等方式，了解新型农业经营主体在发展过程中遇到的主要问题以及技术需求和技术推广情况。运用扎根理论以及共词分析法，从新型农业经营主体的角度分析当前他们主要的技术需求，并进行归纳总结。第三部分，新型农业经营主体与大学合作的影响因素分析。通过对新型农业经营主体合作意愿影响因素的实证研究，研究内外部环境、技术距离、合作期望与技术认可等对于新型农业经营主体合作意愿的影响。第四部分，大学农技推广中供需对接的政策建议。通过对上述内容的总结，针对新型农业经营主体的主要需求，从推广手段、推广方式等入手构建大学农技推广与新型农业经营主体的供需对接机制。

（六）研究思路

本研究从新型农业经营主体的角度出发，研究大学与新型农业经营主体的对接机制，首先，通过对以往文献的总结了解农技推广以及大学农技推广的情况，对农技推广有一个整体的了解。其次，通过实地访谈，对新型农业经营主体的需求进行分析归纳，了解新型农业经营主体目前的主要技术需求，并根据访谈内容以及文献研究结果制定新型农业经营主体与大学合作意愿影响因素模型假设与调研问卷。最后通过问卷调研与实证分析验证模型假设，并通过实证分析了解影响新型农业经营主体与大学合作意愿的因素，针对新型农业经营主体的技术需求，提供大学开展农技推广的政策建议。

研究思路如图7-11所示。

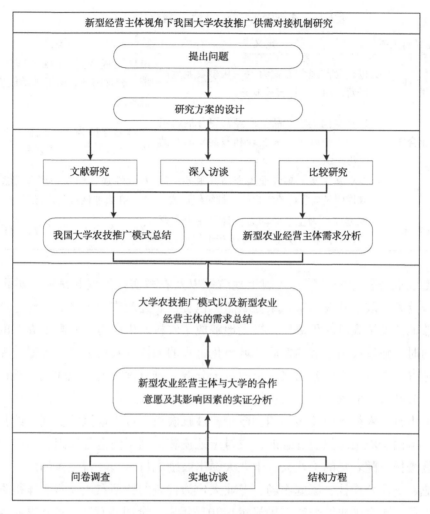

图7-11 研究思路

二、国内外研究综述

（一）新型农业经营主体

随着我国农业现代化进程的加快，发展和培育新型农业经营主体已成为农业现代化过程中十分重要的一步。党的十八大报告和十八届三中全会提出，坚持完善农村基本经营制度，以新型农业经营主体为骨干，加快构建集约化、专业化、组织化、社会化相结合的新型农业经营体系。2014年11月，中共中央办公厅、国务院出台《关于引导农村土地经营权有序流转发展农业适度规模经营的意见》，再次明确提出在家庭经营基础上培育包括专业大户、家庭农场、农民专业合作社、农业企业在内的多元化的新型农业经营主体。本研究在参考国内相关政策以及研究的基础上，选择专业大户、家庭农场、农民专业合作社、农业企业为主要的研究对象。其特征主要如表7-35所示。

表7-35 新型农业经营主体的主要组织形式及特征

新型农业经营主体	定义	主要特征
农业企业	以公司制经营方式为主，从事农业生产经营，加工、销售等业务	市场化程度高、组织健全、产权明晰、管理高效、辐射带动能力强、效益较高
农民专业合作社	以从事同类农产品生产经营服务的组织以及农户联合起来实现利益共享的互助互惠组织	以自愿互助为主、成员以农民为主体、资源共享、互惠互利
专业大户	专业从事某一项农业生产经营服务，且规模明显大于传统农户的一种组织形式	专业性强、与农户联系紧密、可雇工、在当地该行业较有影响
家庭农场	家庭成员为主要劳动力，种养业为主要劳动力，规模较大的农业生产组织形式	家庭成员为主要劳动力、种养业为主

新型农业经营主体是随着我国土地政策以及农村实践发展起来的一类重要的农村生产经营者。改革开放以来，家庭联产承包责任制逐渐成为主要的农村生产经营形式，有效地调动了农民的积极性，极大地解放了农村的生产力，提高了农村的生产效率。但同时，随着我国经济的发展，城市化进程的加快，农村劳动力大量外流，家庭联产承包责任制也逐渐暴露出农村土地过于分散，难以大规模、现代化、机械化作业的弊端，劳动人口的减少也导致农村土地闲置现象十分严重（苏芳等，2016）。对此国家逐渐出台了农村土地流转的相关政策，鼓励农户通过土地流转实现集约化、规模化发展。但由于农民思想观念陈旧，农村土地流转机制不健全等原因，新型农业经营主体发展缓慢。随着党的十八大、十九大提出鼓励农村新型经营主体的发展，以农业龙头企业、农民合作社、家庭农场、专业大户为代表的新型农业经营主体得到了较快的发展。第三次全国农业普查结果显示，2016年末，全国共有20 743万农业经营户，其中规模农业经营户398万户，农业经营单位204万个，农业经营单位数量较10年前增长了417.4%（农业部，2017）。

新型农业经营主体的发展主要有4个特征，一是以市场化为导向，二是以规模化为基础，三是以专业化为手段，四是以集约化为标志（宋洪远等，2014）。新型农业经营主体的出现，势必会对农业生产方式，生产效率提出更高的要求，这样一来，现代化的农业技术，对于他们节省成本、抢占市场就会显得更加重要。但是第三次全国农业普查数据显示，在我国的规模农业经营户农业生产经营人员中，大专以上学历人员占比只有1.5%，专业化人才的缺失，致使他们只能更加依赖外部的农技推广组织解决农业生产中遇到的问题。

（二）大学农技推广的供需对接机制

"供需"即供给与需求，"供给"和"需求"是经济学中决定资源配置的基本力量，推动资源在合适的地方发挥合适的作用。但在实际生活中，由于供需双方主体的外部环境、自身能力等的不同，供需双方的信息不对称的现象普遍存在，就会造成资源在不合适的时间，出现在不合适的地方，从而造成资源浪费。信息化、电子商务、共享经济、物联网、大数据等出现的最终目的，无不是减少这种信息不对称，实现资源的有效配置。

本研究中的供需双方主体分别是大学和新型农业经营主体，供需的资源主要是现代化的农业技术，由于内外部环境的影响，大学与新型农业经营主体之间信息不对称的现象也是普遍存在的。要推动现代化的农业技术流动，并在供需双方之间实现最大化的利益，即大学有效实现成果转化，同时新型农业经营主体最大程度获得自己需求的农业技术，就要通过减少信息不对称，建立合理的对接机制。因此，本研究中的大学农技推广供需对接机制是指，在大学农技推广中，通过合理的政策手段，实现现代化农业技术在双方之间的有效传播。

（三）国内外农技推广的发展

1. 欧洲农技推广的发展

农技推广的概念有很多，但总体上而言，就是借助一定的组织机制、教育手段、通信手段将现代农业科技转移到农民群众中去（Sattaka et al，2017；Savile，1965；Brunner et al，2013）。现代农技推广正式出现是在19世纪中叶爱尔兰大饥荒时期，当时马铃薯大量被真菌病害破坏，引发严重饥荒，英国政府安排技术推广人员前往农村，教农民种植替代农作物（Grunwald，2005）。这种做法相继在德国、法国、荷兰和意大利等欧洲国家扩展开来。最初的农技推广体系主要是在政府部门、农业协会等的共同资助下，雇佣农技推广人员指导农民，这样一种推广模式也在欧洲很多国家产生了深远影响。但随着农业技术需求的持续扩大，农户迫切需要稳定的技术支持，国家就必须在其中承担更多的责任。法国政府于1879年建立了第一个国家资助的农技推广服务体系，规定农技推广人员属于政府公职人员（Jenkins，1884）。随后英国政府也在1884年提出支持县级地方政府成立农业委员会负责农技推广，并一直持续到了20世纪初（Jones，1994）。随着二三产业的持续发展，农业劳动力的大量外流，农业生产更加趋于专业化和标准化，农民素质相比之下也在逐年提高，对技术的需求也越来越高，这样除了政府部门和协会组织以外，市场的发展带来了很多以营利为目的的私人推广咨询机构的出现，农技推广工作越来越多地被这些私人机构承担，私人咨询机构较好地充当了技术转化的桥梁作用，而且相比政府机构来讲，会更加专业化和高效（胡瑞法等，2004）。除此之外，西方国家的专家学者也越来越重视农民在农业技术创新中的主观能动性，呼吁发挥农户本身在农技推广体系中的作用，构建参与式的农技推广模式（Sumberg et al，2003）。进入21世纪以来，随着信息化、物联网等技术的发展，精准农业、智慧农业在农技推广中承担了越来越多的角色（Ray，2017；Pallottino et al，2018）。

2. 美国农技推广的发展

在美国，农技推广体系是1862年《莫里尔赠地大学法案》、1887年《哈奇农业试验站法案》、1914年《史密斯—利弗推广法》3部法案的成果，基本确立了赠地大学在农技推广中的中心地位（高建梅等，2013）。另外，史密斯法还规定在美国开展4-H协会的项目，美国研究人员发现美国的青年人比中老年的农民更能接受农业新技术，而且中老年的农民也更愿意听从这些青年人的意见，因此产生了将公立学校教育与农村生活更紧密相连的愿望，并指导农村青年帮助改善农业和农场主的生产经营状况，这一做法在农技推广中取得了很好的效果，有效地促进了农业技术成果的转化（Reck，1951）。1980年美国出台Bayh-Dole法案，部分享有联邦政府基金支持的专利技术可以通过大学进行商业化的技术转让，很多大学成立了技术转移办公室，较大地促进了技术专利的转化（Parker et al，2001）。这一法案出台以后，美国多所农业大学也相继成立了技术转移办公室，专门负责农业技术成果的转化工作，通过科学有效的组织，促进了农业科技成果的转化与推广。到了20世纪末，随着肥料、化学试剂等农业技术造成的环境问题、食品安全等问题的出现，部分学者认识到，传统的农技推广模式虽有效促进了农业生产率的提高，但管理机制上还是以农户利益最大化为标准，因而呼吁转变当前农技推广模式，发展可持续的农技推广模式，在推广过程中，更多地考虑农业社区、生态环境等的影响，依托互联网的优势，广泛连接农民群众，实现技术共享与传播（Delonge et al，2016；Ikerd，2008）。

3. 日本农技推广的发展

在日本，农技推广制度的建立出现在1885年日本政府发起的"任命经验丰富的农民作为农业推广人员"的行动，随后日本政府建立社会组织来专门负责农技推广（Sulaiman et al，2005）。这一制度在第二次世界大战前较好地促进了日本的农业发展，但同时也带有十分强烈的战时色彩，所有农户都必须接受强制的技术指导。战后，日本政府对原有的农技推广体系做了较大的改革，建立由日本中央、县和市町村政府3级组成的全国农业科研试验网，都设有完善的农业科研和试验机构促进科研成果的转化。另外，1947年日本发布《农协法》，从立法上确定农民协会在农技推广中的地位，从而建立了一套官民结合的农技推广体系（韩清瑞，2014）。

4. 中国农技推广的发展

我国最早开展农技推广活动的相关论述出现在西周时期。新中国成立以后，现代农技推广正式出现，1953年农业部颁布《农业技术推广方案草案》，根据草案要求，各级政府设立专业机构，配备专职人员，建立起"互助组+农场+劳模+技术员"的技术推广网，1954年《农业技术推广站工作条例》正式颁发，条例对农技推广站的性质、任务等做了具体规定，我国初步形成以政府为主导的农技推广体系（扈映，2006）。改革开放以后，我国农村实行家庭联产承包责任制，农村生产活力进一步解放，农民的技术需求进一步增加，农民对农技推广的需求越来越大。但作为计划经济的产物，原有的农技推广体系已经不能适应农村生产经营形式的变化。随后我国的农技推广逐渐发展为"一主多元"的发展模式，政府之外其他推广组织的作用也越来越大（王翔宇等，2017）。高校逐渐成为我国探索农技推广改革的主力军，很多农科院校都对大学参与农技推广做了大量的探索。这其中比较典型的有南京农业大学的"科技工作站"，中国农业大学的"科技小院"，西北农林科技大学的链式农技推广模式等，对大学农技推广模式的探索逐渐成为农技推广的研究热点之一（熊春文等，2015；汤国辉等，2012；安成立等，2014）。

（四）国内外学术界对农技推广的研究

西方发达国家对于农技推广的研究较早，理论也相对比较完善，目前主要应用于农技推广的研究理论有组织管理、行为学、心理学、创新扩散、知识管理、社会学等。农技推广作为一项组织制度，与农村发展息息相关，很多学者从组织管理制度方面对农技推广提出了一些自己的看法，这方面的研究有Anderson等对于农技推广服务公共产品特性的论述（Anderson et al，2004），Swanson等对不同的推广战略、组织模式、制度创新等的分析，探讨了如何通过具体的政策和组织变革来转变和加强推广系统（Swanson et al，2010），随着农技推广私有化的发展，也有学者通过实证分析私有化等组织模式对推广效果的影响（Adegbemi et al，2017）。另外，农技推广与农户和推广人员的行为密不可分，也有学者从这方面入手，分析农技推广活动中的农户与推广人员的行为和心理，从而对农技推广提出一些建议，这方面的研究有Adesina等运用Tobit模型研究了农民对于技术特征的看法，对于其采纳新技术决策的影响，对农户在技术决策中的异质性进行了研究（Adesina et al.，1995），Alsharafat等对于农业推广活动有效性的研究，从而评估约旦农技推广模式的效果，并提出改革措施（Alsharafat et al，2012），Verma等人则通过研究分析了农户技术采用的主要影响因素（Verma et al，2018）。随着知识经济的到来，将知识管理运用到农业技术推广中的研究也越来越多，这方面的研究有NRöling建立的农业知识管理系统（Röling et al，1990），Antle等人设计的农业数据管理系统等（Antle et al，2016）。由于农村的熟人社会性质，农业技术信息的流动往往十分依赖于亲友、邻居等，因而大量学者也从复杂网络分析特别是农村社会网络的角度对农业技术传播进行了分析。例如，Labarthe探讨了用制度经济方法（IEA）和社会网络方法（SNA）两种方法分析农技推广的优劣势，并指出社会网络分析主要侧重于从联结机制方面研究技术扩散，而制度经济方法则侧重国家与农民群体之间农业制度的转变带来的影响（Labarthe，2009），Clark等使用社会网络分析（SNA）来证明农村社区的不同结构性，促进农技推广需要了解这些社区结构，并重点分析了如何支持这些农业技术信息向边缘全体（贫困群体）流动（Clark，2011）。现在由于市场经济以及全球环境的变化，人们对农产品观念和要求的转变，越来越多的研究开始转向农技推广中的私人部门、可持续农业、社区农业等的研究。另外，随着计算科学的发展，人们也开始运用复杂系统仿真的方法来研究农技推广中的涌现现象以及发现现实世界中的一些特性来辅助农技推广决策（Bell et al，2016；Berger et al，2001）。

我国早期对于农技推广模式的探索以定性分析为主，主要通过总结推广经验，来探索好的农技推广模式（唐洪潜等，1981）。到了20世纪90年代，开始出现定性与定量相结合的研究方法，例如董振芳等设计了农技推广项目评价指标与评价方法，开始注重对农技推广效果的定量评价（董振芳等，1990）。20世纪初，实证研究的方法开始广泛应用于对农技推广的研究中，例如胡瑞法等人对农技推广人员下乡影响因素的分析（胡瑞法等，2004），黄祖辉等对浙江乡镇农技推广机构的考察实证（黄祖辉等，2005）。随着社会科学的发展，很多学者开始从创新扩散、技术传播的角度研究农技推广（张标等，2017）。近年来也有学者开始运用计算机仿真对我国的农技推广政策进行模拟与优化，以此来辅助决策（周荣等，2017；贾晋，2009）。

（五）国内外大学农技推广的主要模式

1. 美国大学农技推广模式

美国在开展大学农技推广上有着相对成熟的体系，拥有大学农技推广完善的法律和制度保障，在美国，共有约70所赠地大学，这些大学在农技推广中占据主导地位，一般拥有"学院推广中心（州推广中心）—研究与教育中心（区域试验站）—办公室（基层推广站）"，相对较为完善的推广机构。赠地大学通过这一套推广机构将教学、科研与实践紧密结合。一般来讲，学校的教师都会按照"教学+科研+推广"的比例进行明确分工，推广型教师承担着学校技术推广的主要责任，部分会在上述推广机构中任职，开展农技推广工作，而各级政府对这些大学也有着稳定的支持与经费投入，共同促进本地区农业产业的发展（高建梅等，2013）。另外，通过技术推广，美国推广教师还可以从推广成果中获取一部分转化收益，这样也有效提高了这些教师参与农技推广的积极性。美国通过这样的农技推广模式，取得高达80%左右的农业科技成果转化率，获得了农业现代化的巨大成功。当然美国这种模式的成功离不开高度集约化的农业、高素质的农民以及较小的城乡差异等实际情况，农技推广还需与具体国情相结合。美国"三位一体"农技推广模式如图7-12所示。

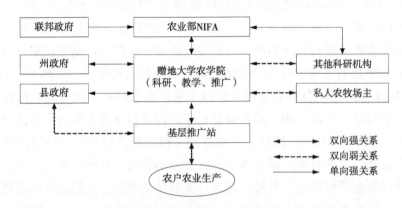

图7-12 美国"三位一体"农技推广模式

注：强关系包括资金划拨、业务主管和信息汇报；弱关系包括合作、协助（刘同山等，2013）

2.我国主要的大学农技推广模式

（1）中国农业大学"科技小院"农技推广模式（Zhang et al，2016）。中国农业大学"科技小院"模式是中国农业大学在促进小户型农业增产增收实践中形成的一种农技推广模式，特色是以科技人员与研究生驻地研究，零门槛、零距离、零费用、零时差服务农户及生产组织，具体如图7-13所示。"科技小院"的目标是实现资源高效和作物高产（双高），探索现代农业可持续发展之路。截至2016年4月，全国已建立74所"科技小院"。《自然》杂志编辑部认为，"科技小院"不仅对推进中国农业转型具有重要意义，而且对小农户为主的其他发展中国家也有广泛借鉴作用。

"科技小院"模式主要由科技人员、科技农民、科技试验田、科技宣传设施、服务设施、培训设施等组成。通过科技人员和研究生长期驻地研究，开展科技研究与科技培训，促进农业技术的推广与转化。"科技小院"的关键在于研究人员驻村，深入了解当地农业发展的实际情况，通过住下来、融进来实现推广。中国农业大学还有专门针对"科技小院"的研究计划以及研究生招生计划，通过科研人员融入当地农民群体，发挥中国社会熟人性质特性，真正了解农民需求，降低技术转化门槛。一方面可以真正让研究人员将"论文写在大地上"，另一方面也可以将大学与农户更加紧密地联系在一起，促进大学农业科技成果更多地惠及小户农民。

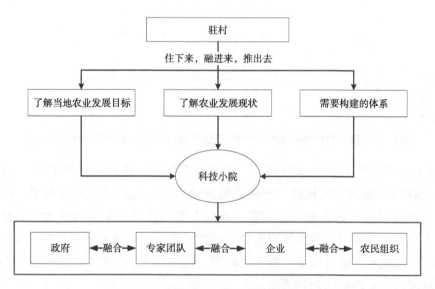

图7-13　中国农业大学"科技小院"模式

（2）西北农林科技大学"大学+示范基地+示范户+农户"的推广模式（刘增潮，2007）。西北农林科技大学是我国最早进行大学农技推广探索的高校之一。2004年以来西北农林科技大学开展了"在政府推动下，以大学为依托，以基层农技力量为骨干的农业科技推广新模式"的实践与探索，并取得了良好的成效，通过在产业中心建立产学研"四位一体"的试验示范基地，探索出了一条大学农技推广的新途径。学校先后建立了24个试验示范站和40个试验示范基地，形成了一支涉及粮、油、果、蔬、畜牧等农业产业，300多名驻站专家，与1 000多名基层农技推广人员组成推广队伍，具体如图7-14所示。

西北农林科技大学的农技推广以区域主导产业为导向，聚集大学、农科所、基层农技推广部门和新型农业经营主体力量，构建"科研试验站、区域示范站、技术推广站"三级产业服务平台，西北农林科技大学的推广模式核心在于科技示范，科学试验基地有长期驻站的科技研究人员及研究团队，通过试验示范，带动周边农户，实现"技术研发、技术集成、技术示范、技术应用"的有效对接。

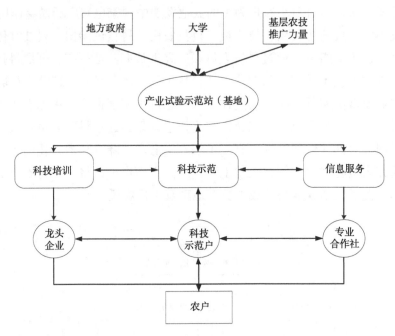

图7-14　西北农林科技大学"大学+示范基地+示范户+农户"农技推广模式

（3）南京农业大学"双线共推"农技推广模式（严瑾等，2017）。南京农业大学也是我国探索大学农技推广新模式的重要力量，先后开创和发展了"科技大篷车""百名教授兴百村工程""专家工作站"等一些较有影响力的大学农技推广模式。新常态下，为应对土地大规模流转、新型农业经营主体的涌现、技术需求多样化等要求，南京农业大学开创了"线下建联盟、线上做服务"的"双线共推"的大学农技推广新模式，具体如图7-15所示。

"双线共推"的理念是"移动互联网+农技推广"，在线下，主要通过校地合作，以基地为载体，在当地政府的协助下，吸引新型农业经营主体共建产学研联盟，通过联盟整合现有的农技推广资源，重点进行成果转化、科技推广、信息交流、基地建设、资源共享等。另外，通过线上服务减少农技推广中时间以及空间上的距离，利用当前移动互联网普及的优势，主要通过开发"南农易农"APP，集成农业信息以及农业科技服务，线上提供农技推广服务。通过农业科技云平台，整合农业大数据，对农户进行更加科学有效的农业服务。"双线共推"模式有效整合了线上线下的农业科技服务资源，发挥当前移动互联网的优势，可以有效减少当前农技推广中的沟通成本，从而提高大学农技推广服务水平。

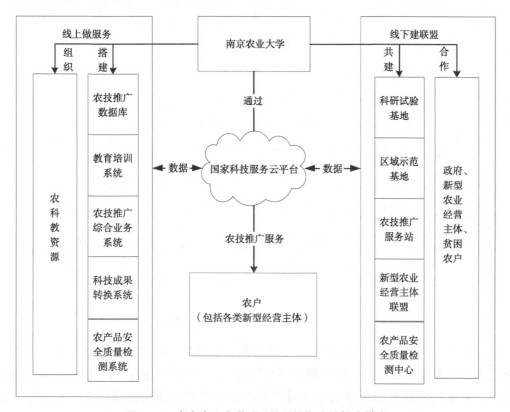

图7-15　南京农业大学"双线共推"农技推广模式

（4）安徽农业大学"四体融合"的农业推广模式（程备久，2016）。安徽农业大学是我国首批建设新农村发展研究院的十所高校之一。长期以来，坚持走"大别山道路"，结合安徽省农业发展特点，开展农业人才创新创业培训、重点产业研究、技术推广服务，在多个市县开展"一站一盟一中心"的推广服务平台建设，依托综合试验站，构建产学研联盟，通过校地合作共同打造农技推广服务中心。逐渐形成了"1+1+1+N"四体融合的农业技术推广模式，具体如图7-16所示。

"四体融合"的农技推广模式以校地合作为基础，以当地优势产业为导向建立产学研技术联盟。按照"1个研发团队、1个地方农技服务团队、N个现代农业新型经营主体"，在当地政府领导的参与推动下，打造农业发展共同体，持续为当地主导产业的农业发展提供智力支撑。"四体融合"的发展模式，以县主导产业为基础，更加具有区域特色以及现实可行性，推广作用也更加巨大，对于大学与现有的基层农技推广的对接提供了可借鉴的经验。

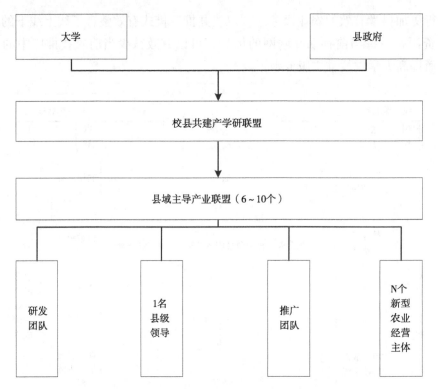

图7-16 安徽农业大学"四体融合"推广模式

（5）华南农业大学校地合作为基础的多元化的大学农技推广模式。华南农业大学是我国华南地区大学农技推广的主要力量之一，也是我国新农村发展研究院建设高校，国家重大农技推广服务试点项目广东省承接高校。学校立足广东，服务华南，通过"团队+成果+平台+机制"的四轮驱动的方式，重点构建"大学农技推广服务联盟+科研试验基地+区域示范基地+基层农技推广站点+农户"链条式多层级农技推广全程服务模式，在大学农技推广中也作出了很多卓有成效的探索，具体如图7-17所示。例如，在云浮地区探索了"科研单位+县市农技推广中心+龙头企业+基地+农户""公司+理事会+农户"等农技推广模式；在茂名地区探索与实践"高校+地区研究所+种植基地（或大户）"农技推广模式；在阳江地区探索与实践了"高校+专业合作社+社员"农技推广模式；在广州从化地区探索与实践了"高校+产业协会+会员"农技推广模式等。

华南农业大学"四轮驱动下的多层级农技推广全程服务"模式的主要有以下特点：第一，发挥大学在科技团队、社会资源方面的优势，整合农技推广力量，壮大农技推广队伍。第二，充分利用各种现代化的技术，积极开展成果转化工作。第三，打造各类农技推广服务平台，为农技推广提供线上支撑。第四，制定激励评价考核机制，激发师生服务热情，保证服务效果。

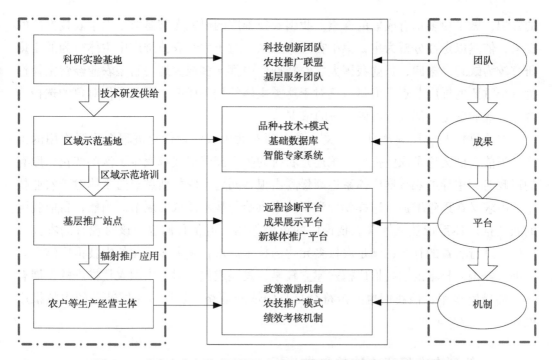

图7-17　华南农业大学"四轮驱动下的多层级农技推广全程服务"模式

（六）文献述评

从前面国内外对于农技推广的文献分析中，目前国际上主要农技推广建设的思路有四种，第一种是政府主导的农技推广体系，第二种是以美国为代表的依托大学进行农技推广体系建设，第三种是以日本为代表的政府与农协组织共同组建的官民结合的农技推广体系，以及最近在欧洲部分国家比较流行的农技推广私有化与专业化。各个国家农技推广体系的形成都经历了不断的探索和发展，但都必然与本国实际密切相关。因此我国在制定农技推广模式必须要紧密结合我国农业发展的实际情况，按照所处的特殊时代背景，对症下药，借鉴其他国家的先进经验，积极有序推进我国的农技推广服务体系的建设与优化。

当前国内外对于农技推广的研究主要有以下几个特点：第一，目前国内外对农技推广的研究大部分都是从农户或农业企业的角度出发，新型农业经营主体是近几年来我国农业发展的产物，相对于企业来讲，新型农业经营主体经营范围更广，很多都正处于成长期，对专业化的技术指导需求大。相对于农户来说，这些新型农业经营主体往往拥有较高的生产素质、较好的示范带动作用，是当前大学开展农技推广很好的合作选择，但目前从这个角度进行农技推广分析的研究还不充分。第二，国外发达国家的农技推广发展较为成熟，不管是美国、日本还是欧洲在主导的农技推广体系下也进行了很多补充，尤其是在农技推广服务私有化、社区化、专业化的探索逐渐成为研究热点。我国也应在政府主导的模式外，探索更多有利于我国现代农业发展的有效模式。第三，对于农技推广的研究，国外融合了创新扩散理论、行为学、心理学等方面的知识，做了很多卓有成效的探索。我国农技推广的研究尤其是对于大学农技推广的探索，依然以定性分析为主，集中在经验总结，对于大学农技推广中主体行为的定量研究较为缺乏。第四，目前我国大学农技推广中都或多或少地将新型农业经营主体作为一个重要的推广节点，但是缺乏对于这类主体的相关研究，对于合作对象的选择、合作方式的确定，都没有可供参考的依据。

农技推广与农民利益息息相关，是一项对我国农业现代化进程有重要作用的工作，当前我国无论是农业推广系统还是农村的生产经营形式都发生了深刻变化，原有的以政府为主导的农技推广体系逐渐暴露出很多问题，农村新型经营主体对于农业技术的需求又在逐年增加，这样就导致了技术供给与技术需求的脱节。当然，目前我国的农技推广体系依然发挥着农技推广的重要作用，但是我们也应该对现有的农技推广体系进行有益的补充，满足农村多元化的技术需求，发展多元化的农技推广体系。欧洲、美国、日本的农技推广模式建立较早，发展成熟，对于中国农技推广的发展有一定的借鉴作用，但我们也要走符合自身国情的道路，发展有中国特色的农技推广模式。

三、新型农业经营主体的需求分析

（一）访谈基本情况

为了对新型农业经营主体的实际需求有更加深刻地了解，华南农业大学国家重大农技推广服务试点项目课题组于2017年1—2月组织在校学生进行了一次寒假下乡访谈活动，共有15个团队，46名学生参与了此次活动，其中重点在茂名开展了为期一个月的实地调研活动。访谈的主题围绕了解新型农业经营主体的需求进行。具体来讲，一是了解他们在生产经营中遇到的问题、发展瓶颈、发展期望等；二是了解他们希望高校能给他们提供哪些方面的帮助。访谈主要集中在广东省16个地市，共调研新型农业经营主体129户，形成调研材料129份，共计10万余字。

（二）共词分析法介绍

资料分析一直以来是管理研究中最难掌握的一个环节。特别是资料分析中的定性研究，一直以来没有公认标准和统计推导的过程，研究人员往往要从大量的文字资料中进行反复的归纳与总结，来实现对定性资料的理解与解释，分析难度大，时间成本高。目前应用较为广泛的定性资料分析方法主要有扎根理论、内容分析等，随着计算机技术以及自然语言技术的发展，文本数据挖掘也逐渐在资料分析中占据重要地位。通过对海量文本数据进行自动化的分词，运用机器学习算法实现语义的自动化识别，结合大数据运算，实现资料分析的目的，但也由于中文文本在语法以及结构上的复杂性，在文本数据挖掘中起着基础性作用的中文分词往往得到的效果不好，特别是对于访谈资料这种主观性较强，口语化较多的资料来讲，中文文本数据挖掘就更加无法准确反映资料内容。

　　共词分析法是目前在文献计量学领域发展的较为成熟的一种文本分析的方法，最早出现于20世纪70年代，现已被广泛应用于关键词共现分析，通过分析文献中的关键词，综合考虑关键词出现的频率、共现规律等，确定研究主题的研究热点与研究结构。其主要基于两点假设：第一，科研人员的研究关注点不是孤立的，一般会由多个关注点共同构成。第二，科研人员在论文中所使用的文献主题词不会因为科研人员背景差异产生很大差异（李颖等，2012）。而在调研分析中，主要是基于对129户新型农业经营主体的调研报告的分析。每一份调研报告反应的是一户新型农业经营主体目前关注的一些问题，他们的关注点也一般会由多个关注点构成。而对于调研报告的主题词的提取，本研究采用扎根理论进行归纳，力求最大限度表达调研报告所要表达的内容，符合共词分析法的基本假设。另外，对于新型农业经营主体的需求分析，本研究重点希望了解以下几个方面的内容：第一，当前新型农业经营主体关注的热点领域、热点需求有哪些。第二，这些需求之间的共现关系如何、结构如何、中心需求是哪些。第三，对这些需求进行总结归纳，提炼新型农业经营主体的需求类型。

　　上述研究内容在共词分析法中都有所体现，对此，调研报告进行了关键词共现分析，研究方法如图7-18所示。

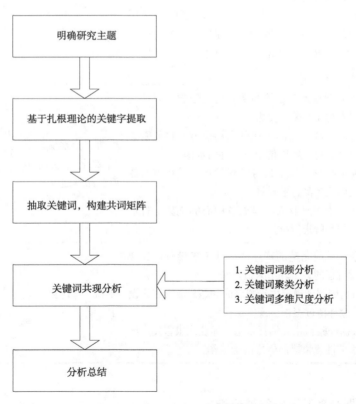

图7-18　访谈报告共词分析示意图

（三）访谈材料关键词的提取

要对访谈材料进行共词分析，首先要对访谈资料进行关键词的提取，学术论文的关键词是对文献主旨最为精华的概述，主要由论文作者根据文章主题确定。本研究参考学术论文关键词的制定方法，结合扎根理论，首先对访谈资料进行反映新型农业经营主体需求的关键词的提取与确定。

参考扎根理论中的开放式编码思想，组织两名在农技推广领域有着丰富经验的工作人员对129篇访谈文本进行了反复研读，理解每篇报告的意义主旨，然后对报告中关于新型农业经营主体的需求描述进行初始编码，主要从访谈报告中，新型农业经营主体谈到的发展存在的问题、制约瓶颈以及合作意愿等部分内容中归纳，在尽量依据原文表述编码的基础上，对于某些隐含概念，根据编码人员理解提炼出新型农业经营主体的主营业务、发展需求，表7-36中反映的是部分原始文本的编码过程。

表7-36　开放式编码过程

报告编号	部分原始文本	开放式编码1	开放式编码2
1-1	遇到的问题：桂圆肉保存会变色。荔枝的保鲜技术还有待提高 合作意愿：一是希望华南农业大学能解决桂圆肉长期存放变色的问题。二是能继续提高鲜荔枝的保鲜技术，更利于进行网上销售和长距离运输	水果、果肉变色、保鲜、运输	水果、变色、保鲜、运输、销售
1-2	1.由于土地是以合约的形式向当地农户收购，但农村土地使用变数大 2.除了一些平整的土地是采用机械播种收割，整个农场主要以传统方式种植水稻 3.利用高校大学生自身学科优势，进行网站建设以及产品包装设计 4.利用华南农业大学身处省中心的优势，打造广州品牌进行推广	种植、土地流转、机械化、农村电商、品牌建设	水稻、土地流转、机械化、网站建设、品牌建设
1-3	1.企业目前完整的产业链尚处于建设阶段，建设过程的各个环节人员短缺 2.目前的园区规划由于资金的问题只能推迟建设 3.柠檬种植过程中出现机械伤 4.根据经验与相关的技术指导抓住病虫害发生的季节性规律提前做好防治工作	种植、资金、人才、病虫害	人才、资金、水果、病虫害

（四）数据处理及词频统计分析

为减少编码人员主观上带来的编码误差，本研究由2名编码人员分别进行编码，编码结束后，针对每一份访谈资料，再进行逐一核对，对于编码相似的部分进行关键字的保留与归并，对于编码不同或是遗漏的部分，双方进行讨论后确定关键字的增加与删减，最后形成一份一致的编码表，通过对编码表中意义相近的关键词的统一表述（例如，育种、品种培育等，统一表述为品种培育），最终得到关键词154个，部分关键词及其出现的频率如表7-37所示。

为避免关键词出现的偶然性以及共现分析过程中由于关键词过多带来的聚类维数过高等问题，在参考国内外文献的基础上，本研究选择对统计词频超过3次（包括3次）的关键词进行共现分析，得到高频关键词42个，按照同一组关键词在1次访谈中同时出现为1次共现的原则，利用文献题录工具SATI抽取关键词，按照公式（7.1）生成关高频关键词共现的相似矩阵S，在相似矩阵中，数值越大表示两个关键词的距离越近、相似度越好。但这样会造成相关矩阵中0值过多，统计时误差较大，为了减小误差，用-1与相关矩阵中的各个数字相加，得到表示两词相异程度的相异矩阵D，相异矩阵中，值越大代表关键词的距离越大，相异程度越大（刘启元等，2012）。

$$E_{ij} = \frac{F_{ij}^2}{F_i \times E_j} \tag{7.1}$$

式中，E_{ij}为相似矩阵的值，F_{ij}为词条i和词条j共现的次数，F_i和E_j分别为词条i和词条j出现的频率。

表7-37 部分关键词及其词频统计

序号	关键词	频率	序号	关键词	频率
1	人才	71	12	实习基地	22
2	种植	44	13	机械化	19
3	资金	40	14	品牌建设	16
4	加工	40	15	信息化	16
5	管理	36	16	生态旅游	16
6	品种培育	36	17	保鲜	15
7	技术	33	18	水果	15
8	养殖	26	19	环保	13
9	病虫害	27	20	蔬菜	12
10	土地流转	25	21	自动化	12
11	市场扩展	23	22	信息平台	10

（续表）

序号	关键词	频率	序号	关键词	频率
23	农村电商	10	27	项目合作	9
24	土壤改良	10	28	技术培训	9
25	规模化	9	29	三产融合	7
26	疾病防控	9	30	有机	7

关键词词频可以反映新型农业经营主体对该需求的关注程度，为了对访谈中的关键词出现的频率有更直观的理解，本研究运用Tagxedo平台提供的词云技术来对所有编码关键词及其出现频率进行可视化展现。该平台会根据关键词出现的频率自动调整关键词在词云中出现的大小，可以直观了解新型农业经运营主体的重点需求，词云可视化如图7-19所示。

图7-19 新型农业经营主体需求关键词的词云可视化

从词频统计表以及词云统计图中可以看出，第一，人才问题仍然是农业企业目前面临的最严峻的问题，有71家新型农业经营主体强调了人才的问题，占总访谈人数的57%以上，人才短缺已成为农业发展的一个共性问题，是制约新型农业经营主体发展的重要瓶颈。在访谈中，新型农业经营主体普遍认为，人才短缺的主要原因是农业企业的地理位置、工作性质以及现在高学历人才存在对农业的歧视等原因，也有很多单位对改善企业的人才状况作出了努力，并取得了很好的效果，例如在中心城区建设分公司，改善员工工作环境、采取技术入股等方式挽留高素质人才等。但也有很多单位只是抱怨招人难，留人难，却不注意去改善单位的工作环境以及人才的管理方式。另外，大学作为高素质人才的主要培养地之一，在人才方面有着天然的优势，在进行大学农技推广的过程中，应当充分发挥好这个优势。第二，资金问题也是一个多次被提及的问题，很多农业企业普遍存在资金需求大、周转难的问题。农业资金周转与农业生产周期息息相关，相对于其他企业，农业企业周转周期更长，需要有长期稳定的资金支持。由于农业特殊的性质，农业投资的风险较大，气候、自然灾害等不可控因素多，投资商不敢贸然投资。这也反映出我国农业的信用担保体系，农村金融体系，中小企业融资风险管理等还不够完善，新型农业经营主体需要有更加专业的融资指导。第三，农产品加工、产业升级、产品研发等越来越受到新型农业经营主体的重视，访谈中了解到，很多农业企业只是进行农产品的初加工或者不加工，产品附加值低，盈利能力不强，特别是像果蔬这样的农产品，加工对于保鲜运输十分重要，企业也都能认识到这个问题，但是或者是由于产品的特殊性或者是由于资金问题或者是由于技术问题而无法进行产品深加工的开发。另外，产品研发，尤其是育种，新品种的培育对于新型农业经营主体优先占领市场特别重要，中小企业普遍缺乏育种的科研设施与知识储备，这也应成为大学农技推广供需对接的一个重点。

从以上的词频统计中可以大致得出一些新型农业经营主体的需求重点，对他们的需求有一个初步的了解，同时为了对这些需求有一个更为系统的了解，本研究接下来采用共词分析法，对这些需求进行系统的分析。

（五）共词分析

1. 聚类分析

将相异矩阵D导入到SPSS22.0之中，利用SPSS22.0中的系统聚类功能进行聚类分析，选择"Ward方法"以及确定离散数据类型为"Phi-square方法"，输出层次聚类树状图，如图7-20所示。

从图7-20可以看出，人才、技术、管理三者距离最近，因此最先合并成一类，其他如养殖、疾病防控、自动化，有机、生态、环保、高产等也都逐渐合并，从上到下，依次可以分为10个小类：高端专业人才（人才、技术、管理）、现代化养殖技术（养殖、疾病防控、自动化）、绿色高产技术（有机、生态、环保、高产）、机械化种植技术（种植、机械化）、土肥农药技术（土壤改良、技术入股、农药）、农村电商（信息化、农村电商）、校企合作（技术培训、技术研发、病虫害、水肥一体化、信息平台、技术指导、项目合作）、育种技术（品种培育、实习基地）、市场、品牌、运营等的战略规划（品牌建设、规模化、土地流转、资金、市场扩展、研发）、果蔬种植的产业升级技术（生态旅游、三产融合、保鲜、加工、运输、食品、水果、蔬菜、产品研发、种子）。

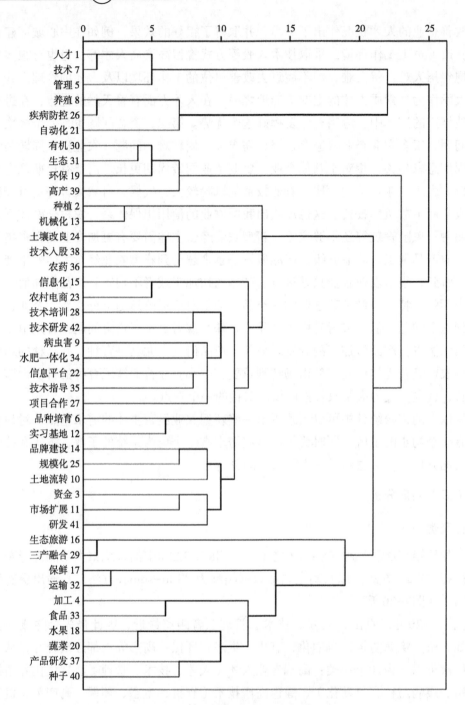

图7-20 新型农业经营主体需求聚类图谱

2. 多维尺度分析

在聚类分析10个小类的基础上，继续归纳，可以将新型农业经营主体的具体需求归纳成4个大类。多维尺度分析通过测定关键词之间的距离发现关键词之间的结构，高维空间数据可近似地变换为二维平面数据，但仍能近似反映关键词之间的关系，可以用于直观判断某需求主题在整体需求中的位置，对此本研究采用多维尺度分析对系统聚类进行进一步的分析与总结。

将相异矩阵D导入到SPSS中，选择多维尺度分析中的ALSCAL方法，选择"从数据创建距离"，度量空间为"Euclidean"，结果如图7-21所示。

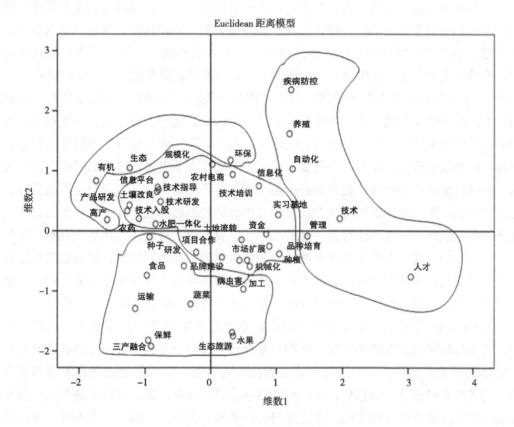

图7-21 关键词多维尺度分析

结合聚类分析图谱以及多维尺度分析图可以将整个需求图谱分成4大组，第1组包含高端专业人才（人才、技术、管理）、现代化养殖技术（养殖、疾病防控、自动化）；第2组包含绿色高产技术（有机、生态、环保、高产）；第3组包含机械化种植技术（种植、机械化）、土肥农药技术（土壤改良、技术入股、农药）、农村电商（信息化、农村电商）、校企合作（技术培训、技术研发、病虫害、水肥一体化、信息平台、技术指导、项目合作）、育种技术（品种培育、实习基地）、市场、品牌、运营等的战略规划（品牌建设、规模化、土地流转、资金、市场扩展、研发）；第4组包含果蔬种植的产业升级技术（生态旅游、三产融合、保鲜、加工、运输、食品、水果、蔬菜、产品研发、种子）。

多维尺度分析中，小组中心的节点是整个小组的核心节点所在，依据上述分类结果，本研究将新型农业经营主体的需求分成以下4类。

（1）以专业技术人才和管理人才为主的高端专业人才需求，管理和技术居于第一个聚类的核心位置，对于中高端管理人才以及专业技术人才的需求是农业企业现代化转型以及掌握市场主动权的关键所在，访谈中也几乎有一半以上的新型农业经营主体提出了相关需求，现代农业已经将人才摆在了一个十分重要的位置，这种认识的转变也是我国农业由传统粗犷式发展走向高端现代化的一个标志，新型农业经营主体对于人才的重视，农业市场对人才的需求，这些都决定了大学在以后的农业发展中必然能充当一个更加重要的角色。校企合作，人才是关键，如何建立大学与新型农业经营主体稳定的人才供需对接机制，提高科研人员下乡的积极性，培养学生正确的择业观，构建稳定的人才供给机制等，是当前大学农技推广需要考虑的一个重点问题。

（2）绿色高产农业技术需求，可持续性是现代农业发展的一个基本特性，农业是与人民群众以及自然生态环境息息相关的一个行业，随着人民生活水平的提高，人们不再仅仅满足于"吃饱"，更要"吃好"，从"吃饱"到"吃好"的转变，是市场释放给新型农业经营主体的一个重要信号，要求现代农业发展不能片面追求产量的提高，更要注重品质的提高，现在全社会都在倡导绿色健康生活，农业更是首当其冲，有机、生态、高产逐渐成为现代农业取得竞争优势的制胜法宝。除了有机生态以外，大量新型农业经营主体也注意到环保的重要性，农业源于自然，必须尊重自然，保护自然，访谈中发现，以往不尊重自然造成的危害正逐渐形成，例如，过量施用化肥造成的土壤问题，农业发展造成的对周围生态环境的影响等。这些对于企业长远的战略规划都产生了深远的影响，因此绿色高产农业技术的需求逐渐成为一类需求的重点。

（3）高校技术推广投入与现代农业企业建设指导需求，在为期半个月的访谈中，笔者和所在的访谈团队发现，新型农业经营主体对于高校普遍还是存在着较好的印象以及较大的合作期望，主要集中在新技术的研发、技术指导以及技术培训等方面。尤其是在机械化、信息化、规模化、市场运营、品牌建设、农村金融等现代农业技术与管理方面存在着较大的合作意愿与合作需求。机械化、信息化是新技术在现代农业发展上应用的重要体现，对于提高劳动生产率，降低企业的运营成本有着巨大的作用，目前主要存在的问题是前期投入成本以及技术风险的把控；规模化是降低企业的边际成本，提高企业利润，扩大市场占有率的基础，当前一段时间，规模化除了受到资金约束问题外，还受到土地流转、土地承包期等的限制，也是一个重点要考虑的问题；品牌建设以及市场运营是企业进行战略规划，加强现代化管理的重要步骤，对于企业占据市场主动权有着重要作用；农村金融重点解决农业发展的资金问题，由于当前农业发展的特性，建立更适合农业的金融体系，或者对农业企业融资贷款进行更为系统的指导与培训，对农业企业的发展也是至关重要的。

（4）保鲜运输及农业产业升级技术需求。第4个聚类的核心是果蔬的保鲜运输技术，并在此基础上衍生出来的食品加工技术以及三产融合等产业升级技术需求，当前，人们对于果蔬新鲜度的要求越来越高，通过对果蔬包装技术，存贮运输技术的改进，延长果蔬的保存期，减少新鲜果蔬的损失对于果蔬种植户来说越来越重要，大部分的果蔬种植户都强调了此类问题。另外，深加工技术的发展，产业链的延伸一方面可以弥补运输带来的损失，另一方面又可以增加果蔬产品的附加值，提高销售收入，造就了食品加工旺盛的技术需求，随着生态旅游的发展，以及国家对于三产融合的提倡，许多新型农业经营主体将之视为未来发展的一个主要方向，产业升级以及融合技术已经成为现代农业发展的主要趋势之一。

（六）小结

通过运用扎根理论开放式编码以及共词分析，发现当前新型农业经营主体在人才、资金、管理、新品种培育、病虫害防治、生态农业、产业升级等方面需求较大，接着运用共词分析法对新型农业经营主体的需求进行系统分析，将新型农业经营主体的技术需求分成四大类10小类，总体上来讲，新型农业经营主体需求的侧重点主要有：①高素质人才，尤其是技术人才和管理人才，农业企业人才短缺问题一直是企业发展的短板所在，新型农业经营主体就更是如此。长期以来，我国农业发展以小农经济为主，农业生产效率低，农业从业人员收入低，导致很多高素质的人才不愿意从事农业生产，农业企业招人难的现象严重。另外，农业生产往往需要大量的实践积累，而我国目前大学人才培养重视理论，实践能力偏弱，学生培养存在理论与实践相脱节的现象，更加重了企业对于对口高素质人才的需求。②现代化的农业技术，传统的农业生产一直处于高投入、低产出的生产状态，如何提高生产效率，提升产品附加值成为新型农业经营主体需要重点考虑的问题。现代化的农业技术，如产业升级、自动化、物联网技术的应用是新型农业生产经营主体新的重要体现形式，也是抢占市场有利地位的重要措施。③对本单位发展瓶颈的突破，新型农业经营主体如何做大做强，不仅是每一个单位负责人需要考虑的问题，更是我国现阶段支持新型经营主体发展需要重点考虑的一个问题。新型农业经营主体发展瓶颈主要在单位规模如何扩大，品牌如何建设，发展模式如何可持续等问题上。从目前新型经营主体发展的情况来看，很多新型经营主体负责人的学历还不高，单位缺乏现代化的企业管理方式，他们对于科学有效的发展规划也存在着较大的需求。

无论是技术、人才还是管理，大学在这些方面相较于其他农技推广机构都有着得天独厚的优势，让大学参与到对于新型农业经营主体的农技推广之中，一方面有助于培养教师以及学生的实践能力，减少供需脱节，另一方面，也可以为新型农业经营主体的发展带来好处。

四、大学与新型农业经营主体合作影响因素的实证研究

当前，新型农业经营主体的发展面临各种各样的问题，这其中尤其是资金、技术、人才、管理、土地等方面的问题尤为突出。大学肩负着教学、科研与社会服务的三大职责，在高端人才培养、科学研究以及经营管理等方面有着丰富的经验以及技术、人才储备。在访谈中，新型农业经营主体大多也表现出与大学强烈的合作意愿，但也有部分新型农业经营主体认为大学农业技术与他们需求的技术脱节严重，大

学重理论、轻实践的现象很严重，合作意愿不强。对此，本研究采用结构方程模型（SEM）对新型农业经营主体的合作意愿及其影响因素进行路径分析，以期了解影响新型农业经营主体合作意愿的深层因素，并从新型农业经营主体的角度对大学与新型农业经营主体的对接提供意见参考。

（一）结构方程模型（SEM）

1. 结构方程模型简介

结构方程模型（Structural Equation Model）是用线性方程系统表示观测变量与潜变量以及潜变量之间关系的一种方法（林嵩等，2006）。最初应用于社会科学领域，在社会科学中，有很多难以直接测量的变量（潜变量），如领导力、胜任力、竞争力等，往往是通过一定的可测量的指标（观测变量）来反映，但这就为直接研究潜变量之间的关系带来操作上的困难，结构方程可以直接有效地对这些问题进行研究。

另外，SEM还有以下优点：首先，作为一种基于协方差矩阵的多元统计分析方法，结构方程考量的是多变量之间的真实关系，估计参数更加准确；其次，结构方程可有效将测量误差排除在我们所关心的关系方程之外；另外，结构方程可同时处理拥有多个因变量或者既是因变量又是自变量的潜变量（刘军等，2007）。

2. 结构方程模型的构成

结构方程模型一般有3个矩阵方程式组成。

$$x = \Lambda_x \xi + \delta \tag{7.2}$$

$$y = \Lambda_y \eta + \varepsilon \tag{7.3}$$

$$\eta = B\eta + \Gamma\xi + \zeta \tag{7.4}$$

式中，式（7.2）、式（7.3）为测量模型，式（7.4）为结构模型，x和y分别为外生和内生观测变量向量，ζ和η分别为外生和内生潜变量，Λ_x和Λ_y代表观测变量与潜变量之间的关系，即两者之间的因子载荷矩阵，B和Γ都是路径系数，δ、ε和ζ为残差项。

3. 结构方程模型的建模步骤

结构方程模型的建模一般按照以下步骤进行（图7-22）。

第一步，模型假设。研究人员根据已有的研究成果或者实践经验提出相关课题的研究假设，构建初步的理论模型，即按照上述方程组构建结构方程模型，并对固定系数进行设定。

第二步，模型识别。初步建立的模型，有时候可能会因为模型中待估计的参数过多，而方程数目过少而造成模型识别的问题，此时就需要重新对模型假设进行梳理与完善。

第三步，模型估计。假设模型建立好了以后，就要对模型进行参数估计，现在常用的估计方法有广义最小二乘法（GLS）以及极大似然值估计法（ML）等估计方法，本研究选用极大似然法（ML）进行估计。

第四步，模型评价。进行模型估计后，根据模型的整体拟合效果以及部分参数值对模型进行评价，可根据具体研究内容选择评价指标。

第五步，模型修正。对于评价结果不好的模型，需要重新对模型进行修正与改进，提高模型的拟合效果。

第六步，模型应用。结合实际情况，对经过模型评价，并且符合理论假设的模型进行结果分析应用。

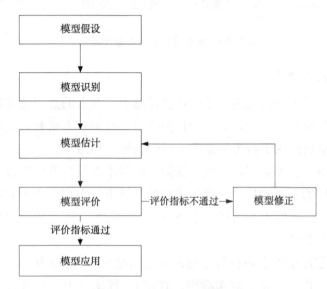

图7-22　结构方程模型流程

（二）理论准备

1. 创新扩散理论

1962年，新墨西哥大学教授Everett M. Rogers对多个有关创新扩散的案例进行研究，出版了《创新扩散》一书，总结出一个社会系统中创新事物扩散的基本规律，提出了著名的S-曲线理论。该书将创新扩散这一过程分为知晓—劝服—决定—确定4个阶段，并提出了"创新扩散"的基本假设。

农技推广就是将科学有效的农业技术传播到农民群体中去，是一种典型的创新扩散形式（图7-23），创新扩散理论也一直是农技推广的基础理论之一，被广泛应用于农技推广的研究之中，按照创新扩散理论，现代农业新型经营主体往往是农村中较早采用现代农业新型技术，农村社会中话语权较高的意见领袖，对于其他农户的技术采纳发挥着重要的作用，是农技推广需要重点关注的对象。另外，根据创新扩散理论，农业技术的扩散受到社会环境、技术主体以及技术特性的明显影响，特别是中国农村作为一种典型的熟人社会，推广主体所在的社会环境、外部交流以及政治因素、生产经验等都会对主体的农业技术采纳意愿产生明显影响。

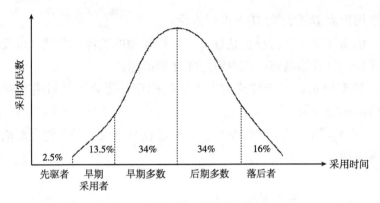

图7-23　农技推广创新扩散示意图

2. 农民行为改变理论

行为科学将人的行为定义在一定的社会环境中，在人的意识的支配下，按照一定的规范取得一定结果的客观活动。人的行为主要是在内在需要和外在刺激的共同作用下产生的动机，从而促成了行为的发生（马仁杰等，2013）。

在农技推广中，农民对于新技术、新知识的需求以及提升生产效率和生产效益是农民参与农技推广的主要动机，在这些动机的诱导下，农户产生了与农技推广单位合作的意愿和行为。因而要改变农民在农技推广中的行为，则首先要改变农民对于新技术、新知识的态度及需求。

农民行为改变理论将农户行为改变的因素归纳为3个推动力，2个阻力，这3个推动力是自身需要、市场需求、政策导向。在这3个推动力中，自身需要是内动力（内因），市场需求、政策导向是外因，外因通过内因起作用。农户行为改变示意图如图7-24所示。两个阻力是自身的观念及素质、外部环境中的阻力等（李春英等，2012）。

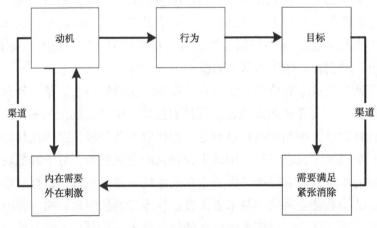

图7-24　农户行为改变示意图

（三）研究假设与模型构建

根据创新扩散理论以及农户行为改变理论，本研究将影响新型农业经营主体参与大学农技推广意愿的影响因素归纳为内因和外因2个方面，内因包含内部条件、技术认可和合作期望。外因包含技术距离和外部环境。

1.合作意愿

根据农民行为改变理论，农民在外在需要以及内在刺激的共同作用下，产生行为动机，进而产生行为。在研究中，技术接收方是新型农业经营主体，行为是与大学开展技术合作，动机则可以认为是新型农业经营主体与大学合作的意愿。良好的合作意愿对于大学开展农技推广至关重要，大学农技推广中应该关注和培养新型农业经营主体的合作意愿，才能更有效地激发他们的行为动机，更好地与大学开展合作。

2.内部条件

创新大师熊彼得曾经指出，企业的创新是建立在一定的内部资源基础之上的。Adebowale等人也通过研究指出，大型企业与科研机构进行协同创新的一个重要原因是企业有足够的资源来支持这种协同创新，内部条件良好的企业，往往会更加积极地寻求外部合作（Adebowale et al，2012）。Geuna等人通过实证研究证实企业规模与开放性是校企合作的重要驱动力量（Geuna et al，2003）。一方面，内部条件良好的企业更能吸引高校专家的技术转移与转化；另一方面，良好的内部条件也是支撑企业提升技术水平，进行成果转化的基础。

农业技术创新与技术转化一般存在着周期长、风险大的特点，这就更加要求技术转移的接受方有能力也有信心支持这种技术创新。新型农业经营主体由于发展时间、发展规模之间的不同，单位内部条件发展差异较大，这些都会对单位与学校的合作意愿造成影响。鉴于此，本研究认为，新型经营主体内部条件越好，单位寻求校企合作的意愿越强。由此，提出如下假设。

H1：新型经营主体的内部条件对于新型经营主体参与大学农技推广的意愿有显著正影响。

3.技术距离

1986年Jaffe提出了技术距离的概念，指出技术距离是指技术主体双方之间的相似程度，技术相似程度越高、技术背景越相似，则技术距离越小，越有利于技术转移的发生。王元地等人根据技术搜寻等理论，将技术距离定义为技术相似度、地理距离和时间距离3种距离类型，并从上述第三个维度分析了技术距离与技术多元化发展之间的关系（王元地等，2015）。另外，创新扩散理论也认为，距离创新发起点近的主体更容易受到新技术的影响，接受创新的几率也会更大。

新型农业经营主体与大学之间的技术合作也或多或少存在着技术距离，技术距离的大小会显著影响到大学与新型农业经营主体之间的技术合作意愿，技术距离小的企业往往会有更大的合作意愿。鉴于此，本研究作出如下假设。

H2：新型经营主体与大学的技术距离对于新型经营主体参与大学农技推广的意愿有显著负影响，即技术距离越远，技术合作意愿越小。

4. 外部环境

外部环境即单位所处的市场结构、行业环境以及单位负责人的社会关系，产业经济理论认为，产品创新遵循的是结构——行为——绩效的范式，市场结构决定了企业的行为，市场结构是外部环境的一种，因而外部环境对企业创新行为有决定影响（Souitaris，2002）。Villani等（2013）通过对技术转移办公室进行案例研究，对外部支持缓解产学研障碍进行了分析。Maertens等（2013）通过研究说明了农户所处的社会网络对于技术改进起着重要作用。由于农村熟人社会的性质，新型经营主体必然处在一张社会关系网之中，他们的决策就会受到周围人影响。另外，政府支持、科研示范作用等都会显著影响到农户的技术采纳意愿与行为。在中国，新型农业经营主体一般是对政策、环境十分敏感的农业群体，他们往往都是与外部接触较多，消息以及技术需求较大，因此本研究认为新型经营主体所处的外部环境会显著影响到他们与大学进行合作的意愿。鉴于此，本研究提出如下假设。

H3：新型农业经营主体所处的外部环境对新型农业经营主体与大学的合作意愿有显著正影响。

5. 技术认可

技术认可是指技术接受方对技术合作方的技术认同，根据创新扩散理论，技术接收方对新技术的采纳往往在其产生技术认可之后，计划行为理论也认为行为态度对行为意愿有显著影响。在以往的产学研结合研究之中，一些学者将技术认可作为影响技术转移的重要因素之一（Lepadatu，2014）。Despres等（2009）也认为技术认可对于技术转移起着最重要的作用。Szulanski则指出校企合作的成功必定是建立在一定的技术认可之上。在实地访谈过程中，也有很多新型农业经营主体对于高校现有的技术实力有所怀疑，高校产学研脱节，重理论轻实践的形象对他们的合作意愿产生了明显的负面影响。但也有很多新型农业经营主体也对高校的技术能力表示了认可，他们普遍认为高校有他们不具备的研发能力以及人才储备，从而非常愿意与高校开展技术合作。

另外，根据创新扩散理论，距离中心节点越近的技术接收主体越容易接触到创新技术，在对创新技术产生认可后，产生应用该技术的意愿与行为。这里影响技术接收主体与中心节点距离的主要有技术距离和外部环境，较小的技术距离，会让新型农业经营主体更加接近大学技术的供给方，对创新技术的了解以及应用就会更深刻，在大学技术确实能为其产生实际帮助的假设下，技术距离越小，技术认可就会越高。外部环境也是新型农业经营主体更加靠近所在区域创新传播中心节点的重要影响因素，特别是技术示范以及政府支持等，会让新型农业经营主体产生看得见的实际利益。鉴于此，本研究提出如下假设。

H4：新型经营主体对高校的技术认可对其与大学的合作意愿有显著正影响。

H5：新型经营主体与大学的技术距离对于新型经营主体对大学的技术认可有显著负影响。

H6：新型农业经营主体的外部环境对于新型经营主体对大学的技术认可有显著正影响

6. 合作期望

合作期望是指技术接收方对于合作预期效果的期望，根据美国心理学家和行为科学家弗鲁姆于1964年提出的期望理论，人的行动力大小取决于其所期望成绩的大小（或正相关），对于新型农业经营主体来说，合作期望反映的是其对于与大学合作以后，对于自身管理水平、技术水平以及竞争能力等水平提升的期望值，期望值越高，其与大学合作的意愿也会更强烈（Vroom，1967）。

另外，新型农业经营主体对于大学的技术认可度越高，说明其对于大学的技术能力越信任，这种技术信任就会带来与大学合作期望值的提升，因此，本研究认为技术认可会显著影响到合作期望。

其次，技术距离会显著影响到新型农业经营主体的技术认知，这种技术认知表现在了解如果进行合作，对方能给我带来什么，可以帮助我改善什么以及改善的程度，如果合作方确实能有效帮助他解决实际问题，那么新型农业经营主体的合作期望也会越高。这里技术距离较近的主体一般是与高校联系较为密切，有相同的人才背景或者曾有过合作，良好的人才表现以及合作效果会增加他们的合作期望，因此，本研究认为技术距离越近，合作期望就会越高。

新型农业经营主体所处的外部环境对于他们对外界事物的看法起着十分重要的作用，一个好的外部环境例如政策引导、基地示范等，可以加强新型农业经营主体对高校的技术认知，扩展他们的视野，提高他们的合作期望，因此，外部环境越有利，新型农业经营主体的合作期望也会越高。基于此，本研究作出如下假设。

H7：新型农业经营主体与大学的技术距离对于新型经营主体对大学合作期望有显著负影响。

H8：新型农业经营主体的外部环境对于新型经营主体对大学的合作期望有显著正影响。

H9：新型农业经营主体对大学的技术认可对新型经营主体对大学的合作期望有显著正影响。

H10：新型农业经营主体对于与大学合作的期望对于新型农业经营主体的合作意愿有显著正影响。

综合以上理论分析，本研究提出如图7-25的概念模型。

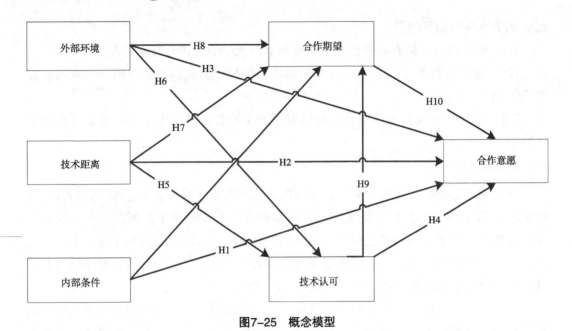

图7-25　概念模型

（四）问卷设计与研究方法

1. 问卷设计

模型数据主要通过对于新型农业经营主体的问卷调研获得，问卷设计的科学性对于本研究来说十分重要，因此，本研究在进行问卷设计时，主要是遵循以下几个原则：第一，选择国内外学术界普遍认可的调查问卷作为参考。第二，结合调研对象的实际情况对问卷进行适当调整。第三，根据寒假访谈中新型经营主体反映的实际情况对问卷进行修改。第四，问卷设计结束后，给相关领域专家进行指导评估，最终确定调研指标与调研题项。形成的调研问卷潜变量度量指标情况如表7-38所示。

本研究采用的是封闭式问卷，问卷主要分成3部分，第一部分：新型农业经营主体的基本情况，包括单位的名称、主体类型、业务范围、营业额等。第二部分：单位负责人的基本情况，主要包含负责人的年龄性别及文化程度等。而对于本研究假设中的潜变量，在文献分析的基础上设置观测变量，采取李克特五点量表的形式，按照"完全不同意""基本不同意""一般""基本同意""完全同意"将新型农业经营主体对该观测题项的认同感分成5个程度。

2. 模型选择

研究采用结构方程模型（SEM）来对模型进行验证性因子分析并以此来探究因子间的路径影响，结构方程模型是一种多元统计分析方法，能够同时分析多个因变量以及因子关系和因子结构，允许自变量和因变量存在一定的测量误差，目前已经被广泛应用于心理学、社会学、管理学等研究领域，本研究以心理测量为主要的潜变量表现形式，测量存在随机误差，并且因子间结构关系复杂，自变量可能同时受到多种因变量的影响，因而，本研究选用SEM模型来对假设模型进行分析验证。

表7-38　潜变量度量指标

潜变量	观测题项	观测指标	参考文献
合作意愿（T6）	T6-1	让员工接受高校培训的意愿	Szulanski，2000
	T6-2	给予高校研究支持的意愿	
	T6-3	接纳高校调研的意愿	
	T6-4	为高校提供研究数据的意愿	
	T6-5	核心技术协同攻关的意愿	
内部条件（T1）	T1-1	单位解决问题的能力	Adebowale et al，2012
	T1-2	单位技术先进性	
	T1-3	单位技术知识积累程度	
	T1-4	单位技术专业化程度	
技术距离（T2）	T2-1	与高校技术专家联系的方便程度	Jaffe，1986
	T2-2	对高校相关技术的认知	
	T2-3	找到高校技术专家途径的丰富程度	
	T2-4	技术背景的相似度	
外部环境（T3）	T3-1	当地政府的支持程度	Maertens et al，2013
	T3-2	校企合作示范作用	
	T3-3	科研示范基地的辐射作用	
技术认可（T4）	T4-1	对高校技术成熟度的认可	Dixon，2000
	T4-2	对高校科研人员的认可	
	T4-3	对高校科研条件的认可	
	T4-4	对高校创新能力的认可	
合作期望（T5）	T5-1	对合作带来的运营成本降低的期望	Phan et al，2006
	T5-2	对合作带来的管理水平提高的期望	
	T5-3	对合作带来的竞争能力提高的期望	

结构方程模型主要由结构模型和测量模型两部分组成，其中结构模型用于反映潜变量之间的关系，测量模型则用于反映潜变量与观测变量之间的关系，本研究中自变量是合作意愿（T6），因变量是潜变量T1～T5，观测变量是各潜变量的观测题项。

（五）数据收集及样本描述

本研究问卷的调研工作主要通过实地调研的方式进行，调研对象以新型农业经营主体为单位，2017年7—12月，以国家重大农技推广服务试点项目组的名义依次走访了广州、汕尾、潮州、汕头、仁化等地，共发放问卷450份，回收问卷337份，无效问卷32份，有效问卷305份，有效回收率67.8%，问卷基本情况如表7-39所示。

由表7-39可知，本次对于新型经营主体的调研中，农业企业占比41.3%，合作社占比31.8%，家庭农场和专业大户分别占比20.3%和6.6%，其中大部分经营主体有从事基本的种养业务，52.3%的经营主体有从事农产品销售，一半以上的新型农业经营主体将产业链延伸到了二三产业，从事农产品加工和生态旅游。3年的营收规模普遍在500万元以下，但依然有22.3%的企业3年总营收超过1 000万元。调研对象中，达到65.6%的新型经营主体没有投入经费与高校开展技术合作，但也有接近35%的单位投入20万元以上的技术合作经费。

新型农业经营主体的单位负责人中，超过八成是男性，大约有62%的负责人具有大专以上学历，超过半数的单位负责人年龄在40周岁以下，说明当前70后、80后正成为新型农业经营主体的主力军。

表7-39　调研对象的基本情况

项目	分类	频率	百分比（%）
单位的性质	企业	126	41.3
	合作社	97	31.8
	家庭农场	62	20.3
	专业大户	20	6.6
业务类型	种植	236	77.6
	养殖	134	44.1
	农产品加工	113	37.2
	农产品销售	159	52.3
	生态旅游	89	29.3
	其他	16	5.3

（续表）

项目	分类	频率	百分比（%）
三年总营业额	100万元以下	100	32.8
	101万~500万元	97	31.8
	501万~1 000万元	40	13.1
	1 001万~5 000万元	36	11.8
	5 001万元以上	32	10.5
三年技术合作情况	无	200	65.6
	20万元以下	51	16.7
	21万~50万元	19	6.2
	51万~100万元	11	3.6
	100万元以上	24	7.9
单位负责人年龄	30岁以下	43	14.1
	31~40岁	127	41.6
	41~50岁	88	28.9
	51~60岁	41	13.4
	61岁以上	6	2.0
单位负责人性别	男	255	83.6
	女	20	16.4
单位负责人文化程度	高中及以下	116	38.0
	大专学历	111	36.4
	大学本科	59	19.3
	硕士及以上	19	6.2

（六）信度效度检验

1. 问卷信度分析

信度分析用来检验问卷的稳定性与内部一致性，判断随机误差造成的测量值变异程度的大小。将问卷数据输入到SPSS22.0中，采用Cronbach'α系数来进行信度检验，信度检验没有一个统一的标准，一般认为，当α系数大于0.8时，问卷内部一致性极好，当α系数在0.6~0.8是问卷内部一致性较好，当α系数小于0.6时，问卷内部一致性较差（蒋小花等，2010）。问卷的总体信度以及各潜变量信度如表7-40所示。

从表7-40可以看出，问卷的总体Cronbach'α一致性系数达到0.882，说明问卷内部一致性较好，潜变量内部因子相关性也都达到0.4以上，Cronbach'α一致性系数都在0.65以上，问卷内部以及潜变量内部都具有较好的内部一致性。

表7-40 问卷的信度检验

潜变量	测量题项	校正的项总计相关性	潜变量 Cronbach'α	问卷总体 Cronbach'α
合作意愿（T6）	T6-1	0.576	0.871	0.882
	T6-2	0.716		
	T6-3	0.695		
	T6-4	0.763		
	T6-5	0.735		
内部条件（T1）	T1-1	0.505	0.837	
	T1-2	0.700		
	T1-3	0.775		
	T1-4	0.708		
技术距离（T2）	T2-1	0.725	0.887	
	T2-2	0.790		
	T2-3	0.782		
	T2-4	0.719		
外部环境（T3）	T3-1	0.410	0.685	
	T3-2	0.571		
	T3-3	0.536		
技术认可（T4）	T4-1	0.690	0.890	
	T4-2	0.803		
	T4-3	0.794		
	T4-4	0.758		
合作期望（T5）	T5-1	0.569	0.793	
	T5-2	0.719		
	T5-3	0.654		

2. 问卷效度分析

效度分析主要用于评价量表是否能有效反映本研究的研究问题，由于本研究的问卷设计都是在参考国内外成熟的量表并多次咨询相关领域专家得来，因而具有较好的内容效度。在此基础上，本研究选用SPSS22.0中的因子分析进行结构效度检验，一般认为，因子分析中KMO统计量大于0.5和Bartlett球形度检验显著的量表才具有良好的结构效度，并适合做因子分析，问卷的效度检验如表7-41和表7-42所示。

表7-41　问卷总体效度检验

KMO检验		0.878
Bartlett球形度检验	近似卡方	3 871.873
	自由度	253
	显著性	0.000

表7-42　问卷各潜变量效度检验

潜变量	测量题项	因子载荷值	KMO值	Bartlett卡方值	累计方差解释率	显著性水平
合作意愿 （T6）	T6-1	0.713				
	T6-2	0.826				
	T6-3	0.813	0.844	741.046	66.081	0.000
	T6-4	0.861				
	T6-5	0.843				
内部条件 （T1）	T1-1	0.682				
	T1-2	0.844	0.794	510.121	67.311	0.000
	T1-3	0.891				
	T1-4	0.850				
技术距离 （T2）	T2-1	0.848				
	T2-2	0.889	0.824	681.260	74.876	0.000
	T2-3	0.883				
	T2-4	0.841				
外部环境 （T3）	T3-1	0.694				
	T3-2	0.845	0.632	174.957	62.392	0.000
	T3-3	0.823				
技术认可 （T4）	T4-1	0.848				
	T4-2	0.889	0.824	681.260	74.876	0.000
	T4-3	0.883				
	T4-4	0.841				
合作期望 （T5）	T5-1	0.789				
	T5-2	0.895	0.676	323.988	72.254	0.000
	T5-3	0.862				

由表7-41和表7-42显示，问卷整体的KMO值为0.878，Bartlett球形度检验也通过了显著性检验，问卷的各潜变量的KMO值也都达到0.5以上，并且全部通过了Bartlett球形度检验，因此本量表具有良好的结构效度，适合做因子分析。另外，表7-42显示，量表的因子载荷都到了0.50以上，累计方差解释率都大于50%，满足结构方程模型的基本要求。

（七）模型验证

按照图7-25所示的概念模型，输入问卷数据，利用AMOS 7.0软件进行模型的估计与验证，初始模型及其标准路径如图7-26所示。

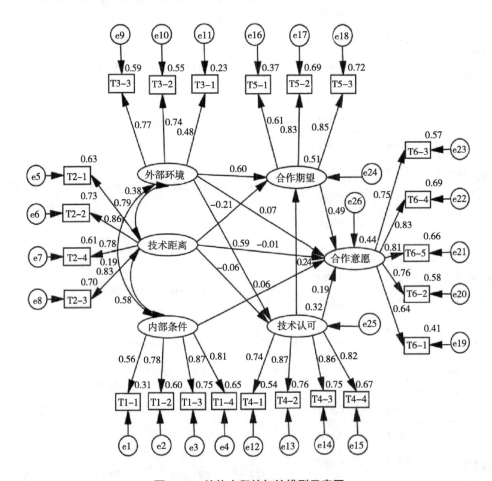

图7-26 结构方程的初始模型示意图

对于结构方程模型，首先要进行模型评价，模型评价是考察概念模型对于所收集数据的拟合程度。AMOS提供了多种拟合指数用以反映模型的合理性，一般而言，常用的评价指数可分为绝对适配度指数、增值适配度指数和简约适配度指数3类，各类指标评价值及其标准如表7-43所示。

表7-43　模型评价指标及其参照标准

指标名称	检验值	判断标准
绝对适配度指数	χ^2/df	$1<\chi^2/df<3$
	GFI	GFI>0.9
	RMSEA	RMSEA<0.05较好，RMSEA<0.08尚可
	ECVI	理论模型小于饱和模型和独立模型的ECVI值
增值适配度指数	NFI	NFI>0.9，越接近1越好
	IFI	IFI>0.9，越接近1越好
	TLI	TLI>0.9，越接近1越好
	CFI	CFI>0.9，越接近1越好
简约适配度指数	PNFI	PNFI>0.5
	PCFI	PCFI>0.5

在结构方程模型中，指标评价的目的不是单纯通过指标标准肯定或者否定一个模型，而是希望模型的构建者可以通过指标评价对模型进行优化，达到理论和统计学上的合理性，理想情况下是模型的三类指标都能够完全达标，符合统计学的标准，且有着较好的理论解释性。但对指标的过度要求极有可能造成模型在理论意义上的偏离，完全不重视指标评价可能会造成模型科学性的降低。Amos通过提供MI修正指数来指引模型构建者修改模型，逐步达到理论和统计意义上的最优解。本研究初始模型的评价指标值如表7-44所示，从表7-44可以看出，绝对适配度指数中，RMSEA>0.05，GFI<0.9，增值适配度指数中，NFI<0.9，没有达到指标标准，但是很接近要求，其他指标能基本达到要求（饱和模型和独立模型的EVCI值分别为1.816和13.254，EVCI值达标），从统计学上来讲，模型还有改进的可能。

表7-44　初始模型的评价指数

指标	χ^2/df	GFI	RMSEA	ECVI	NFI	IFI	TLI	CFI	PNFI	PCFI
值	1.884	0.897	0.054	1.733	0.897	0.949	0.94	0.949	0.770	0.814

对此，本研究根据Amos提供的MI修正指数来对模型进行修正，模型拟合完毕后，Amos通过给出建议指标以及修正后模型卡方值的变化来引导模型修正，初始模型的MI修正指数情况如表7-45所示。从表7-45我们可以看到，修正误差变量e19和e20之间的相关性，增加指标之间的共变关系，可以减少16.155的卡方值，带来的修

正效果最为明显，而e19和e20分别代表观测变量T6-1和T6-2的误差变量，观测变量T6-1是指让员工在工作时间接受高校培训的意愿，T6-2新型农业经营主体对高校提供研究支持的意愿，从理论上来讲，单位愿意让员工在工作时间接受高校技术培训也是对于高校技术推广支持的一种表现，而单位若是积极支持高校的研究，自然也希望员工能掌握这些研究成果，因此，两者从理论上来讲是可以具有相关性的。可以对误差指标增加共变性。鉴于此，本研究对初始模型进行了第一次修正。

表7-45　初始模型的M.I修正指标

建议修正	M.I	Par Change	建议修正	M.I	Par Change
e19<-->外部环境	8.990	0.078	e18<-->e19	14.873	0.074
e19<-->e24	15.945	0.081	e18<-->e22	6.444	−0.042
e19<-->e26	12.144	−0.069	e17<-->e16	7.622	0.079
e16<-->e25	5.886	−0.080	e1<-->外部环境	5.432	0.073
e11<-->内部条件	6.924	0.066	e12<-->e1	5.561	0.067
e11<-->技术距离	9.278	0.137	e14<-->e21	11.649	0.050
e20<-->e19	16.155	0.080	e5<-->e26	13.471	0.093
e10<-->内部条件	4.212	−0.038	e5<-->e17	4.394	−0.054
e10<-->技术距离	9.278	0.137	e6<-->e5	4.518	0.061
e10<-->e16	13.243	0.135	e7<-->内部条件	4.103	0.042
e8<-->e26	8.336	−0.070	e7<-->e25	4.855	−0.068
e23<-->e24	4.821	-0.044	e7<-->e4	4.445	0.067
e23<-->e19	4.742	−0.048	e7<-->e10	5.157	0.078
e23<-->e8	4.456	−0.056	e7<-->e8	5.388	0.080
e22<-->e19	5.209	−0.043	e7<-->e12	4.370	0.065
e22<-->e20	6.294	−0.043	e7<-->e5	7.324	−0.098
e22<-->e10	5.736	0.054	e9<-->技术距离	14.073	−0.116
e22<-->e23	11.370	0.063	e9<-->e25	4.096	0.050
e21<-->e19	6.425	−0.048	e9<-->e7	5.194	−0.073
e18<-->e26	4.376	0.036			

按照上述步骤，本研究首先给误差变量e19和e20添加共变关系，重新进行模型评估，模型的RMSEA达到0.052，依然处于0.05的水平之上，但已经很接近0.05，因而

本研究依据第一次修正模型的MI值进行了第二次修正，按照前面的思路，在不违反SEM基本假设，潜变量与观测变量误差项不相关的前提下，选择e10<-->e16为第二次修正路径。增加它们之间的共变关系，模型的卡方值可减少13.109，而e10和e16分别代表观测变量T3-2、T5-1的误差变量，而T3-2代表校企合作示范作用，T5-1则代表对合作带来的运营成本降低的期望，周围其他校企合作的示范作用会影响到单位对于校企合作的期望值，单位对于校企合作的期望值的高低又会影响到本单位对于校企合作成果的关注，两者之间的共变关系具有理论意义，因此可以增加共变性。增加共变性后，模型评价指标中只有RMSEA略高于0.5，但是已经基本接近为0.5的水平，因此，本研究选择进行第三次修正，在前两次修正的基础上，第三次修正并未单纯按照卡方值的减少程度来确定修正指标，更多是按照可解释性强的原则选取了e16<-->e17作为修正指标，e16和e17分别代表T5-1和T5-2的观测变量的误差项，而T5-1代表单位对合作带来的运营成本降低的期望，T5-2代表单位对合作带来的管理水平提高的期望，两者之间具有理论上的相关性，本研究在此基础上进行了第三次模型修正，修正后的模型图及其标准路径如图7-27所示。

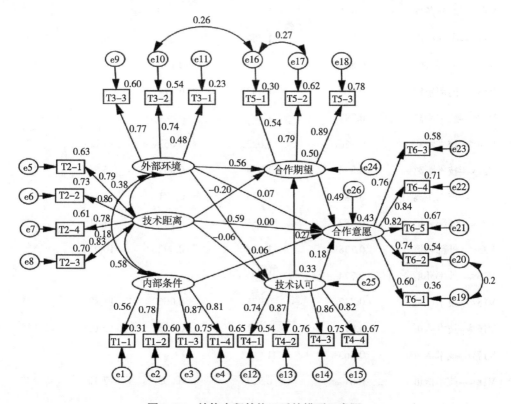

图7-27　结构方程的修正后的模型示意图

修正后模型的评价指标及其评价值如表7-46所示，从表7-46可以看出，模型的3类评价指数都达到了临界值的要求，修正模型对于数据的拟合效果较好，从表7-47中可以看出，大部分的观测变量的标准化因子载荷都达到了0.7以上，且都通过了T检验，说明观测变量对潜变量具有较好的解释性，可以进行下一步的分析。

表7-46 修正模型的评价指数

指标	χ^2/df	GFI	RMSEA	ECVI	NFI	IFI	TLI	CFI	PNFI	PCFI
值	1.694	0.909	0.048	1.60	0.909	0.961	0.953	0.96	0.769	0.812

表7-47 观测变量与潜变量的路径系数情况

路径	标准化系数	未标准化系数	S.E.	C.R.	P
V34<---合作意愿	0.602	0.7	0.066	10.684	***
V35<---合作意愿	0.736	0.89	0.065	13.737	***
V37<---合作意愿	0.764	1.002	0.069	14.433	***
V38<---合作意愿	0.845	1.075	0.066	16.309	***
V39<---合作意愿	0.821	1			
V10<---内部条件	0.555	1			
V11<---内部条件	0.777	1.766	0.187	9.463	***
V12<---内部条件	0.867	1.835	0.185	9.922	***
V13<---内部条件	0.809	1.682	0.174	9.654	***
V19<---技术距离	0.792	1			
V20<---技术距离	0.856	1.022	0.063	16.127	***
V21<---技术距离	0.834	1.079	0.069	15.66	***
V22<---技术距离	0.782	1.029	0.071	14.486	***
V23<---外部环境	0.482	0.756	0.101	7.515	***
V25<---外部环境	0.738	1.004	0.092	10.918	***
V26<---外部环境	0.774	1			
V15<---技术认可	0.737	0.976	0.066	14.88	***
V16<---技术认可	0.873	1.057	0.055	19.163	***
V17<---技术认可	0.863	1			
V18<---技术认可	0.817	0.927	0.053	17.37	***
V31<---合作期望	0.544	1			
V32<---合作期望	0.79	1.157	0.111	10.45	***
V33<---合作期望	0.886	1.24	0.138	8.996	***

注："***"代表在1%的水平下通过显著性检验

（八）模型结果分析

模型路径分析结果如表7-48所示，原假设H1～H10中，H6～H10五个假设在1%的显著性水平下通过了检验，H1～H5中，只有H4在5%的显著性水平下通过了检验，H1、H2、H3以及H5四个假设没有通过显著性检验。

表7-48 结构方程模型的路径分析

假设	路径	标准化系数	未标准化系数	S.E.	C.R.	P
H1	合作意愿<---内部条件	0.059	0.081	0.096	0.848	0.396
H2	合作意愿<---技术距离	−0.002	−0.001	0.057	−0.021	0.983
H3	合作意愿<---外部环境	0.071	0.068	0.101	0.675	0.5
H4	合作意愿<---技术认可	0.175	0.168	0.07	2.404	**
H5	技术认可<---技术距离	−0.059	−0.045	0.049	−0.922	0.357
H6	技术认可<---外部环境	0.594	0.595	0.08	7.447	***
H7	合作期望<---技术距离	−0.197	−0.125	0.041	−3.025	***
H8	合作期望<---外部环境	0.559	0.473	0.094	5.041	***
H9	合作期望<---技术认可	0.273	0.231	0.065	3.535	***
H10	合作意愿<---合作期望	0.485	0.549	0.116	4.727	***

注："***"代表在1%的水平下通过显著性检验，"**"代表在5%的水平下通过显著性检验

从路径分析的结果上来看，模型可以得出以下结论。

第一，对于假设H1，新型农业经营主体的内部条件越好，其校企合作意愿越强，路径并未通过显著性检验，内部条件对于新型农业经营主体的合作意愿并没有明显的直接或间接的影响，分析原因，这是因为，新型农业经营主体是我国近年来发展起来的拥有较高素质的农民群体，是我国农业现代化的主要力量之一，不论企业规模大小，发展程度如何，都对现代化农业有着强烈的技术和管理需求，但是目前我国的农技推广体系存在着人员老化、学历素质偏低等现象。同时，专业化的农技服务提供商或者提供机构也十分缺乏。而大学拥有丰富的技术专家、管理专家以及解决农业问题的设备和条件，并且以提供公益性农技推广服务为主，这对于新型农业经营主体来说，是解决发展中遇到问题比较可靠，成本较低的一种途径。因此，单位的发展情况并未影响到他们开展合作的意愿。

第二，对于假设H2，新型农业经营主体与高校的技术距离越近，合作意愿越高。直接路径未通过显著性检验，但是间接路径"技术距离—合作期望—合作意愿"

上的各段路径都有通过检验，根据各段路径系数可计算出技术距离对合作意愿的间接效应为-0.197×0.485=-0.095，说明新型农业经营主体与高校的技术距离越远，合作意愿越强，同时也拒绝了原假设H2。虽然可以从间接效应中看出技术距离越近，新型农业经营主体的合作意愿越低，但是间接效应只有-0.095，技术距离对于合作意愿的影响很小。从间接效应中也可以发现，现在大学农技推广中存在一些问题，首先，间接效应不到0.1，这说明不管距离远近，新型农业经营主体都有着较强的合作意愿，特别是与大学技术距离远的新型农业经营主体，往往存在着更大生产经营困难，对于大学的技术需求以及变革的期望更加强烈，合作意愿也会更强。而与大学联系紧密的新型经营主体，一般有着较为成熟的技术手段以及合作机制，对于与大学合作带来的变革期望会逐渐回归理性，合作意愿相较于未开展合作的主体也会略低。同时也反映出当前大学农技推广对于新型农业经营主体的选择上往往还是以大型、成熟、稳定的农业生产经营单位为主，反倒忽略了真正有技术需求的经营主体，造成农业技术供需上的脱节。

第三，对于假设H3，新型农业经营主体所处的外部环境对新型农业经营主体与大学的合作意愿有显著正影响。变量之间的直接路径并未通过显著性检验，但是间接路径"外部环境—合作期望—合作意愿""外部环境—技术认可—合作意愿""外部环境—技术认可—合作期望—合作意愿"三条路径上各条子路径都通过了显著性检验，说明新型农业经营主体所处的外部环境与合作意愿之间存在着间接效应，并且间接效应为0.473×0.485+0.594×0.175+0.594×0.273×0.485=0.412，从中可以看出，外部环境可以通过影响合作期望和技术认可影响合作意愿，假设H3得证。并且外部环境对于新型农业经营主体的合作意愿的影响的总效应可以达到0.412，说明外部环境对于新型农业经营主体有着很大的影响。

第四，对于假设H4，新型经营主体对高校的技术认可对其合作意愿有显著正影响，变量之间的直接路径在5%的显著性水平下通过了检验，直接效应为0.175，间接路径"技术认可—合作期望—合作意愿"的各子路径也通过了显著性检验，间接效应为0.273×0.485=0.132，总效应为0.175+0.132=0.307。说明技术认可与合作意愿呈现正相关，并且总效应达到0.307，假设H4得证。

第五，对于假设H5，新型经营主体与大学的技术距离对于新型经营主体的技术认可有显著负影响，即新型农业经营主体与高校的技术距离越近，其对高校的技术认可度会越高。变量之间的路径没有通过显著性检验，原假设被拒绝。分析其原因，主要有以下几点。首先，当前我国大学对于农业人才的培养理论与实践脱节严重，往往高校学生进入到新型农业经营主体单位以后，并未有效拉近两者之间的技术距离。其次，高校研究与企业实际需求的脱节，大学教师以做科研、发高水平论文为主要研究动力，但研究成果却往往缺乏实践基础，成果转化难，转化效果不显著，导致合作后企业认可度不高。最后，现在很多大学的农技推广存在流于形式的现象，下乡单纯是为了完成科研任务等，造成企业的认可度不高。所以，技术距离的减少并未显著提升新型农业经营主体对于高校的认可度。

第六，对于假设H6，新型农业经营主体的外部环境对于新型经营主体对大学的技术认可有显著正影响，外部环境与技术认可之间仅存在1条路径，并且通过了显著性检验，其中外部环境对与技术认可的直接效应达到了0.594，假设H6得证。说明新型农业经营主体对于高校的技术认可更多的是发生在看到了校企合作的实际成效，例如，当地示范基地的带动，其他经营主体校企合作带来的效应等。

第七，对于假设H7，新型农业经营主体与大学的技术距离对于新型经营主体对大学合作期望有显著负影响的假设，即技术距离越近，合作期望越高。两个变量之间的直接路径通过了显著性检验，技术距离对合作期望的直接效应为-0.197，刚好与原假设相反，技术距离越近，新型农业经营主体的合作期望反而越低，说明随着技术距离的减少，新型农业经营主体的合作期望逐渐回归理性。

第八，对于假设H8，新型农业经营主体的外部环境对于新型经营主体对大学的合作期望有显著正影响的假设，两个变量之间存在着1条直接路径和1条间接路径"外部环境—技术认可—合作期望"通过了显著性检验。外部环境与合作期望之间的直接效应为0.559，间接效应为$0.594 \times 0.273=0.162$，总效应为0.721。外部环境对合作期望有显著正影响，假设H8得证。

第九，对于假设H9，新型农业经营主体的技术认可对其合作期望有显著正影响，技术认可度越高，合作期望越大。技术认可与合作期望两个变量之间的路径通过了显著性检验。技术认可对合作期望的直接效应为0.273，技术认可越强，新型农业经营主体的合作意愿也会越高，假设H9得证。

第十，对于假设H10，新型农业为经营主体合作期望对合作意愿有显著正影响，两个变量之间的直接路径通过了显著性检验。合作期望对合作意愿影响的总效应为0.485，对合作意愿影响最直接，最重要的变量是合作期望，假设H10得证。

（九）小结

通过结构方程模型可以发现，新型农业经营主体的合作期望和技术认可对于他们的合作意愿起着直接的作用，并且新型农业经营主体的合作期望是合作意愿最大的影响因素，新型农业经营主体的技术认可也会显著影响到他们的合作意愿，这2个变量是影响合作意愿的内因所在，往往新型农业经营主体与大学合作都是希望运用大学的人才与技术实现生产、经营、管理上的提高与变革，即他们十分关注大学能为他们带来什么，大学能不能提供他们所需要的东西这样的问题。外部环境和技术距离是影响新型农业经营主体合作意愿的外因所在，他们通过影响新型农业经营主体的技术认可和合作期望对合作意愿产生间接影响。外部环境对于技术认可以及合作期望的影响要远大于技术距离带来的影响。这说明，新型农业经营主体对于与大学合作态度依然较为保守与理性，并且深受中国农村"熟人社会"的影响，更愿意相信眼前所见以及熟人推荐的较为可靠的合作方式。而技术距离对于合作期望呈正影响，反映出我国当前农技推广中存在的一些问题，例如技术距离远、生产问题多的新型农业经营主体反倒得到的技术支持少，生产稳定、合作模式成熟的新型经营主体存在着对大学技术认可降低的风险，高校科研与企业实际需求脱节，科研成果实用性低，降低了企业的合作期望。

五、大学农技推广供需对接政策建议

（一）建立健全农村实用人才培养机制

高素质人才是新型农业经营主体最重要的需求之一，新型农业经营主体发展的核心力量是人才，但从实证分析中，也可以看出，大学现有的人才供给机制并未达到理想的效果，技术距离的拉近，并未有效提升他们对于高校的技术认可与合作期望，因此，在与新型农业经营主体的对接过程中，大学应当重视实用人才的培养，建立合格有保障的人才培养体系，为新型农业经营主体的发展提供人才支撑。

1. 高校应培养一批懂农业、爱农村、爱农民的农业人才

通过与新型农业经营主体合作建立大学生实习基地、就业平台等形式，在学生实习、就业等方面给予指引，为新型农业经营主体提供源源不断的人才输送渠道，实现校企对接，使学生在学以致用的同时，也有效解决新型农业经营主体人才紧缺的问题，保障各方全面发展。从访谈中也了解到，大多数新型农业经营主体是希望开展学生实习和工作的。但当前，大学的实习基地主要是根据学校的学科建设，与部分大企业开展的定向实习，学生实习也不稳定，主动选择性较低，没有良好的机制来保证实习效果的延续性，而短时间的实习往往没有什么成效。另外，高校毕业生对于农业企业的认同感低，毕业生实践能力差，农业企业缺乏完善的毕业生培养机制也是造成人才供需脱节的重要原因。学生是学校的门面，学生在校外的表现，直接影响到新型农业经营主体对大学的技术认可与合作期望，本研究认为，应重点从以下几个方面做好学生培养。

第一，完善学生实习制度，增强学生解决实际问题的能力。当前，高校组织的定点实习机构的实习，往往是一个专业、一个学科到少数几个资质较好的重点农业龙头企业开展实习，学生们的实习也以修学分为主，并没有很强烈的融入实习机构中的想法，实习时间短，可持续性不强。这其中很重要的原因是实习单位可能与大部分学生以后的发展方向严重不符。对此，必须充分发挥好学生们在实习选择方面的主观能动性，将高校由主导作用变为中介作用，构建新型农业经营主体用人需求信息库，由学生自主选择实习单位或者实习方向，学校则重点要引导学生们对于新型农业经营主体的认识，充当好新型农业经营主体与学生之间的联系人和保证人角色，并对学生后续的实习表现进行持续跟踪。另外，可以尝试将学生的毕业论文、课程设计等与实习方向结合起来，由专门的老师去指导与跟踪，增强学生实习效果的可持续性和可积

累性。

第二，定期组织学生的下乡服务，增进学生对新型农业经营主体的认识。学生群体是高校开展农技推广的优势所在，大学里有着来自全国各地求学的学子，高校应在农技推广过程中将其运用起来，发动学生将开展技术普及、调研咨询等活动，让学生深入到新型农业经营主体中去，增进他们对新型农业经营主体的认识。同时，也将高校最新的成果带入到农村去。

第三，将毕业生打造成学校与新型农业经营主体之间沟通的桥梁。大学毕业生进入到新型农业经营主体后，对于新型农业经营主体的发展经营，往往有着一定的发言权，这些毕业生的表现直接影响到新型农业经营主体对于学校技术的认可与期望，学校对于他们的成长也有一定的责任。另外，当前我国农村仍处于熟人社会之中，熟人对于技术推广的作用会更加明显。因此，在与新型农业经营主体的技术对接中，不能忽视这部分毕业生的作用。可通过定期开展毕业生交流会等，打通学校与这部分学生之间的连接机制，通过他们了解新型农业经营主体的技术需求，同时也将他们发展成新技术的推广的重要连接点与扩散源。

2. 组建一支服务"三农"的能力过硬的教师推广团队

大学应重视社会服务工作，鼓励教师到基层参与服务工作，真正发挥智力资源，助推新型农业经营主体的发展，带动地方经济。但同时，也要严格把控教师的服务质量，提高社会服务水平。在访谈和调研中了解到，大部分新型农业经营主体还是十分信任高校专家的技术水平以及解决问题的能力的，很多专家的技术推广也切实为企业带来了很好的收益与成效，但也有一些新型农业经营主体或者是合作后产生的效果不好，或者是对高校存在偏见而没有很好的合作意愿。因此，有必要建立起一套切实可行的高校教师社会服务连接与考核机制。

第一，重视高校教师的社会服务工作，通过多种方式引导教师参与农技推广。当前，很多学校已经开始尝试将社会服务纳入教师工作的考评之中，社会服务在教师工作中也变得越来越重要，但同时，也要认识到，目前高校教师的评价依然以教学和科研为主，很多教师也有着繁重的科研、教学任务，相对来讲，社会服务花的时间会更多，但对于他们的考核评价帮助却并不会很大，而且，基层环境恶劣也是影响他们下乡进行农技推广的重要原因。对于高校教师下乡，应该是激励一批有能力、有技术、有担当的高校专家去切实帮助一批新型农业经营主体。对此，激励确实是有必要的，但也要综合考虑教师们的时间、能力、意愿等因素，建立合理的社会服务考评机制。除了考评以外，对于社会服务中空间和时间上的困难，可以利用物联网、互联网等现代化的基础设施，缩短社会服务的时间与空间距离。另外，还可以健全技术成果利益共享机制，明确新型农业经营主体、教师以及学校在技术转让中的利益分配机制，引导成果转化。

第二，健全农技推广效果的评价机制，把控服务成效。农技推广的效果关系到大学以后农技推广工作的开展，因而，有必要建立起一套农技推广成效的考评机制，监督和把控农技推广的服务质量，以此防止一些不必要，没有成效的推广的产生。可以通过引入第三方评价，后续的调研反馈等机制，制定并定期发布社会服务效率排名，对于表现优秀的人予以表彰奖励等措施，提高社会服务质量。

3. 重视农村意见领袖、技术能人的发掘和培养

从实证分析中，可以看到，外部环境对于新型农业经营主体的合作意愿有着十分重要的影响，高校想要更有效地进行农技推广，有必要依托这一部分人群，增加他们对于高校的技术认可与合作意愿，通过他们，带动其他农户的合作意愿。在大学农技推广中，要积极开展农村带头人的技术培训，及时了解这批人的技术需求并进行重点对接。

（二）积极开展有机绿色农业升级培训与示范

随着我国人民生活水平的提高，人们对于农产品的要求也越来越高，特别是在食品安全问题频出的今天，有机、生态、无公害等标签越来越走进消费者心中，成为农业市场发展的潮流，并且，有机绿色农业对于提升农业品牌形象，打通中高端市场有着重要的作用，越来越多的新型农业经营主体也认识到这一点，对于有机绿色农业技术的需求也越来越大。但是，绿色农业往往代表着必须摒弃传统农业中滥施化肥、农药等做法，转而采取一种生态有效的田间管理方式，既要保质又要保量。高校有针对性地开展有机绿色农业升级培训与示范，可以有效带动新型经营主体发展优势产业，紧追时代步伐，保持农业发展与生态平衡相对统一，有助于提高新型农业经营主体的收入，发展生态农业，发挥生态潜力。

1. 提升有机农业的技术成熟度

成熟有效的农业技术是农技推广成功的保障，我国的有机农业发展，消费者心态转变的时间还不长，因而绿色高产农业技术虽然是研究热门，但很多技术还没有得到有效的验证，对于有机绿色农业技术的推广，关键在于该技术是否能够使新型经营主体在市场竞争中获得主动地位，即在有机生态的前提下，获得较高的生产效率，大学在有机绿色农业的研究之中，一直以来都是走在前面的，当前首要的是，将已有的研究成果实用化，确定其成效以及实用性，并在不同环境，不同地区开展试验测试，提高技术的成熟度。

2. 积极引导新型农业经营主体发展绿色农业

我国对于有机绿色农业的认证已经逐渐形成一套成熟的标准，很多新型农业经营主体目前关注的是在目前的生产方式下，自己的产品是否合格，是否达标。调研访谈中发现，已经有一些新型农业经营主体开始建立自己的微量元素检测实验室，来评测产品是否合格，并及时调整生产方式，但对于大多数新型农业经营主体来讲，一方面条件有限，另外自己检测能力也有限，因而没能及时监控自己生产方式。大学则可以

利用自身在科研方面的优势，与新型农业经营主体开展联合检测，提升自身技术形象与技术认可，引导他们发展绿色有机农业。

3. 校地合作开展绿色农业的培训与示范

重视校地合作，对于在当地试验通过的绿色有机高产农业技术，选择绿色农业示范基地，定期开展绿色农业培训班、新技术应用交流会等，并邀请其他新型农业经营主体参与，让他们切实感受到有机绿色农业发展带来的好处，强化他们的合作期望与合作意愿。

（三）发挥高校管理优势提升新型农业经营主体的管理水平

新型农业经营主体之所以新，是因为他们采取了一种与家庭联产承包责任制不同的一种生产方式，一般而言，新型农业经营主体的集约化、现代化程度高，种养殖规模大，生产方式的变革，要求他们采取更现代化的管理方式，提升农业的生产效率。部分新型农业经营主体在经营过程中，存在管理方式不当、管理水平低等缺点，导致经营不善，效益不高、管理缺失等问题。对此，高校可以利用其优势资源，对新型农业经营主体的管理进行指导，并发挥联络人的角色，定期开展组织交流，经验分享，积极将现代化的农业管理技术引入到新型农业经营主体之中。

1. 创新新型农业经营主体管理方式，提高单位管理水平

农业现代化离不开现代化的农业管理方式，大部分现代化农业技术的应用也是为了改变以往靠天吃饭的农业发展方式，真正实现科学有效地对农业进行管理。当前，新型农业经营主体在土地流转、农村金融、品牌战略规划、农业信息化等方面有着广泛的需求，而这些问题存在着出现时间短、解决办法少、知识基础要求高、政策不完善等特点，大学在农技推广中，应当积极去解决这些新出现的问题，创新现有的管理方式，提升新型农业经营主体的竞争力。

2. 挖掘校友资源，构建新型农业经营主体交流平台

充分利用高校丰富的校友资源，通过校友会等形式，建立新型农业经营主体负责人交流平台，组织召开经验分享会、交流会等方式实现先进管理经验的推广与普及。同时可建立点对点服务机制，通过开办管理交流联盟，由近及远，以优带劣，搭建互助链条，集合优势企业的经验，打造一套行之有效的管理新型农业经营主体的管理模式，通过一对一辅导，特派专员学习等形式，实现对接。

（四）大力促进一二三产融合

一二三产融合发展是现代农业发展的趋势所在，也是很多新型农业经营主体提升产品附加值的重要手段，特别是很多农产品都存在着保鲜难、运输难等问题，食品加工业以及生态旅游业的发展则可以有效解决此类问题，在获得较高收益的同时，又能避免损失。针对当前农业发展面临的经营不善、效益不足、竞争力不强等一系列问

题，大力促进农村一二三产业融合是提高其竞争力的有效途径，也是促进农业发展的重大契机，大学针对新型农业经营主体的农技推广活动，应当加强对于一二三产融合发展的引导，激发新型农业经营主体打造优势业态，扩大农业发展空间。

1. 发挥多学科平台的优势引导企业进行一二三产融合

高校可借助其多学科的平台资源，在一二三产融合的过程中，为企业提供多方面的支持，包括技术、人才以及研究机构等，对于重点示范户可以通过立项形式搭建学科互助小组，对示范户进行一二三产融合的全方位指导。推动农产品生产、加工、销售融合发展，建立优势产业链条。

2. 与当地政府合作引导产业优势互补

当前，我国经济总体上已经进入了工业反哺农业的过程，对于农业产业的升级改造是符合我国农业的发展方向的，而且外部政策环境的支持对于提升新型农业经营主体的技术认可以及合作期望有着较大影响，大学在进行农技推广的同时，应当加强与地方政府的交流协作，融入当地产业改造，提升当地农业发展水平。

六、结论与展望

（一）研究结论

本研究以新型农业经营主体为研究对象，运用定性与定量分析相结合的方法，研究了新型农业经营主体视角下我国大学农技推广的供需对接机制，主要得出了以下结论。

第一，通过应用扎根理论及共词分析法，将新型农业经营主体的主要技术需求分为以专业技术人才和管理人才为主的高端专业人才需求；绿色高产农业技术需求；高校技术推广投入与现代农业企业建设指导需求；保鲜及农产品产业升级，4个大类，10个小类，并分析了这些需求产生的原因。

第二，通过问卷调查及结构方程分析的方法，从新型经营主体的角度研究了影响他们与高校合作意愿的主要因素，发现新型经营主体的内部条件对其与高校合作意愿没有显著影响，不管单位内部条件如何，他们对与高校合作都有着较强的意愿；新型农业经营主体所处外部环境对于合作意愿虽没有直接影响，但通过技术认可以及合作期望等内因对合作意愿产生了较强的间接影响，印证了农村熟人社会以及政府支持等对新型农业经营主体的技术合作有重要影响；新型农业经营主体与大学的技术距离对合作意愿没有直接影响，但通过合作期望产生了间接影响，得到了技术距离越短，合作意愿越低的结论，虽然影响可忽略不计，不过仍说明越是没有接触过高校农技推广的单位，他们更希望与高校开展合作，另外大学在进行农技推广时要严格把控推广的质量与水平；新型农业经营主体对于高校技术认可以及合作期望直接影响新型农业经营主体的合作意愿，说明在农技推广中，要注重培养新型农业经营主体对大学的技术认可以及合作期望。

第三，分别从人才培养、绿色农业、现代化管理、一二三产融合4个方面提出了相关的政策建议。

（二）不足与展望

由于研究时间以及研究水平的限制，本研究未能做到尽善尽美，综合本研究的研究内容以及研究方法，还存在着以下几点不足。

第一，由于参与访谈人员多，访谈材料杂，本研究在访谈人员调研总结的基础上，选用共词分析进行资料分析，有可能未能全面准确把握新型农业经营主体所表达的需求。

第二，由于调研难度大，本研究对于新型农业经营主体的调研样本主要集中在广东、广西、湖南3省，其他省份的样本量偏少。

第三节　大学农技推广服务人员绩效评价与政策激励研究
——以华南农业大学为例

一、绪论

（一）研究目的和意义

大学教师农技推广服务行为结果及其结果的应用对员工的推广行为的动力和实际行为有重要的影响。为了更好地调动广大大学农技推广服务人员的积极性，建立科学的农技推广服务的绩效评价指标体系成为农技推广服务评价的关键环节，本研究对农技推广绩效评价体系和绩效评价方法及相关政策进行专门研究，从而构建大学农技推广服务人员绩效评价体系，对大学农技推广服务人员进行绩效评价具有极其重要的意义。

1. 调动大学教学科研人员参与农技推广服务的积极性

大学作为国家科技资源的集中地之一，拥有大量的先进农业技术和高层次的农技推广服务人员，但是目前大学缺乏完善的农技推广服务绩效分配与职称评定体系，导致大学教学与科研人员参与意愿不高，制约大学农技推广服务进程。研究大学农技推广服务绩效评价与激励政策，有利于优化大学绩效分配方式，完善职称评定办法，调动大学教学科研人员参与农技推广服务工作的积极性，实现大学人力资源的高效配置。激励大学教学科研人员深入一线从事农技推广服务工作，有利于促进技术创新与技术推广有机结合，从而有效提高区域农业科技贡献率。

2. 推进大学教学、科研与社会服务有机结合

社会服务是大学的职能之一，而农技推广是大学社会服务职能在农业领域中的重要表现。对大学农技推广服务人员绩效评价与政策激励进行研究，有利于促进大学教学、科研与推广进行有机结合，实现大学产学研一体化，还有利于促进大学农业科技服务与农业产业需求、实现高校专家团队与基层农技推广体系有效衔接，从而推进大学科研、教学与社会服务有机结合，提升我国农业科技含金量，建设新型现代农业，提升农业生产质量，增加农业经济效益，提高农民生活水平。

3. 加速大学农业科技成果转化

目前大学农业科技成果转化率低，导致众多大学先进的农业技术无法得到充分利用，影响我国现代农业高速发展。通过构建大学农技推广服务人员绩效评价模型，提出激励大学科研人员参与农技推广的政策建议，有助于激励大学教学和科研人员积极与政府和企业开展合作，提高农业科技成果的转化率，提高我国的科技实力与国际竞争力。

（二）研究内容

1. 大学农技推广服务人员绩效评价

借鉴国内外农技推广绩效评价指标体系，结合实地调研与访谈，对大学农技推广服务人员绩效评价指标体系进行初步设计。通过开展专家咨询法，听取专家权威意见，采用定性与定量相结合的指标筛选方式，对大学农技推广服务人员绩效评价指标进行筛选和完善。运用层次分析法，计算大学农技推广服务人员绩效评价指标体系的权重值，并通过指标无量纲化与公式建立，从而构建大学农技推广服务人员绩效评价模型，并通过问卷调查，对大学农技推广服务人员进行绩效评价与分析。

2. 大学农技推广服务人员绩效影响因素研究

根据调查问卷中组织支持、工作投入和工作满意度的有效数据，进行信度分析和效度分析，并对各量表进行因子提取和因子分值计算。以绩效分值为因变量，人口特征、工作投入、组织支持和工作满意度各维度为自变量，进行回归分析，从而探索影响大学农技推广服务人员绩效水平的有关因素。

3. 大学农技推广服务激励政策建议

根据大学农技推广服务人员绩效影响因素研究结果，结合我国大学农技推广服务现状，提出针对性的激励政策建议，从而调动大学农技推广服务人员的工作积极性，激发大学农技推广服务人员的工作热情，有效地提高大学农技推广服务成效，提升农业科技水平，推动我国现代农业发展进程。

（三）研究方法

1. 文献研究

通过查阅国内外文献，总结相关的概念和理论，分析大学农技推广发展现状，梳理大学农技推广服务绩效评价指标，总结大学农技推广服务的激励措施，整理与绩效相关联的概念和量表。

2. 实地调研

通过赴农业大学进行实地调研，与调研大学各农技推广服务专家进行交流和访谈，学习调研大学在农技推广服务绩效评价指标体系上的设计思路和计算方法，了解调研大学在农技推广服务政策激励上的突出举措。

3. 专家咨询

以具备多年大学农技推广服务经验的专家为对象，根据梳理的大学农技推广服务绩效评价指标，进行大学农技推广服务绩效评价指标设计及计算模型的咨询，探索能够应用在大学农技推广服务领域的可行性方案。

4. 问卷调查

根据构建的农技推广服务绩效评价模型，结合大学农技推广服务人员情况，设计大学农技推广工作情况调查表与大学农技推广个体特征调查表。依据文献研究成果，以了解大学农技推广服务人员对农技推广服务工作的主观判断为目的，设计李克特量表。以大学农技推广服务人员为调查对象，进行问卷的发放和回收。

5. 定量分析

运用层次分析法，计算大学农技推广服务绩效评价指标体系的权重；通过描述性统计，对大学农技推广调查情况进行描述；采用因子分析，对李克特量表变量进行降维整合处理；通过建立回归模型，分析各变量对大学农技推广服务工作绩效的影响情况。

（四）技术路线

针对我国大学农技推广服务现状，提出拟解决的问题，然后通过文献研究和实地调研，梳理国内外农技推广绩效评价指标体系，了解当前我国大学农技推广服务政策，从而设计大学农技推广服务人员绩效评价指标体系。运用德尔菲法，遴选在农技推广服务、绩效管理和科技管理等领域具有一定成就的专家进行咨询，听取专家权威意见，运用定性分析与定量分析相结合的筛选方法进行评价指标筛选。经过三轮专家咨询后，运用层次分析法，计算大学农技推广服务人员绩效评价指标体系的组合权重，从而构建大学农技推广服务人员绩效评价模型。以华南农业大学农技推广服务人员为对象，开展问卷调查，了解大学农技推广服务人员的基本信息、工作绩效、组织支持、工作投入和工作满意度，采用描述性统计、信度分析、效度分析和回归分析，研究大学农技推广服务人员绩效影响因素，并以研究结果为依据，制定针对性的大学农技推广服务激励政策。本研究的技术路线如图7-28所示。

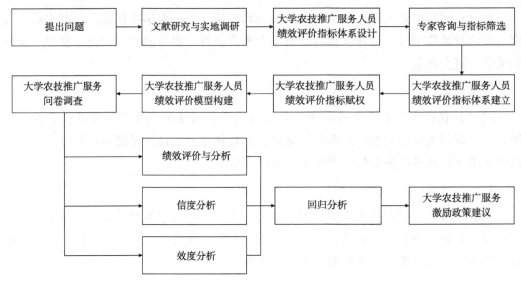

图7-28　技术线路

二、研究综述

科学完善的理论基础是开展研究的重要前提之一，通过对绩效评价、工作满意度、工作投入、组织支持感和激励的相关理论进行梳理和概述，从而为研究的开展打下科学的理论基础。

（一）绩效评价

绩效评价理论经过多年的发展和实践，已经形成较为完善的理论体系。通过对绩效的内涵、绩效评价的定义以及绩效评价方法进行总结，有助于之后综合多方学派思想，构建科学的大学农技推广服务人员绩效评价指标体系。

1.绩效的内涵

绩效，英文为performance，又称为工作表现。关于绩效的具体内涵，国内外学者提出过不同的看法，目前主要存在3种不同导向学派，分别为结果导向学派、行为导向学派和素质能力导向学派。结果导向学派Bernardin认为，绩效是在一定的时间内，由一定的工作活动形成的产出记录，工作绩效的总量等于关键工作活动中绩效的总和（或平均值）。这种观点关注组织员工的工作效果，往往忽略了组织员工在工作过程中所付出的工作量。行为导向学派Murphy认为，绩效是与个体或组织所工作的单位的总体目标所关联的行为，这种观点克服了结果导向过于注重产出的缺陷，从行为的角度对员工工作量进行了评定，但是存在着行为评价成本过高的缺陷。素质能力导向学派Spencer认为，组织成员的个人能力与工作绩效存在一定的因果联系。对于能力概念的界定，目前还没有形成统一的共识，主要存在两种不同的看法：一是认为能力是与个体相关的行为组合；二是认为能力是潜在的、持久的个人特征。由于个体的素质能力主要通过行为和结果表现出来，因此并不算真正意义上的绩效，只能作为行为与结果的一种补充（张体勤，2002）。

2. 绩效评价的定义

绩效评价又称为绩效评估、绩效考核、人事评估等，它是组织管理的重要组成部分。关于绩效评价概念的界定，不同学者从不同的角度出发，对绩效评价的概念进行定义。杨少梅（2006）认为绩效评价是指组织定期对员工的绩效进行评估和考核的一种正式制度，是组织与员工间的一种互动关系。杨松（2002）认为绩效评价是将员工工作的质量、数量、过程、效率与组织目标、个人目标进行客观比较与评定，并通过评价结果反馈程序，从而确定员工待遇、奖惩和晋升等事项的过程。刘彩华等（2011）认为绩效评价是指评价主体根据绩效标准和工作目标，运用科学的评价手段，对组织成员的工作履行情况进行评定，并进行评定结果反馈的过程。从表面上看，绩效是组织成员工作结果的体现；从深层上看，绩效作为工作过程影响结果的产生；从本质上看，绩效作为组织成员的一种素质与能力，与组织成员的工作过程和结果密切相关。对组织成员进行绩效评价有利于提高组织成员的自身素质，提升组织的管理水平和工作效率。

3. 绩效评价方法

目前，常用的绩效评价方法主要包括360度评价、关键绩效指标、目标管理法和平衡计分卡（顾琴轩，2006；李向东，2007）。

（1）360度评价。360度评价通过被评价者的上级、同级、下级人员和（或）内外部客户分别进行评价，结合被评价者自我评价，对被评价者的工作业绩进行全方位考量，然后将综合评价结果反馈给被评价者，从而得到改善被评价者工作行为，提高工作效果的目的。360度评价法使被评价者可以获得多层面的人员对自己的客观评价，并且通过加权平均法计算评价综合得分，减少了考核结果的偏差，提高了评价准确性。但是，360度评价需要综合各层次的信息，从而提高评价系统的复杂性，增加了评价成本。

（2）关键绩效指标。关键绩效指标（Key Performance Indicator，简称KPI）常常用于考量企业战略的实施效果，它通过对组织内部流程输入输出端的关键系数进行设置、取样、计算和分析，从而测量流程绩效，它的特点在于将企业的战略目标分解为可实行的愿景目标。关键绩效指标根据评价实施主体的不同，可分为企业级KPI、部门级KPI和个人及KPI，是用于评估被评价对象绩效的可行为化或可量化的指标体系。

（3）目标管理法。目标管理法（Management By Object，简称MBO）由Drucker于1954年提出，它是一种将企业目标分解到部门和个人从而进行考评的方法，这种评价方法强调组织成员共同参与和制定组织的目标，并且这种目标能够进行客观衡量且具有可行性。

Drucker认为每一项工作都必须为了达到总目标而展开，应根据工作目标确定每个人的工作。因此，管理者在确定组织目标后，需要对其进行有效分解，使其转变成为每个部门和每个人的分目标，然后根据分目标的完成情况进行评价和考核。

（4）平衡计分卡。平衡计分卡（The Balanced Score Card，简称BSC）由哈佛大学Kaplan教授和来自波士顿的顾问Norton于1990年共同开发（Kaplan et al，1992），目前已得到财富500强企业的广泛运用。平衡积分卡是一种将企业目标落实到可行性目标、可衡量性指标和目标值上的战略实施工具，包括内部流程、客户、财务和学习/成长4个维度，每个维度分别包括行动计划、绩效指标、目标和目标值。平衡计分卡促使高层管理者从财务、客户、内部流程和学习/成长4个方面平衡定义企业的战略，分析他们之间的相关性，根据目标值的结果进行跟踪分析，建立战略实施结构以确定重点，从而使企业全面发展。

（二）组织支持感

通过对组织支持感的概念定义和测量方法进行阐述，有助于综合学者们的优秀成果，从而设计大学农技推广服务人员组织支持感量表。

1.组织支持感的定义

组织支持感的定义由美国心理学家Eisenberger等于1986年首次界定，他们面向企业开展研究工作时，发现学术界在讨论组织与员工之间的关系时，过度关注员工对于组织的承诺程度，却很少关注甚至忽略了组织对员工的承诺程度。因此，他们提出了组织支持感的概念，他们将组织支持感定义为：员工对于组织关注他们的贡献程度和幸福感的全面看法。这个概念包含有2个核心要点：一是员工对于单位组织关注他们贡献度的心理感受，二是员工对于单位组织是否重视他们幸福感的心理感受。如果组织成员感受到他们的组织意愿并且有能力对他们的工作情况进行回报，那么员工就将会为提高组织利益付出更大的工作量（徐晓锋等，2005）。

2.组织支持感的测量

Eisenberger等（1986）在提出组织支持感的概念之后，设计了一套组织支持感知量表，用于测量组织员工组织支持感受。这套量表总共有36个条目，通过因子分析显示量表因子具有很高的载荷值，可以归并为一个因素。他们认为，这个结果说明组织支持感是反映组织员工对组织关注他们工作贡献和重视他们幸福感的整体看法的假设。由于组织支持感量表具有很高的单维性和内部信度，大多数学者从组织支持感量表中抽选出17个因子符合较高的条目进行测量，甚至采用条目更少的短型问卷开展研究，以提高测量的可操作性（许百华等，2005）。

（三）工作投入

通过对工作投入的概念定义和测量方法进行总结，有助于借鉴前期学者的研究基础，从而设计大学农技推广服务人员工作投入量表。

1. 工作投入的定义

目前学术界对于工作投入还没有一个统一的看法，根据研究角度不同，主要有以下几种观点。

Kahn在1990年首次提出工作投入的概念，他认为工作投入是组织员工通过对自我进行控制以达到工作角色与自我角色相互融合。Kahn（1990）通过研究发现，自我角色与工作角色处于一种相互转化的过程之中。当组织员工的工作投入高时，他会将自我角色与工作角色紧密结合，并通过工作角色展现自我。当组织成员的工作投入低时，他会将自我角色与工作角色进行分离，影响工作绩效，甚至产生离职倾向。

Britt等（2001）在责任三维模型的基础上，将工作投入划分为承诺、责任感和绩效影响直觉三个维度，并把工作投入界定为组织员工对于自己在工作中所产生的绩效有强烈的责任感，个体能感受到工作绩效的水平完全与自身的投入程度有关。因此，员工为了得到更好的工作绩效，会更加努力的工作，提升工作在自己心目中的位置，并且更加投入。

Schaufeli等（2002）从情绪和认知的角度出发，对工作投入的概念进行定义，他们认为工作倦怠与工作投入是影响组织成员幸福程度的2种原型，工作投入的特点是幸福感高，工作倦怠的特点是幸福感低。因此他们提出工作投入是组织员工的一种持续积极的情感激活状态，主要涵盖奉献、活力与专注。他们认为工作投入是一种与工作有关的积极体验，具有持续性和弥散性的幸福情绪和认知状态。

2. 工作投入的测量

工作投入的测量工具主要有工作倦怠问卷、Utrecht工作投入量表和Britt工作投入量表。

工作倦怠问卷（Maslach Burnout Inventory，简称MBI）由美国心理学家Maslach设计，主要分为情感耗竭、人格解体与个人成就3个维度。由于Maslach认为工作投入处于工作倦怠的对立面，因此可通过工作懈怠问卷对工作投入进行测量。若工作倦怠的测量分值低，则证明工作投入分值高（Bakker et al，2008）。

Utrecht工作投入量表（UWES）由Schaufeli等编制而成，在当今工作投入研究领域具有较为广泛的应用。该量表涵盖17个条目，分为活力、奉献和专注3个维度（Schaufeli et al，2002）。

Britt工作投入量表由Britt在工作投入定义基础上开发而成，该量表涵盖了6个项目，包含了承诺、绩效影响直觉和责任感3个方面（Britt et al，2001）。

（四）工作满意度

通过对工作满意度的概念定义和测量方法进行梳理，有助于结合农技推广服务人员实际情况，设计农技推广服务人员工作满意度量表。

1. 工作满意度的定义

工作满意度最早是由Taylor于1912年提出，但Hoppck则是最早对工作满意度进行定义的学者，他认为工作满意度是指员工在生理和心理2个方面对于工作环境的满足感受。目前对于工作满意度的定义，按照研究对象和理论架构的不同，可以分为综合类定义、差距类定义和参考框架类定义（冯缙等，2009；黄培森，2012；孙建萍等，2006；张黎莉等，2005）。综合类定义将工作满意度的概念解释一般化，着重体现个人对工作以及环境所具有的一种态度。它的特点在于将工作满意度当成单一的概念，并没有涉及工作满意度形成的原因和过程。差距类定义将个人满足的程度视为其在特定的工作环境中实际获得的价值与在预期应获价值的差距，这类定义从预期应得与实际所得的差距来表示工作者的满意程度。参考框架类定义把工作满意度视为个人依据参考框架对工作特性进行相应解释后所获得的结果，它着重于个人对其工作特性方面上的情感反应。

2. 工作满意度的测量

目前常用的工作满意度测量工具主要有工作描述指数、明尼苏达满意度量表和工作满意度量表。

工作描述指数（Job Description index，简称JDI）由Smith等在1969年开发，通过工作本身、晋升机会、薪酬、管理和同事关系5个维度对员工进行工作满意度测量。

明尼苏达满意度量表（Minnesota Satisfaction Questionnaire，简称MSQ）由明尼苏达大学的心理学家Weiss等在1967年设计而成。MSQ量表分为长式量表和短式量表，以满足不同的测量需求。长式量表共包含100个题目，包含了与工作满意度相关的20个方面。短式量表包括20个题目，包括能力发挥、工作变化、工作安全、工作创造性和劳动条件5个方面。

工作满意度量表（Job Satisfaction Survey，简称JSS）由Spector编制而成，该表包括报酬、督导、额外收益、工作条件、绩效奖金、晋升、同事关系、工作特点和交流9个维度，共36个条目。

（五）激励

激励是心理学领域的一个概念，主要指一种心理过程，这种心理过程可以持续激发人的动机。20世纪之后，伴随着科学管理理论的萌芽和发展，人们对激励进行了深入的研究，从而形成了比较系统的激励理论。根据研究层面的不同，激励理论可以划分为内容型理论和过程型理论（曾峰等，2003；郭惠容，2001；郝辽钢等，2003；刘永安，2002；孙延红，2005；张小永，2004）。

1. 内容型理论

内容型理论主要用于寻找能够促使员工努力工作的具体因素，研究人的需要以及如何满足需要的问题，因此又称为需要理论。内容型需要理论主要包括需要层次理论、ERG理论、双因素理论以及后天需要理论。

（1）需要层次理论。需要层次理论由美国的心理学家Abraham Maslow于20世纪50年代提出，该理论认为人的需要可以分为5个层次，根据由低到高排列，依次为生理层次、安全层、社交层、尊重层和自我实现层（Maslow，1943）。这5个层次的顺序对于每个人来说都适用，但是在某个时期只有一种层次的需要可以成为驱动行为的主导需要。当满足了较低层次的需要后，较高层次的需要便转变为新的主导需要，直到自我实现。根据需要层次理论，如果管理者想要对员工进行激励，则应该先了解他目前处于哪个水平的需要层次以及目前最迫切的需求，并以此制定针对性的激励措施，从而充分调动员工的积极性。

（2）ERG理论。ERG即Existence Relatedness Growth，分别代表生存、关系和成长。ERG理论由耶鲁大学Clayton Alderfer于1969年提出，他认为生存、关系和成长是人的3种核心需要。这3种核心需要可以同时形成激励效用，如果较高层次的需要没有获得满足，则对于较低层次需要的渴望便会加强。根据ERG理论，管理者应该根据员工需要结构的变化而进行相应的变化，并依据每个人的不同需求制定不同的激励政策。

（3）双因素理论。双因素理论由美国心理学家Frederick Herzberg于1959年提出，该理论认为引发人们工作动机的因素可根据其作用划分为2种类别：一类为保健因素，是指除工作本身以外的影响员工的因素，这类因素如果缺乏，便会使员工产生不满，但具有这类因素并不足以让人产生工作积极性；另一类为激励因素，是指工作本身相关的因素，这类因素的存在可以调动员工的积极性，但是缺少这些因素并不会导致人们产生不满情绪。根据双因素理论，管理者除了改善员工的工作环境和物质条件之外，还要为员工提供机会使其发挥自身才能，从而调动他们的工作积极性，增加他们的满意度。

（4）后天需要理论。后天需要理论由美国心理学家David McClelland于20世纪50年代提出，该理论认为有3种需要并不是先天的本能欲求，而是经过后天的学习获得，这3种需要分别是成就需要、权力需要和归属需要。成就需要是指对优越感和成功的一种需要，权力需要是指对责任、名誉、影响力的一种需要，归属需要是指对建立友好人际关系的一种需要。根据后天需要理论，管理者应针对不同员工的个人需求，制定针对性措施，从而达到激励作用。

2. 过程型理论

过程型理论侧重于关注员工工作动机的产生以及从动机产生到采取具体行动的心理过程。过程型理论包括期望理论、强化理论、公平理论以及目标设置理论。

（1）期望理论。期望理论由北美心理学家和行为学家Victor Vroom于1964年提出，该理论认为员工的激励力一方面取决于工作目标对于员工的价值（即效价），另一方面取决于个体对目标所能实现的概率估计（期望值）。根据期望理论，管理者在制定激励性目标时，一方面要考虑目标对于员工的价值，另一方面要考虑员工对于目标实现的估计值。只有在这两个方面都进行合理衡量，才能充分调动员工的工作热情。

（2）强化理论。强化理论由美国心理学家和行为学家Skinner于20世纪70年代提出，该理论认为行为成绩对于行为本身具有强化作用，是工作行为的主要驱动力，对工作结果进行强化有助于维持组织成员的工作行为。根据强化理论，管理者一方面要在员工工作行为形成初期进行强化，直到工作行为能够稳定在要求标准上；另一方面要在员工的工作行为形成后适当降低强化的比率和改变强化的时距，使员工能够在行为中进行自我强化。

（3）公平理论。公平理论是美国心理学家Adams于1963年提出，该理论认为个体不仅重视自己的绝对报酬数量，更加注重自己的报偿投入和他人报偿投入相比的结果。他认为，员工最关心的是奖励的公平公正，希望自己所付出的可以获得应有的报偿。当员工自己的报偿投入比与他人的报偿投入比相同时，便会产生公平感。根据公平理论，管理者在制定激励措施时，应该营造公正透明的奖励环境，使员工进行公平竞争，从而提升工作绩效。

（4）目标设置理论。目标设置理论由美国马里兰大学管理学兼心理学教授Edwin Locke于20世纪60年代末提出，工作目标是工作效率的主要源泉，明确的工作目标可以提升员工的工作绩效，设置一个有难度但能够实现的目标会比设置一个容易的目标产生更好的工作绩效，而且工作反馈有利于提高工作效果。根据目标设置理论，管理者应该设置适当的工作目标，并且制定反馈机制，从而提升员工的工作效果。

由以上相关理论的综述可知，绩效评价、组织支持感、工作投入、工作满意度和激励理论经过多年的发展，已形成相对完善的理论体系，这为研究打下扎实的理论基础。组织支持感、工作投入和工作满意度经过众多学者的实践研究，形成相对科学的量表，保证了研究中对组织支持感、工作投入和工作满意度测量的稳定性和科学性。

（六）农技推广研究现状

梳理国内外文献，对农技推广领域相关研究进行梳理和总结，有助于了解当今农技推广领域的研究热点和难点，从而科学规划研究内容，提升研究的科学性和创新性。

1. 国外研究情况

国外农技推广进程发展较早，虽然目前已有部分国家形成相对成熟的农技推广绩效评价体系与激励机制，但总体而言，大多数国家仍缺乏完善的农技推广绩效评价体系与激励机制，影响农业技术的普及和应用。针对这种情况，国外学者从绩效评价、绩效影响因子以及工作满意度影响因素等角度出发，运用多种分析方法开展研究，进而优化农技推广绩效评价思路，探索绩效影响因子与工作满意度影响因素，从而科学评价农技推广人员的绩效水平，调动农技推广人员的推广积极性，提高农技推广人员的工作满意度，推动农业技术推广进程，促进农业科技的发展。

（1）农技推广绩效评价研究。对农技推广人员的推广绩效进行评价与研究，有助于研究者优化农技推广绩效评价思路，建立更完善的农技推广评价体系，从而更加科学的评价农技推广人员的推广水平,为基于绩效的拓展研究提供支撑。国外学者通过多种分析方法,对农技推广人员的绩效进行评价与研究。Ekumankama等(2007)建立了农技推广评价指标体系,参照李克特5点量表的设计思路,设计了农技推广评分表,通过对农技推广人员上司进行调查,结合农技推广人员的个人特征,从而对农技推广人员进行绩效评价与研究。Rezaei(2008)构建了一套农技推广绩效评价体系,通过问卷调查的方式,对农技推广人员的绩效进行评价,并以农技推广绩效为因变量,进行研究的拓展。

(2)农技推广绩效影响因子研究。绩效影响因子作为制定激励措施、完善激励机制的重要依据,多年来一直是研究的热点。国外学者通过不同的分析角度,运用不同的研究方法,对农技推广绩效影响因子进行研究与探索。Khalil等(2008)检验了农技推广人员领导能力变量与工作绩效的关系,采用分层抽样的方式,对农技推广人员进行调查,并通过建立回归模型,发现推广项目实施能力、推广评价能力和推广项目规划能力会对农技推广人员的绩效水平产生显著影响。Neda Tiraieyari(2009)通过分层随机抽样的方式,对农业推广人员进行调查,并采用描述性统计和相关分析,探索农业部门推广人员的文化能力与推广绩效之间的关系,发现文化能力与推广绩效存在正相关关系。

(3)农技推广工作满意度关联因素探索。研究农技推广人员工作满意度,探索与农技推广工作满意度相关联的因素,有助于决策者制定相关措施,提高农技推广人员工作满意度,调动农技推广人员工作积极性。Onu等(2005)通过对一线推广人员进行调查与分析,发现人际关系、组织政策和服务条件会影响农技推广人员的工作满意度。Ibrahim等(2008)通过问卷调查进行数据采集,运用多元回归分析,探索推广人员工作满意度的影响因素,发现津贴支付、激励程度、规范培训和个人教育水平对推广人员的工作满意度产生显著影响。Ali Asadi等(2008)指出工作满意度是与绩效密切相关的概念之一,通过对推广人员进行调查与分析,发现月薪与婚姻状况会对工作满意度产生显著影响。Ahmad Rezvanfar等(2012)通过对推广人员进行问卷调查,获取研究所需数据,并运用相关分析与回归分析对数据进行研究,发现工作挑战性与服务农村社区的能力水平会对推广人员的工作满意度产生显著影响。Okwoche等(2015)通过问卷调查与多种统计分析方法,对推广人员的工作满意度进行研究,发现薪酬、福利、培训、员工晋升、工作动机、工作保障和农户满意度对农技推广人员的工作满意度产生显著的积极影响。

2. 国内研究情况

由于我国农技推广工作起步较晚,农业技术成果转化率过低,导致我国大量优秀的农业科技成果无法实现充分应用,影响我国现代农业的发展。在这样的背景下,国内学者通过理论分析与实证研究相结合,采用不同的分析视角,对评价指标体系、绩效影响因素、行为影响因子和激励机制进行研究,旨在构建科学的农技推广绩效指标体系,探索影响农技推广人员工作积极性的影响因素,完善农技推广激励机制,从而科学评价农技推广人员的绩效水平，调动农技推广人员的工作热情，提升农技推广工作的实施效果，促进我国农业科技成果高效率转化，推动我国现代农业快速发展。

（1）农技推广绩效评价指标体系模型构建。建立完善的农技推广绩效评价指标体系，科学评估农技推广人员的劳动成果，有助于调动农技推广人员的积极性，提高农技推广服务效能。于水等（2010）以南京市为例，基于公平理论，从工作能力、工作态度和工作业绩3个方面，通过层次分析法构建村级农技员绩效考评模型，并运用模糊综合评价法对绩效考评模型进行验证。李宪松等（2011）提出在构建基层农业技术推广行为综合评价指标体系时应遵循的原则，并在设计基层农技推广行为综合评价框架过程中，从个人特征以及学习能力两个角度构建了农技推广人员推广能力指标体系。王建明等（2011）基于农户的角度，从指导时期、指导次数、指导内容、指导态度、指导方法和指导技能6个角度建立农技推广行为评价指标体系，并通过抽样调查与因子评价，进行实证分析。张蕾（2014）以考核基层农技推广人员绩效水平为目标，从个人特征和工作业绩2个层面出发，建立了基层农技推广人员绩效考核指标体系，并运用层次分析法进行指标赋权，从而构建基层农技推广人员绩效考核模型。夏英等（2013）采用了人均相对的评价指标，构建科技特派员农村科技服务的绩效评价体系，运用因子分析法对我国31个省级区域的科技特派员农村科技服务情况进行绩效评价，并对科技特派员农村科技服务绩效的影响因素进行分析。任红松等（2007）以科技部设计的科技特派员统计调查表为基础，从科技特派员服务类型及自身收益情况、科技特派员下乡情况、对科技进步和县域经济发展贡献、带动农民情况和培训农民情况5个方面，设计科技特派员制度试点工作绩效评价指标体系，并对新疆10个试点地区（州）的工作情况进行综合评价和分析。

（2）农技推广绩效影响因素分析。分析农技推广绩效影响因素，挖掘农技推广绩效与各影响因素的内在联系，有利于决策者制定农技推广激励措施，提高农技推广人员推广绩效。廖西元等（2008）通过设计推广绩效评价指标与推广行为评价指标，对农技推广人员的推广绩效和推广行为进行调查，并通过建立多元回归模型，发现农技推广的形式和内容对推广绩效产生重要影响。王磊等（2009）把推广行为分解为推广形式与推广内容2个部分，通过数据采集与相关分析，发现推广形式与推广内容对绩效评价的各项指标都具有一定的影响，且现阶段相比于推广内容，推广形式对绩效评价指标的影响更大。申红芳等（2010）通过对农技推广人员进行实证分析，发现农技推广人员的绝对收入水平、相对收入系数、开发创收比例、地区因素和工作经验会显著影响推广绩效。张蕾等（2010）将推广绩效界定为水稻产量、种稻技能提高以及农技服务满意度3个层面，通过调查与分析，发现推广行为综合得分对水稻产量、农技服务满意度与种稻技能提高产生显著的正向影响。

（3）农技推广行为影响因子探索。探索农技推广行为影响因子，有助于分析农技推广行为的关联因素，从而科学地制定激励措施，对农技推广人员的推广行为进行合理引导，提高农技推广人员的工作积极性。乔方彬等（1999）根据农技人员调查资料，建立多元回归模型，通过分析发现推广经费、收入水平和社会地位是影响推广行为的重要因素。胡瑞法等（2004）通过对农技推广人员进行随机抽样调查与分析，发现经费、乡镇农技单位管理方式和事业单位性质都会影响到农技推广人员的推广行为。路立平等（2009）通过对基层农技推广人员进行研究，发现推广单位性质、"三权"管理方式、组织管理机制、农技员个人特征都对基层农技推广人员的行为产生影响。李冬梅等（2009）通过随机抽样的调查方式，运用多重响应分析，对四川省基层农技推广人员的推广意愿和行为进行了研究，发现农技推广人员的年龄、地位、收入、工作态度、推广经费以及管理制度等因素都对推广意愿与行为产生明显的影响。王建明等（2011）从基层农技推广机构、农技推广人员、对应农户3个层面进行数据采集，并通过建立分层线性模型，探索农技推广人员推广行为的影响因素，最终发现农技推广制度、个人技能、工作经验和工作保障条件对推广行为有重要影响。张蕾等（2011）通过对农技推广人员的推广行为以及影响因素进行研究，发现年龄、编制、职称、下乡天数规定、推广计划和工作总结对农技推广人员的推广行为有显著影响。申红芳等（2012，2014）通过对农技推广人员和农户进行调查与分析，发现管理体制、人力资源管理机制和保障类指标对农技推广人员的推广行为有显著影响。

（4）农技推广考评激励机制研究。研究农技推广考评激励机制，有利于调动农技推广人员的工作热情，从而提高农技推广效能，提升农技推广效果。方付健（2009）剖析了农技人员在进行农技研发与推广的优势和困境，并从设立农业科技创新基金的角度出发，对农业科技创新基金的设计思路和运作方式进行了规划，从而激励农技推广人员进行技术研发与推广。张蕾等（2011）从定义绩效、绩效反馈和考评绩效3个角度出发，通过调查发现，将农户满意度列为重点考评内容，选择多方考评并且有农民代表参与的考评方法，运用实地抽查与农户调查，实行将考评结果作为薪酬调整和评选先进等依据的考评方式，对基层农技推广人员的推广行为有明显的激励作用。申红芳等（2012）通过研究发现农技推广考核激励机制可以调动农技推广人员积极性，并且以县、乡镇主管部门和专家组为考核主体、以农户满意度和农户增产情况等客观指标为主要考核内容，将考核结果与农技推广人员工资、奖金和职称评定挂钩，可以对农技推广人员的推广行为和推广绩效产生激励作用。刁留彦（2013）通过对农技推广体系考核机制的现状和存在问题进行分析，并从基本原则、运行管理体系、基本框架3个方面，提出完善农技推广体系考核机制的建议，从而有效调动农技推广人员的积极性。

3.农技推广研究评述

目前国内外学者对于农技推广人员绩效评价与政策激励的研究主要以基层农技推广人员为研究对象，研究内容主要为评价体系构建、绩效评价、绩效影响因素分析和政策激励研究。大学作为科技资源的重要集中地，在推进我国农技推广进程中起着非常重要的作用，但目前国内外专门针对大学农技推广服务人员绩效评价与政策激励的研究数量较少，无法很好推动我国大学农技推广服务的迅速发展。以大学农技推广服务人员为研究对象，是农技推广研究的新视角，也是本研究的创新点。

三、大学农技推广服务人员绩效评价

（一）评价指标构建原则

评价指标体系在构建时应以科学性为基础，设计具有可行性的评价指标，全面评价大学农技推广服务人员的工作绩效，并对大学农技推广服务人员的工作情况进行比较，从而引导大学农技推广服务人员参与农技推广服务工作，推动大学农技推广工作进程。

1. 科学性原则

评价指标体系的建立需要以科学为基础，这主要体现在理论知识与实践工作相结合，既要有科学的理论知识作为支撑，又要能客观反映大学农技推广服务人员的工作绩效水平，并且通过合适的评价方法，对大学农技推广服务人员的绩效水平进行科学评价。

2. 导向性原则

评价指标体系在构建时应根据国家对于大学农技推广服务的政策要求，发挥大学农技推广服务指标体系激励作用，从而引导大学科研人员积极参与农技推广服务工作，提升我国农业科技含金量，促进我国现代农业发展。

3. 全面性原则

构建的评价指标体系应能较完整体现大学农技推广服务人员的工作情况，在构建过程中，根据一定的分类标准对指标进行系统分类，并在确保指标完整性的同时避免指标设计重复。

4. 可操作性原则

评价指标体系应结合大学评价考核的实际状况，有针对性地进行设计。指标在构建时要考虑指标数据在实际采集时的可行性和可衡量性，不仅在指标定义上要具有准确性，而且在数据采集时要具有便捷性。

5. 可比性原则

大学农技推广服务绩效评价涉及多个方面，因此在进行评价指标的构建时要注重指标的可对比性，使构建的评价指标体系能够在同一时期对比不同农技推广服务人员的工作水平。

（二）评价指标初选

本研究采用专家咨询法和文献研究法进行大学农技推广服务人员绩效评价指标初选。由于目前专门针对大学农技推广服务人员绩效评价的学术研究非常罕见，因此本研究首先召开专家研讨会，了解当前大学农技推广服务人员绩效评价的重点和难点，听取大学农技推广专家对于绩效评价体系的宝贵建议。借鉴国内外学者对于高校社会服务绩效评价、基层农技推广人员绩效评价以及科技特派员绩效评价等研究（韩瑞珍等，2013；任红松等，2007；邵法焕，2005；邬小撑等，2013；夏英等，2013；余德亿等，2010），对绩效评价指标体系进行整理和归纳，并根据指标体系构建的五大原则，结合专家研讨会中专家意见，最终形成了第1版的大学农技推广服务人员绩效评价指标体系，如表7-49所示。

表7-49　大学农技推广服务人员绩效评价指标体系（第1版）

一级指标	二级指标	二级指标定义
A经济效益	A1技术成果转让金额	农业技术成果转让收益金额（万元/年）
	A2农技推广项目利润	在基层开展农技推广项目所实现的年利润（万元/年）
	A3增加收入的农户人数	经农业技术推广而增加收入的农户人数（人/年）
	A4企业或经济实体创办数量	创办企业或经济实体数量（家/年）
	A5新产品和新技术的推广种类	新品种和新技术在基层的推广种类（种/年）
	A6新产品和新技术的推广面积	新品种和新技术在基层的推广面积（亩/年）
B科研效益	B1项目经费	农业技术推广项目以及农业领域横向项目到账经费总额（万元/年）
	B2专利授权数	自己作为第一完成人的专利授权数（项/年）
	B3新产品开发数	自己为完成人之一且已获审定合格证书的新产品数量（项/年）
	B4技术标准拥有数	自己为授权人之一的技术标准拥有数量（项/年）
	B5技术规程拥有数	自己为授权人之一的技术规程拥有数量（项/年）
C社会效益	C1下乡服务天数	下乡开展农技推广服务工作的天数（天/年）
	C2技术培训次数	开展农业技术培训的次数（次/年）
	C3指导农户人数	入户到田指导的农户人数（人/年）
	C4安置农村劳动力数量	通过农技推广工作安置农村劳动力人数（人/年）
	C5培养科技示范户数量	在基层培养科技示范户的数量（户/年）
	C6带动专业合作社带头人数量	在基层带动专业合作社带头人的数量（人/年）
	C7农业企业服务数	从事咨询、顾问、指导等服务工作的农业企业数量（家/年）
	C8示范推广基地面积	担任负责人或首席专家的示范推广基地面积（亩/年）
	C9科普资料发放数量	在基层发放农业技术科普资料数量（份/年）
	C10实施科技开发项目数量	在基层实施科技开发项目数量（项/年）

（续表）

一级指标	二级指标	二级指标定义
D生态效益	D1减轻农业面源污染面积	通过农业技术推广工作所减轻的农业面源污染面积（亩/年）
	D2控制水土流失面积	通过农业技术推广工作所控制的水土流失面积（亩/年）
	D3提高森林覆盖面积	通过农业技术推广工作所提升的森林覆盖面积（亩/年）
	D4绿色有机食品生产基地面积	担任负责人或首席专家的绿色有机食品生产基地面积（亩/年）

（三）评价指标筛选

目前学术上进行指标筛选的方法主要有德尔菲法、数据包络分析、相关系数法、因子分析、回归分析和方差分析等，由于目前还没有完全针对大学农技推广服务人员的绩效评价指标体系，设计指标体系时需要充分考虑推广专家的权威意见来进行指标体系的修改和完善，因此本研究运用德尔菲法来进行评价指标体系筛选与完善。德尔菲法，又称为专家意见法，其特点是匿名性、统计性和反馈性。德尔菲法按照系统的程序方法，运用匿名发表意见的形式，经过多轮的专家咨询，了解专家对问题的看法和意见，通过反复咨询和修改，最后形成专家意见基本一致的看法，作为问题征询的结果。

1. 德尔菲法的运用步骤

（1）成立协调小组。协调小组的主要任务是：拟定研究主题，确定专家小组成员，通过前期研究成果编制、发放和回收专家咨询表。根据每一轮中专家提出的意见进行统计分析处理。本研究协调小组由3人组成，其中农技推广专家2名，研究生1名。

（2）确定专家小组成员。专家的选择是德尔菲法预测成败的关键（Brown，1968），因为专家影响到预测结果的准确性。专家咨询人数一般在15～50人为宜，由15名以上专家组成的专家小组得出的结论具有足够的可信度（苏捷斯，2010）。如果咨询专家人数过少，则限制了代表性，影响咨询结果的准确度，如果咨询专家人数过多，则增加了组织和实施的难度，提高了工作强度。由于本研究针对大学农技推广服务人员绩效评价，因此本研究选取的咨询专家为大学农技推广、绩效管理和科技管理等领域的专家，确保咨询的权威性和精确性。

（3）编制专家咨询表。专家咨询表是收集专家意见的重要来源，其编制质量也影响德尔菲法的预测精度。协调小组经过查阅大量文献，梳理总结学者的研究成果，从而形成第一轮专家咨询表（详见附录）。

（4）开展分轮咨询。第一轮专家咨询。第一轮专家咨询的主要目的是倾听专家对于咨询表编制架构的意见，征询专家对于评价指标体系整体框架以及各级指标的看法，优化咨询表整体架构，并进行评价指标的调整、筛选和修改，从而形成第二轮咨询表（详见附录）。第二轮专家咨询。第二轮专家咨询的目的在于征询专家对于指标体系的意见，统计各级指标分值情况，运用筛选方法进行指标筛选，并对筛选结果进行总结，从而形成第三轮咨询表（详见附录）。第三轮专家咨询。第三轮专家咨询的目的在于反馈上一轮专家的群体意见，使专家能够借鉴上一轮的群体意见，对评价指标进行再次评判，并根据层次分析法思想进行指标赋权，从而计算大学农技推广服务绩效评价指标组合权重，构建大学农技推广服务人员绩效评价模型。

2. 咨询专家基本情况

由于本研究针对大学农技推广服务人员绩效评价体系进行咨询，因此遴选在大学农技推广、绩效管理和科技管理等领域具有一定工作经验的专家开展咨询。专家年龄多集中在40～49岁，并且超过8成的专家具有博士学历。专家主要为教学科研人员，而且有85%以上具有副高级及以上职称。专家基本情况如表7-50所示，由于在第一轮专家咨询中，并未针对专家在其他领域的工作年限展开调查，因此第一轮专家咨询中的专家工作年限仅为农技推广领域工作年限。

3. 专家咨询的可靠性

（1）专家积极程度。专家积极程度，通常以专家积极系数来衡量。通过计算专家咨询表的回收率，以此反映咨询专家对于本研究的关心程度。专家积极程度如表7-51所示，第一轮专家咨询共发放问卷40份，收回有效问卷32份，专家积极系数为80%；第二轮专家咨询共发放问卷30份，收回有效问卷22份，专家积极系数为73%；第三轮专家咨询共发放问卷28份，收回有效问卷25份，专家积极系数为89%。由此可见，三轮专家咨询均具有良好的专家积极程度。

表7-50　专家基本情况

项目	分类	第一轮		第二轮		第三轮	
		人数	百分比	人数	百分比	人数	百分比
年龄	50～59岁	7	21.9	4	18.2	3	12.0
	40～49岁	17	53.1	12	54.5	15	60.0
	30～39岁	8	25.0	6	27.3	7	28.0
学历	博士研究生	27	84.4	20	90.9	24	96.0
	硕士研究生	5	15.6	2	9.1	1	4.0
工作年限	20年以上	9	28.1	6	27.3	4	16.0
	16～20年	6	18.8	5	22.7	7	28.0
	11～15年	6	18.8	2	9.1	7	28.0
	6～10年	4	12.5	4	18.2	6	24.0
	5年及以下	7	21.9	2	9.1	1	4.0

（续表）

项目	分类	第一轮		第二轮		第三轮	
		人数	百分比	人数	百分比	人数	百分比
岗位	教学科研人员	26	81.3	19	86.4	23	92.0
	行政管理人员	4	12.5	2	9.1	1	4.0
	其他	2	6.3	1	4.5	1	4.0
职称	正高级	15	46.9	11	50.0	12	48.0
	副高级	13	40.6	8	36.4	11	44.0
	中级及以下	4	12.5	3	13.6	2	8.0
职务	正处级及以上	2	6.3	0	0	0	0
	副处级	2	6.3	1	4.5	3	12.0
	副处级以下	6	18.8	4	18.2	3	12.0
	无	22	68.8	17	77.3	19	72.0

表7-51 专家积极程度

	问卷发出数	收回有效问卷数	专家积极系数（%）
第一轮	40	32	80
第二轮	30	22	73
第三轮	28	25	89

（2）专家权威程度。专家的权威程度取决于两个因素，一是专家对于咨询表中问题的判断依据，二是专家对于咨询表中问题的熟悉程度。专家的权威程度的数值等于专家判断依据和专家对问题熟悉程度的算术平均值，其计算公式为：

$$C_r = \frac{C_a + C_s}{2} \tag{7.5}$$

式中，C_r代表专家的权威程度，C_a代表专家判断的依据，C_s代表专家对问题的熟悉程度。

专家判断的依据分为4个方面，分别是理论分析、实践经验、国内外同行的了解和直觉。如果判断依据系数总和为1，代表对专家判断的影响程度大；如果判断依据系数总和为0.8，代表判断依据对专家判断的影响中等；如果判断依据系数总和为0.6，代表对专家判断的影响小。判断依据及其影响程度量化表如表7-52所示。

表7-52　判断依据和影响程度量化

判断依据	对专家判断的影响程度（C_a）		
	大	中	小
理论分析	0.3	0.2	0.1
实践经验	0.5	0.4	0.3
国内外同行的了解	0.1	0.1	0.1
直觉	0.1	0.1	0.1

专家的熟悉程度根据程度大小的不同，分为6个不同的等级，分别为很熟悉、熟悉、较熟悉、一般、较不熟悉和很不熟悉，熟悉程度量化表如表7-53所示。

表7-53　熟悉程度量化

熟悉程度	系数（C_s）
很熟悉	0.9
熟悉	0.7
较熟悉	0.5
一般	0.3
较不熟悉	0.1
很不熟悉	0.0

根据专家自我评价，结合表7-52与表7-53，依据计算公式，对专家的权威系数进行计算。由表7-54可知，三轮专家咨询的权威系数均在0.75以上，说明专家权威系数较高，从而保证了研究的可靠性。

表7-54　专家权威系数

	判断系数（C_a）	熟悉系数（C_s）	权威系数（C_r）
第一轮	0.878 1	0.660 0	0.769 0
第二轮	0.909 5	0.704 5	0.807 0
第三轮	0.898 6	0.702 3	0.800 7

（3）专家协调程度。专家协调程度可以判断专家意见的统一程度，也能反映咨询结果的可信程度。专家协调程度可通过变异系数和专家协调系数来反映。

指标一，变异系数。变异系数代表全部m个专家对于第j个指标的评判协调程度，

通常用 V_j 表示。变异系数值越小，代表专家对指标的评判协调性越好。变异系数的计算公式为：

$$V_j = \frac{\sigma_j}{M_j} \tag{7.6}$$

式中，σ_j 代表 j 指标的标准差，M_j 代表 j 指标的算数均数。

指标二，专家协调系数。专家协调系数表示全部 m 个专家对全部 n 个指标的协调程度，一般用 W 表示。协调系数的取值范围为 $0 \sim 1$，专家协调系数越大，说明专家意见协调程度越好。专家协调系数的计算过程为：

步骤一，计算全部指标等级的算数均数，其计算公式为：

$$M_{sj} = \frac{1}{n} \sum_{j=1}^{n} S_j \tag{7.7}$$

其中，

$$S_j = \sum_{i=1}^{m_j} R_{ij} \tag{7.8}$$

式中，M_{sj} 表示全部指标等级的算数均数，S_j 表示 j 指标的等级和，R_{ij} 表示 i 专家对 j 指标的判断等级。

步骤二，计算指标等级和的离均差平方和，其计算公式为：

$$\sum_{j=1}^{n} d_j^2 = \sum_{j=1}^{n} \left(S_j - M_{sj} \right)^2 \tag{7.9}$$

式中，$\sum_{j=1}^{n} d_j^2$ 表示全部 n 个指标等级和的离均差平方和，S_j 表示 j 指标的等级和。

步骤三，计算专家协调系数，分为以下两种情况：

当不存在相同的等级时，协调系数的计算公式为

$$W = \frac{12}{m^2 \left(n^3 - n \right)} \sum_{j=1}^{n} d_j^2 \tag{7.10}$$

当存在相同的等级时，协调系数的计算公式为

$$W = \frac{12}{m^2 \left(n^3 - n \right) - m \sum_{i=1}^{m} T_i} \sum_{j=1}^{n} d_j^2 \tag{7.11}$$

$$T_i = \sum_{i=1}^{L} \left(t_i^3 - t_i \right) \tag{7.12}$$

式中，W 代表所有专家对于全部指标的协调系数，n 代表指标总数，m 代表专家总人数，d 代表每个指标等级和的离均差，T_i 代表相同等级指标，L 代表 i 专家在进行判断时评价相同的评价组数，t_i 代表在评价相同的同一个组中的相同等级个数。

步骤四，专家协调程度的显著性检验——χ^2 检验

先计算 χ_R^2，其计算公式为

$$\chi_R^2 = \frac{1}{mn(n+1) - \frac{1}{n-1} \sum_{j=1}^{m} T_i} \sum_{j=1}^{n} d_j^2 \tag{7.13}$$

其中，自由度 $df = n-1$

根据自由度 df 和显著性水平 α，在 χ^2 值表可查询得 χ^2 值。如果 $\chi_R^2 \geqslant \chi^2$，则说明协调系数经检验后具有显著性，说明专家对指标的判断意见协调性好，预测精度高，评价结果可取。反之，如果 $\chi_R^2 < \chi^2$，则说明专家对指标的判断意见协调性差，预测精度低，评价结果不可取。本研究专家咨询的协调系数如表7-55所示。

表7-55　专家协调系数结果

	第一轮		第二轮		第三轮	
	重要性	可操作性	重要性	可操作性	重要性	可操作性
协调系数 W	0.096	0.238	0.158	0.160	0.308	0.232
χ^2	75.600	180.216	131.807	134.154	269.242	202.855
P 值	0.000	0.000	0.000	0.000	0.000	0.000

由表7-55可知，重要性和可操作性的协调系数逐渐增大，且都通过显著性检验。表明随着专家咨询的深入开展，专家对于指标的评价协调性逐渐提高，评价可信度增强。

（4）专家意见集中程度。指标一，算数均数。算数均数用于反映专家判断的平均水平或者集中趋势，算数均数越高，说明专家评价的分值越高，其计算公式为：

$$M_j = \frac{1}{m_j} \sum_{i=1}^{m} C_{ij} \tag{7.14}$$

式中，M_j 表示 j 指标评价值的算数均数，m_j 表示参与 j 指标评价的专家人数，C_{ij} 表示 i 专家对 j 指标的评价值。

指标二，满分频率。满分频率反映专家评满分的比例，满分频率越高，说明对指标给满分的专家人数越多，其计算公式为：

$$K_j = \frac{m_j'}{m_j} \tag{7.15}$$

式中，K_j 表示 j 指标的满分频率，m_j' 表示评满分的专家人数，m_j 表示参与 j 指标评价的专家人数。

本研究三轮专家咨询的专家意见集中程度统计结果如表7-56所示。

表7-56　专家意见集中程度汇总

	重要性		可操作性	
	算数均数	满分频率	算数均数	满分频率
第一轮	6.129 ~ 8.094	0.000 ~ 0.188	5.600 ~ 8.406	0.000 ~ 0.313
第二轮	3.409 ~ 4.773	0.091 ~ 0.818	3.409 ~ 4.591	0.316 ~ 0.682
第三轮	3.484 ~ 4.672	0.000 ~ 0.593	3.464 ~ 4.540	0.037 ~ 0.481

由表7-56可知，随着评价分制的优化以及专家意见的多轮反馈，专家的意见逐渐趋于一致，且意见逐渐理性客观。

4. 第一轮咨询结果

在第一轮的专家咨询中，根据专家对评价指标的重要性和可操作性的评分数值，计算各指标的算数均数和变异系数。借鉴王杨的筛选方法，课题组根据本研究实际情况，确定第一轮专家咨询的筛选原则（王杨等，2015）：①若重要性和可操作性两个维度的得分均数都小于7分，则删除指标；若只有一个维度的得分均数小于7分，则进行研讨确定；若两个维度的得分均数都大于等于7分，则指标入选。②若重要性和可操作性两个维度的变异系数都大于0.3，则删除指标；若只有一个维度的得分均数大于0.3，则进行研讨确定；若两个维度的得分均数都小于等于0.3，则指标入选。③若指标满足入选标准，但有专家建议删除，则对该指标进行研讨确定。根据上述筛选原则，第一轮专家咨询筛选结果如表7-57所示。

表7-57 第一轮专家咨询筛选结果

指标	重要性		可操作性		筛选结果
	均数	变异系数	均数	变异系数	
A经济效益	7.733	0.228	7.400	0.209	入选
B科研效益	6.500	0.317	7.033	0.318	删除
C社会效益	7.600	0.223	6.103	0.268	入选
D生态效益	7.433	0.268	5.600	0.317	删除
A1技术成果转让金额	7.781	0.248	7.969	0.229	入选
A2农技推广项目利润	7.938	0.210	7.156	0.225	入选
A3增加收入的农户人数	7.250	0.245	5.875	0.389	入选
A4企业或经济实体创办数量	6.531	0.294	7.375	0.324	入选
A5新产品和新技术的推广种类	7.063	0.249	8.094	0.238	入选
A6新产品和新技术的推广面积	7.688	0.202	7.094	0.264	入选
B1项目经费	6.813	0.302	8.406	0.202	删除
B2专利授权数	6.844	0.232	8.375	0.201	入选
B3新产品开发数	7.313	0.226	7.938	0.248	入选
B4技术标准拥有数	7.375	0.214	8.094	0.218	入选
B5技术规程拥有数	7.406	0.214	8.281	0.185	入选
C1下乡服务天数	7.875	0.190	7.844	0.251	删除
C2技术培训次数	8.094	0.161	8.188	0.229	入选
C3指导农户人数	7.500	0.203	7.281	0.284	入选

（续表）

指标	重要性		可操作性		筛选结果
	均数	变异系数	均数	变异系数	
C4安置农村劳动力数量	6.129	0.320	5.774	0.392	删除
C5培养科技示范户数量	7.156	0.263	7.313	0.323	入选
C6带动专业合作社带头人数量	6.875	0.250	7.313	0.306	入选
C7农业企业服务数	6.906	0.274	7.656	0.260	入选
C8示范推广基地面积	7.531	0.268	7.563	0.253	删除
C9科普资料发放数量	6.500	0.298	7.000	0.316	删除
C10实施科技开发项目数量	6.938	0.234	7.500	0.262	删除
D1减轻农业面源污染面积	7.710	0.247	5.774	0.379	删除
D2控制水土流失面积	7.548	0.234	5.613	0.381	删除
D3提高森林覆盖面积	7.097	0.283	5.968	0.347	删除
D4绿色有机食品生产基地面积	7.387	0.256	6.581	0.390	删除

在第一轮专家咨询中，部分专家针对评价指标体系框架提出了宝贵意见。对此，在进行评价指标筛选后，挑选了3名专家进行一对一访谈，咨询他们对第一轮评价指标体系框架的看法，并根据他们的见解进行指标体系框架的重新调整，从而形成第2版的大学农技推广服务人员绩效评价指标体系，如表7-58所示。

表7-58　大学农技推广服务人员绩效评价指标体系（第2版）

一级指标	二级指标	三级指标	三级指标定义
A 推广素质	A1 自我发展	A11参加农业技术讲座和论坛次数	参加农业技术讲座和论坛的次数（次/年）
		A12参加农业领域进修课程学时数	参加农业领域进修课程的学时数（学时/年）
		A13参加农业领域调研交流次数	参加农业领域调研交流的次数（次/年）
	A2 科技创新	A21获得专利授权数	作为完成人之一获得的专利授权数（项/年）
		A22获得新品种审定或认定数	作为完成人之一获得的新产品审定或认定数量（项/年）
		A23制定技术标准数	作为制定人之一的技术标准数量（项/年）
		A24制定技术规程数	作为制定人之一的技术规程数量（项/年）
	A3 团队合作	A31组建的推广团队数量	作为团队负责人的推广团队数量（个/年）
		A32参与的推广团队数量	作为团队成员的推广团队数量（个/年）

（续表）

一级指标	二级指标	三级指标	三级指标定义
B 推广行为	B1 推广形式	B11开展技术培训班培训人次	在基层开展技术培训班培训的人次（人次/年）
		B12试验示范指导农民人次	在基层通过成果试验示范指导的农民人次（人次/年）
		B13入户指导农民人次	入户指导的农民人次（人次/年）
		B14远程指导农民人次	通过现代技术进行远程指导的农民人次（人次/年）
		B15现场指导农业企业次数	现场指导农业企业（含专业合作社）的次数（次/年）
		B16远程指导农业企业次数	通过现代技术进行远程指导农业企业（含专业合作社）的次数（次/年）
		B17创办农业经济实体数量	在基层创办的农业经济实体（如农业企业、专业合作社）数量（家/年）
	B2 推广内容	B21推广的新技术种类	在基层推广的新技术种类（种/年）
		B22推广新品种和新技术的面积	在基层推广新品种和新技术的面积（万亩/年）
		B23推广新品种和新技术的数量	在基层推广新品种和新技术的数量（万头、万只/年）
C 推广效果	C1 经济效益	C11自创农业经济实体纯利润	在基层创办的农业经济实体（如农业企业、专业合作社）实现纯利润（万元/年）
		C12农业技术成果转让合同总金额	签订农业技术成果转让合同总金额（万元/年）
		C13农技推广项目总利润	在基层开展农技推广项目实现项目总利润（万元/年）
		C14服务对象农业产值增加额	服务对象实现农业产值增加额（万元/年）
		C15服务对象农业产量年增长比	服务对象实现农业产量年增长比（%）
		C16服务对象农业纯收入或纯利润增加额	服务对象实现农业纯收入或纯利润增加额（万元/年）
	C2 社会效益	C21个体农户纯收入增加量	带动个体农户实现纯收入增加的数量（户/年）
		C22农业企业纯利润增加量	带动农业企业（含专业合作社）实现纯利润增加的数量（家/年）
		C23服务对象节省人工数	服务对象因技术进步节省人工数（人/年）
		C24培养的科技示范户数量	服务农户中新获"科技示范户"荣誉的数量（户/年）

5. 第二轮咨询结果

在第二轮的专家咨询中，根据专家对评价指标的重要性和可操作性的评判数值，计算各指标的重要性和可操作性的算术均数、满分频率和变异系数。采用临界值法进行指标筛选，其中算数均数和满分频率的临界值=均数-标准差，指标分值高于临界值为优；变异系数的临界值=均数+标准差，指标分值低于临界值为优。筛选临界值计算方法如表7-59所示。

表7-59　筛选临界值计算方法

	方向	均值	标准差	临界值	入选条件	删除条件
算数均数M_j（j=1, 2, …, n）	正向	M_{Mj}	σ_{Mj}	$L_{Mj}=M_{Mj}-\sigma_{Mj}$	$M_j>L_{Mj}$	$M_j\leq L_{Mj}$
满分频率K_j（j=1, 2, …, n）	正向	M_{Kj}	σ_{Kj}	$L_{Kj}=M_{Kj}-\sigma_{Kj}$	$K_j>L_{Kj}$	$M_j\leq L_{Mj}$
变异系数V_j（j=1, 2, …, n）	逆向	M_{Vj}	σ_{Vj}	$L_{Vj}=M_{Vj}-\sigma_{Vj}$	$V_j<L_{Vj}$	$M_j\leq L_{Mj}$

根据表7-59，本研究运用临界值法筛选指标的原则为：若某一指标的重要性和可操作性都满足上述3个入选条件，则此指标入选；若某一指标的重要性和可操作性都不满足上述3个入选条件，则该指标删除；若某一指标属于其他情况，则由课题组开展专家访谈或内部讨论后进行决定。经计算得第二轮专家咨询筛选临界值，结果如表7-60所示。

表7-60　第二轮专家咨询筛选临界值

	算术均值	变异系数	满分频率
重要性	3.769	0.231	0.180
可操作性	3.760	0.226	0.202

根据临界值法筛选原则，结合专家提出的意见，对指标进行第二轮筛选。第二轮专家咨询筛选结果如表7-61所示。

根据专家意见，对第二轮入选指标进行修改和完善，主要包括如下修改内容。

第一，删除的指标，包括三级指标参加农业领域进修课程学时数，远程指导农民人次，远程指导农业企业次数，服务对象节省人工数；第二，增加的指标，包括三级指标获奖的应用型科技成果数；第三，修改的指标，包括一级指标推广行为改为推广产出。

表7-61　第二轮专家咨询筛选结果

指标	重要性			可操作性			筛选结果
	均数	变异系数	满分频率	均数	变异系数	满分频率	
A推广素质	3.864	0.229	0.318	3.818	0.209	0.182	入选
B推广行为	4.091	0.226	0.409	4.136	0.180	0.273	入选
C推广效果	4.773	0.129	0.818	3.818	0.231	0.273	入选
A1自我发展	3.773	0.212	0.227	3.727	0.219	0.182	入选
A2科技创新	3.773	0.197	0.136	3.909	0.180	0.227	入选
A3团队合作	3.955	0.211	0.227	3.727	0.222	0.136	入选
B1推广形式	4.091	0.182	0.273	4.045	0.197	0.364	入选
B2推广内容	4.409	0.164	0.545	4.045	0.174	0.273	入选
C1经济效益	4.227	0.176	0.455	4.000	0.221	0.318	入选
C2社会效益	4.227	0.171	0.500	3.409	0.245	0.136	专家建议保留
A11参加农业技术讲座和论坛次数	3.500	0.295	0.227	4.318	0.211	0.591	入选
A12参加农业领域进修课程学时数	3.409	0.269	0.136	4.136	0.232	0.455	删除
A13参加农业领域调研交流次数	3.773	0.212	0.227	4.227	0.193	0.500	入选
A21获得专利授权数	3.727	0.181	0.182	4.136	0.178	0.500	入选
A22获得新品种审定或认定数	4.000	0.176	0.273	4.227	0.174	0.500	入选
A23制定技术标准数	3.818	0.120	0.091	4.318	0.146	0.500	入选
A24制定技术规程数	3.955	0.116	0.136	4.318	0.146	0.500	入选
A31组建的推广团队数量	3.727	0.214	0.136	4.091	0.172	0.364	入选
A32参与的推广团队数量	3.773	0.221	0.227	3.955	0.243	0.364	入选
B11开展技术培训班培训人次	4.409	0.167	0.500	4.591	0.106	0.682	入选
B12试验示范指导农民人次	4.136	0.193	0.273	4.182	0.191	0.409	入选
B13入户指导农民人次	4.227	0.189	0.409	4.182	0.243	0.500	指标重复删除
B14远程指导农民人次	3.727	0.244	0.182	3.727	0.224	0.182	删除

（续表）

指标	重要性			可操作性			筛选结果
	均数	变异系数	满分频率	均数	变异系数	满分频率	
B15现场指导农业企业次数	4.364	0.161	0.455	4.455	0.144	0.591	入选
B16远程指导农业企业次数	3.955	0.218	0.318	3.727	0.258	0.318	删除
B17创办农业经济实体数量	3.818	0.270	0.318	4.091	0.211	0.455	入选
B21推广的新技术种类	4.273	0.228	0.591	4.545	0.112	0.591	入选
B22推广新品种和新技术的面积	4.591	0.110	0.636	4.409	0.145	0.500	入选
B23推广新品种和新技术的数量	4.455	0.116	0.545	4.364	0.145	0.455	入选
C11自创农业经济实体纯利润	3.955	0.214	0.273	4.000	0.200	0.318	入选
C12农业技术成果转让合同总金额	4.182	0.168	0.409	4.000	0.194	0.409	入选
C13农技推广项目总利润	3.955	0.166	0.182	3.864	0.175	0.182	入选
C14服务对象农业产值增加额	4.182	0.191	0.409	3.818	0.195	0.227	入选
C15服务对象农业产量年增长比	4.182	0.191	0.409	3.818	0.203	0.227	入选
C16服务对象农业纯收入或纯利润增加额	3.773	0.192	0.227	3.773	0.192	0.227	入选
C21个体农户纯收入增加量	3.818	0.190	0.227	3.818	0.190	0.227	入选
C22农业企业纯利润增加量	3.864	0.182	0.227	3.864	0.182	0.227	入选
C23服务对象节省人工数	3.636	0.176	0.136	3.636	0.176	0.136	删除
C24培养的科技示范户数量	3.864	0.200	0.227	3.864	0.200	0.227	入选

二级指标：推广形式分为受益个人和服务企业，推广内容改为产品应用。

三级指标：参加农业技术讲座或论坛次数改为参加高层次农业技术会议或论坛次数，参加农业领域调研交流次数改为参加农业领域调研次数，组建的推广团队数量改为组建的推广项目团队数量，参与的推广团队数量改为参与的推广项目团队数量，开展技术培训班培训人次改为技术培训人次，试验示范指导农民人次和入户指导农民人次合并为指导农民人次，技术培训人次和指导农民人次归入受益个人，现场指导农业企业次数改为指导农业企业次数，创办农业经济实体数量改为创办农业企业数量，指导农业企业次数和创办农业企业数量归入服务企业，推广的新技术种类改为推广应用的新技术数量，推广新品种和新技术的面积改为新品种和新技术的推广应用面积，推广新品种和新技术的数量改为新品种和新技术的推广应用数量，推广应用的新技术数量、新品种和新技术的推广应用面积、新品种和新技术的推广应用数量归入产品应用，自创农业经济实体纯利润改为自创农业企业纯利润。

通过第二轮专家咨询，形成第3版的大学农技推广服务人员绩效评价指标体系，如表7-62所示。

6. 第三轮咨询结果

在第三轮专家咨询中，根据专家对指标的评分计算指标的算数均值、变异系数和满分频率，并通过临界值的计算方法计算第三轮专家咨询的指标筛选临界值，结果如表7-63所示。

根据第三轮专家咨询筛选临界值表，依据第二轮专家咨询指标筛选标准，对不满足入选标准的评价指标进行删除。对于有疑问的指标，通过与专家组中的9位专家进行一对一访谈，了解专家对指标的专业意见。汇集访谈专家的意见，从而确定第三轮专家咨询筛选结果，如表7-64所示。

在第三轮专家咨询中，根据专家的意见，对指标C16进行删除，同时将指标C11名称更改为自创农业企业数量，从而形成第4版的大学农技推广服务绩效评价指标体系，如表7-65所示。

表7-62 大学农技推广服务人员绩效评价指标体系（第3版）

一级指标	二级指标	三级指标	三级指标定义
A 推广素质	A1 自我发展	A11参加高层次农业技术会议或论坛次数	参加国家级及以上的农业技术会议或论坛次数（次/年）
		A12参加农业领域调研次数	参加农业领域调研的次数（次/年）
	A2 科技创新	A21获得专利授权数	作为完成人之一获得的专利授权数（项/年）
		A22获得新品种审定或认定数	作为完成人之一获得的新产品审定或认定数量（项/年）
		A23制定技术标准数	作为制定人之一的技术标准数量（项/年）
		A24制定技术规程数	作为制定人之一的技术规程数量（项/年）
		A25获奖的应用型科技成果数	作为获奖人之一获得的应用型科技成果数（项/年）
	A3 团队合作	A31组建的推广项目团队数量	作为团队负责人的推广项目团队数量（个/年）
		A32参与的推广项目团队数量	作为团队成员的推广项目团队数量（个/年）

（续表）

一级指标	二级指标	三级指标	三级指标定义
B 推广产出	B1 受益个人	B11技术培训人次	在基层开展技术培训班培训的人次（人次/年）
		B12指导农民人次	在基层通过试验示范或入户到田指导的农民人次（人次/年）
	B2 服务企业	B21指导农业企业次数	在基层指导农业企业（含专业合作社）的次数（次/年）
		B22创办农业企业数量	在基层创办的农业企业（含专业合作社）数量（家/年）
	B3 产品应用	B31推广应用的新技术数量	在基层推广应用的新技术数量（项/年）
		B32新品种和新技术的推广应用面积	新品种和新技术在基层的推广应用面积（万亩/年）
		B33新品种和新技术的推广应用数量	新品种和新技术在基层的推广应用数量（万头、万只/年）
C 推广效果	C1 经济效益	C11自创农业企业纯利润	在基层创办的农业企业（含专业合作社）实现纯利润（万元/年）
		C12农业技术成果转让合同总金额	签订农业技术成果转让合同总金额（万元/年）
		C13农技推广项目总利润	在基层开展农技推广项目实现项目总利润（万元/年）
		C14服务对象农业产值增加额	服务对象实现农业产值增加额（万元/年）
		C15服务对象农业产量年增长比	服务对象实现农业产量年增长比（%）
		C16服务对象农业纯收入或纯利润增加额	服务对象实现农业纯收入或纯利润增加额（万元/年）
	C2 社会效益	C21纯收入增加的农户数	带动个体农户实现纯收入增加的数量（户/年）
		C22纯利润增加的农业企业数	带动农业企业（含专业合作社）实现纯利润增加的数量（家/年）
		C23培养的科技示范户数量	服务农户中新获"科技示范户"荣誉的数量（户/年）

表7-63　第三轮专家咨询筛选临界值

	算术均值	变异系数	满分频率
重要性	3.720	0.167	0.028
可操作性	3.737	0.183	0.079

表7-64　第三轮专家咨询筛选结果

指标	重要性			可操作性			筛选结果
	均数	变异系数	满分频率	均数	变异系数	满分频率	
A推广素质	3.616	0.146	0.000	3.784	0.201	0.111	入选
B推广产出	4.160	0.133	0.222	4.052	0.112	0.111	入选
C推广效果	4.672	0.098	0.593	3.624	0.155	0.037	入选
A1自我发展	3.592	0.138	0.000	3.784	0.168	0.074	入选
A2科技创新	3.952	0.155	0.148	4.080	0.125	0.148	入选
A3团队合作	3.920	0.150	0.111	3.738	0.138	0.037	入选
B1受益个人	3.667	0.162	0.037	3.667	0.229	0.111	入选
B2服务企业	4.000	0.149	0.111	3.778	0.214	0.111	入选
B3产品应用	4.484	0.107	0.407	3.880	0.187	0.148	入选
C1经济效益	4.400	0.156	0.444	4.008	0.144	0.148	入选
C2社会效益	4.316	0.124	0.296	3.464	0.162	0.037	入选
A11参加高层次农业技术会议或论坛次数	3.484	0.158	0.037	4.063	0.155	0.185	入选
A12参加农业领域调研次数	3.568	0.136	0.000	4.144	0.144	0.222	入选
A21获得专利授权数	3.644	0.170	0.037	4.376	0.124	0.333	入选
A22获得新品种审定或认定数	3.904	0.117	0.037	4.304	0.119	0.259	入选
A23制定技术标准数	3.704	0.128	0.000	4.280	0.121	0.259	入选
A24制定技术规程数	3.738	0.136	0.000	4.284	0.121	0.259	入选
A25获奖的应用型科技成果数	3.778	0.232	0.074	4.444	0.115	0.296	入选
A31组建的推广项目团队数量	4.144	0.127	0.185	4.204	0.137	0.259	入选
A32参与的推广项目团队数量	3.700	0.164	0.074	4.000	0.144	0.148	入选
B11技术培训人次	4.352	0.122	0.296	4.540	0.123	0.481	入选
B12指导农民人次	4.088	0.140	0.185	4.216	0.167	0.333	入选
B21指导农业企业次数	4.244	0.117	0.222	4.344	0.155	0.370	入选
B22创办农业企业数量	3.804	0.181	0.111	3.876	0.215	0.222	入选
B31推广应用的新技术数量	4.164	0.145	0.222	4.212	0.113	0.185	入选
B32新品种和新技术的推广应用面积	4.460	0.137	0.407	4.132	0.172	0.259	入选

（续表）

指标	重要性			可操作性			筛选结果
	均数	变异系数	满分频率	均数	变异系数	满分频率	
B33新品种和新技术的推广应用数量	4.440	0.139	0.407	4.168	0.146	0.222	入选
C11自创农业企业纯利润	3.980	0.147	0.148	3.888	0.158	0.111	入选
C12农业技术成果转让合同总金额	4.032	0.146	0.148	4.220	0.149	0.259	入选
C13农技推广项目总利润	3.888	0.172	0.148	3.772	0.195	0.148	入选
C14服务对象农业产值增加额	4.164	0.127	0.185	3.820	0.175	0.111	入选
C15服务对象农业产量年增长比	3.988	0.116	0.074	3.744	0.154	0.074	入选
C16服务对象农业纯收入或纯利润增加额	4.128	0.122	0.148	3.684	0.155	0.037	删除
C21纯收入增加的农户数	4.296	0.154	0.333	3.784	0.186	0.148	入选
C22纯利润增加的农业企业数	4.144	0.144	0.222	3.748	0.178	0.111	入选
C23培养的科技示范户数量	4.088	0.140	0.185	3.892	0.181	0.185	入选

表7-65　大学农技推广服务绩效评价指标体系（第4版）

一级指标	二级指标	三级指标	三级指标定义
A 推广素质	A1 自我发展	A11参加高层次农业技术会议或论坛次数	参加国家级及以上的农业技术会议或论坛次数（次/年）
		A12参加农业领域调研次数	参加农业领域调研的次数（次/年）
	A2 科技创新	A21获得专利授权数	作为完成人之一获得的专利授权数（项/年）
		A22获得新品种审定或认定数	作为完成人之一获得的新产品审定或认定数量（项/年）
		A23制定技术标准数	作为制定人之一的技术标准数量（项/年）
		A24制定技术规程数	作为制定人之一的技术规程数量（项/年）
		A25获奖的应用型科技成果数	作为获奖人之一获得的应用型科技成果数（项/年）
	A3 团队合作	A31组建的推广项目团队数量	作为团队负责人的推广项目团队数量（个/年）
		A32参与的推广项目团队数量	作为团队成员的推广项目团队数量（个/年）

（续表）

一级指标	二级指标	三级指标	三级指标定义
B 推广产出	B1 受益个人	B11技术培训人次	在基层开展技术培训班培训的人次（人次/年）
		B12指导农民人次	在基层通过试验示范或入户到田指导的农民人次（人次/年）
	B2 服务企业	B21指导农业企业次数	在基层指导农业企业（含专业合作社）的次数（次/年）
		B22创办农业企业数量	在基层创办的农业企业（含专业合作社）数量（家/年）
	B3 产品应用	B31推广应用的新技术数量	在基层推广应用的新技术数量（项/年）
		B32新品种和新技术的推广应用面积	新品种和新技术在基层的推广应用面积（万亩/年）
		B33新品种和新技术的推广应用数量	新品种和新技术在基层的推广应用数量（万头、万只/年）
C 推广效果	C1 经济效益	C11自创农业企业纯利润	在基层创办的农业企业（含专业合作社）实现纯利润（万元/年）
		C12农业技术成果转让合同总金额	签订农业技术成果转让合同总金额（万元/年）
		C13农技推广项目总利润	在基层开展农技推广项目实现项目总利润（万元/年）
		C14服务对象农业产值增加额	服务对象实现农业产值增加额（万元/年）
		C15服务对象农业产量年增长比	服务对象实现农业产量年增长比（%）
	C2 社会效益	C21纯收入增加的农户数	带动个体农户实现纯收入增加的数量（户/年）
		C22纯利润增加的农业企业数	带动农业企业（含专业合作社）实现纯利润增加的数量（家/年）
		C23培养的科技示范户数量	服务农户中新获"科技示范户"荣誉的数量（户/年）

（四）评价指标权重确定

为了确定大学农技推广服务人员绩效评价指标体系的权重，了解各指标的相对重要程度，并对大学农技推广服务人员进行绩效评价，本研究运用层次分析法对评价体系进行赋权，从而确定大学农技推广服务人员绩效评价指标的组合权重值。层次分析法（Analytic Hierarchy Process，简称AHP）由美国运筹学家Satty于20世纪70年代提出，该方法将复杂问题分解成为各个组成要素，并将这些要素按照支配关系分组成为递阶层次结构。通过将指标进行两两比较，确定层次中各因素的相对重要程度，然后将评价主体的评价进行综合，从而确定各要素相对重要程度的总排序，其实施过程体现了人们"分解—判断—综合"的思维方式（汪应洛，2003）。

1. 建立递阶层次结构

根据问题涉及的因素进行分类，建立一个各因素相互联系的递阶层次结构。该结构分为最高层、中间层和最底层3个层次：最高层包含一个要素，一般为期望实现的结果或问题的预定目标；中间层涵盖了与目标实现相关的中间环节；最低层表示为了实现目标可进行选择的各种方案。

2. 构造判断矩阵

为了构造判断矩阵，需要专家通过两两对比的方式确定层次中各指标的相对重要性。但是，当层次过多或者每层的要素数量较多时，对比的次数呈现指数增长，容易导致专家判断疲劳，影响判断准确度。因此，本研究在构造判断矩阵时使用了两种不同的方法。

在构造一级指标的判断矩阵时，设计赋权咨询表连同第三轮专家咨询表一起发放。通过专家对一级指标进行两两对比后的Satty标度赋值结果，进行一级指标判断矩阵的构造。Satty标度如表7-66所示。

表7-66 Satty标度

标度	含义
1	两个指标相比，具有相同重要程度
3	两个指标相比，前者比后者稍微重要
5	两个指标相比，前者比后者明显重要
7	两个指标相比，前者比后者明显重要
9	两个指标相比，前者比后者极端重要
2、4、6、8	上述标度的中间值
倒数	两个指标相比，后者比前者的重要性标度

在构造二级指标和三级指标的判断矩阵时，根据第三轮专家咨询表中二级指标和三级指标对于所属上级指标相对重要性的赋值均数，计算二级指标和三级指标相对重要性的赋值均数差，并根据下列标准确定Satty标度（李海燕等，2007）。

假设Z_{ij}和Z_{ik}是某一层次中任意两个指标的重要性均数值，如果$0.25 < Z_{ij} - Z_{ik} \leq 0.50$，则$Z_{ij}$比$Z_{ik}$稍微重要，Satty标度取3；如果$0.75 < Z_{ij} - Z_{ik} \leq 1.00$，则$Z_{ij}$比$Z_{ik}$明

显重要，Satty标度取5；如果$1.25<Z_{ij}-Z_{ik}\leq1.50$，则$Z_{ij}$比$Z_{ik}$非常重要，Satty标度取7；如果$Z_{ij}-Z_{ik}>1.75$，则$Z_{ij}$比$Z_{ik}$极端重要，Satty标度取9；如果差值在两个尺度之间，则Satty标度为2、4、6、8。根据上述方法，构造二级指标和三级指标的判断矩阵。

3. 计算各层次权重向量

本研究运用方根法，进行权重向量确定，首先计算n阶判断矩阵A各行的几何均数$\bar{\omega}_i$，公式为：

$$\bar{\omega}_i=\sqrt[n]{\prod\nolimits_{j=1}^{n}a_{ij}}\ (i=1,\ 2,\ \cdots,\ n) \tag{7.16}$$

对向量$\bar{\omega}_i$进行归一化，即为所得到的权重ω_i，公式为：

$$\omega_i=\frac{\bar{\omega}_i}{\sum_{i=1}^{m}\bar{\omega}_i} \tag{7.17}$$

为了检验判断矩阵的一致性，采用一致性指标（Consistency index，CI）进行一致性判断，其公式为：

$$CI=\frac{\lambda_{\max}-n}{n-1} \tag{7.18}$$

其中，

$$\lambda_{\max}=\frac{1}{n}\sum_{i=1}^{n}\frac{(A\omega)_i}{\omega_i} \tag{7.19}$$

当CI为0时，说明判断矩阵具有完全的一致性。由于主客观因素的存在，判断矩阵很难达到完全一致。为了检验判断矩阵是否具有满意的一致性，引进平均随机一致性指标（Ramdom index，RI），RI的取值如表7-67所示。

表7-67　平均随机一致性指标RI取值

n	1	2	3	4	5	6	7	8	9
RI	0.00	0.00	0.58	0.90	1.12	1.24	1.32	1.41	1.45

定义CR为一致性比例，即$CR=\dfrac{CI}{RI}$。若$CR\leq0.1$时，则判断矩阵通过一致性检验，可用归一化特征向量作为权重向量。若$CR>0.1$时，则判断矩阵没有通过一致性检验，需要对判断矩阵进行修改。

4. 确定组合权重

为综合专家的评价意见，将每位专家赋予的一级指标权重进行算数平均，计算出一级指标权重值ω_1，然后结合二级指标权重值ω_2和三级指标权重值ω_3，进行逐层对应组合相乘，从而得出指标体系的组合权重值ω_j。组合权重计算方法如表7-68所示。

表7-68 组合权重计算方法

一级指标（ω_1）	二级指标（ω_2）	三级指标（ω_3）	组合权重（ω_j）计算公式
A（ω_A）	A1（ω_{A1}）	A11（ω_{A11}）	$\omega_1=\omega_A \cdot \omega_{A1} \cdot \omega_{A11}$
		A12（ω_{A12}）	$\omega_2=\omega_A \cdot \omega_{A1} \cdot \omega_{A12}$
	A2（ω_{A2}）	A21（ω_{A21}）	$\omega_3=\omega_A \cdot \omega_{A2} \cdot \omega_{A21}$
		A22（ω_{A22}）	$\omega_4=\omega_A \cdot \omega_{A2} \cdot \omega_{A22}$
		A23（ω_{A23}）	$\omega_5=\omega_A \cdot \omega_{A2} \cdot \omega_{A23}$
		A24（ω_{A24}）	$\omega_6=\omega_A \cdot \omega_{A2} \cdot \omega_{A24}$
		A25（ω_{A25}）	$\omega_7=\omega_A \cdot \omega_{A2} \cdot \omega_{A25}$
	A3（ω_{A3}）	A31（ω_{A31}）	$\omega_8=\omega_A \cdot \omega_{A3} \cdot \omega_{A31}$
		A32（ω_{A32}）	$\omega_9=\omega_A \cdot \omega_{A3} \cdot \omega_{A32}$
B（ω_B）	B1（ω_{B1}）	B11（ω_{B11}）	$\omega_{10}=\omega_B \cdot \omega_{B1} \cdot \omega_{B11}$
		B12（ω_{B12}）	$\omega_{11}=\omega_B \cdot \omega_{B1} \cdot \omega_{B12}$
	B2（ω_{B2}）	B21（ω_{B21}）	$\omega_{12}=\omega_B \cdot \omega_{B2} \cdot \omega_{B21}$
		B22（ω_{B22}）	$\omega_{13}=\omega_B \cdot \omega_{B2} \cdot \omega_{B22}$
	B3（ω_{B3}）	B31（ω_{B31}）	$\omega_{14}=\omega_B \cdot \omega_{B3} \cdot \omega_{B31}$
		B32（ω_{B32}）	$\omega_{15}=\omega_B \cdot \omega_{B3} \cdot \omega_{B32}$
		B33（ω_{B33}）	$\omega_{16}=\omega_B \cdot \omega_{B3} \cdot \omega_{B33}$
C（ω_C）	C1（ω_{C1}）	C11（ω_{C11}）	$\omega_{17}=\omega_C \cdot \omega_{C1} \cdot \omega_{C11}$
		C12（ω_{C12}）	$\omega_{18}=\omega_C \cdot \omega_{C1} \cdot \omega_{C12}$
		C13（ω_{C13}）	$\omega_{19}=\omega_C \cdot \omega_{C1} \cdot \omega_{C13}$
		C14（ω_{C14}）	$\omega_{20}=\omega_C \cdot \omega_{C1} \cdot \omega_{C14}$
		C15（ω_{C15}）	$\omega_{21}=\omega_C \cdot \omega_{C1} \cdot \omega_{C15}$
	C2（ω_{C2}）	C21（ω_{C21}）	$\omega_{22}=\omega_C \cdot \omega_{C2} \cdot \omega_{C21}$
		C22（ω_{C22}）	$\omega_{23}=\omega_C \cdot \omega_{C2} \cdot \omega_{C22}$
		C23（ω_{C23}）	$\omega_{24}=\omega_C \cdot \omega_{C2} \cdot \omega_{C23}$

为了检验总层次的一致性，设递阶层次结构的层数为s，第k层的要素数量为t_k，$k=1$，2，…，s。第$k-1$层的t_k-1个要素对于总目标的权重向量$\omega^{(k-1)}=\left[\omega_1^{(k-1)}, \omega_2^{(k-1)}, \cdots, \omega_{t_{k-1}}^{(k-1)}\right]^T$，如果第$k$层相对于第$k-1$层第$i$要素的一致性指标为$CI_i^{(k)}$，平均随机一致性指标为$RI_i^{(k)}$，

随机一致性比例为$CR_i^{(k)}$, $i=1$, 2, $\cdots$, t_{k-1}, 则第k层以上的判断矩阵群整体一致性计算步骤为（郝海等，2007）：

$$CI^{(k)} = \left[CI_1^{(k)}, CI_2^{(k)}, \cdots, CI_{n_{k-1}}^{(k)} \right] \omega^{(k-1)} \qquad (7.20)$$

$$RI^{(k)} = \left[RI_1^{(k)}, RI_2^{(k)}, \cdots, RI_{n_{k-1}}^{(k)} \right] \omega^{(k-1)} \qquad (7.21)$$

$$CR^{(k)} = \frac{CI^{(k)}}{RI^{(k)}} \qquad (7.22)$$

如果$CR^{(k)}<0.1$，说明层次结构在第k层以上的所有判断矩阵满足整体一致性。经计算，总层次整体一致性比例为0.077<0.1，说明总层次结构具有满意的一致性。大学农技推广服务人员绩效评价权重表如表7–69所示。

表7–69　大学农技推广服务人员绩效评价权重

一级指标	二级指标	三级指标	组合权重ω_j
A 推广素质 （0.213）	A1自我发展 （0.140）	A11参加高层次农业技术会议或论坛次数（0.333）	0.009 9
		A12参加农业领域调研次数（0.667）	0.019 8
	A2科技创新 （0.528）	A21获得专利授权数（0.096）	0.003 2
		A22获得新品种审定或认定数（0.343）	0.036 3
		A23制定技术标准数（0.138）	0.015 8
		A24制定技术规程数（0.192）	0.020 9
		A25获奖的应用型科技成果数（0.240）	0.027 5
	A3团队合作 （0.333）	A31组建的推广项目团队数量（0.75）	0.053 1
		A32参与的推广项目团队数量（0.25）	0.017 7
B 推广产出 （0.327）	B1受益个人 （0.105）	B11技术培训人次（0.75）	0.025 7
		B12指导农民人次（0.25）	0.008 6
	B2服务企业 （0.258）	B21指导农业企业次数（0.75）	0.063 3
		B22创办农业企业数量（0.25）	0.021 1
	B3产品应用 （0.637）	B31推广应用的新技术数量（0.140）	0.029 1
		B32新品种和新技术的推广应用面积（0.528）	0.109 9
		B33新品种和新技术的推广应用数量（0.333）	0.069 2

（续表）

一级指标	二级指标	三级指标	组合权重ω$_j$
C 推广效果 （0.460）	C1经济效益 （0.667）	C11自创农业企业纯利润（0.138）	0.033 0
		C12农业技术成果转让合同总金额（0.240）	0.052 4
		C13农技推广项目总利润（0.096）	0.024 5
		C14服务对象农业产值增加额（0.344）	0.089 1
		C15服务对象农业产量年增长比（0.182）	0.041 6
	C2社会效益 （0.333）	C21纯收入增加的农户数（0.493）	0.075 7
		C22纯利润增加的农业企业数（0.311）	0.047 7
		C23培养的科技示范户数量（0.196）	0.030 0

（五）绩效评价模型构建

1. 无量纲化

为了消除不同指标单位的差异，本研究运用归一化处理法，将客观数值转化为比例型数值，从而进行指标数值的无量纲化处理，公式为：

$$x_{ij}^* = \frac{x_{ij}}{\sum_{i=1}^{n} x_{ij}} \tag{7.23}$$

式中，x_{ij}^*代表第i个大学农技推广服务人员第j项指标的无量纲化数值，x_{ij}代表第i个农技推广服务人员第j项指标的数值。

2. 建立绩效评价模型

根据各指标无量纲化数值，结合对应的指标权重，从而建立绩效评价模型，模型公式为：

$$S_i = \sum_{j=1}^{n} x_{ij}^* \cdot \omega_j \tag{7.24}$$

式中，S_i代表第i位大学农技推广服务人员的绩效分值，x_{ij}^*代表第i个大学农技推广服务人员第j项指标的无量纲化数值ω_j，代表第j项指标组合权重值。

（六）实证研究

为了验证绩效评价模型的有效性和可信度，本研究设计了大学农技推广服务调查问卷（详见附录），以华南农业大学农技推广服务人员为研究对象，采用完全匿名的形式，通过纸质版问卷与电子版问卷相结合的发放方式，对农技推广服务人员2016年度工作情况进行问卷调查与评价分析。问卷共发放326份，回收173份，问卷回收率为53.1%。

1. 研究对象基本情况

由表7-70可知，参与调查的大学农技推广服务人员大多数为男性，占总人数的85%；在年龄方面，绝大多数的农技推广服务人员在41～60岁，这个年龄层的人数占总人数的80.4%；在学历方面，超过8成的农技推广服务人员具有博士学历；在工作年限方面，具有10年以上的农技推广服务工作年限的农技推广服务人员超过6成；在岗位方面，超过90%的大学农技推广服务人员为教学科研人员；在职称和职务方面，超过9成的大学农技推广服务人员具有副高级及以上职称，且78%的大学农技推广服务人员没有行政职务。

表7-70 研究对象基本情况

项目	分类	人数	百分比
性别	男	147	85.0
	女	26	15.0
年龄	60岁以上	7	4.0
	51～60岁	69	39.9
	41～50岁	70	40.5
	31～40岁	27	15.6
	30岁及以下	0	0
学历	博士研究生	140	80.9
	硕士研究生	25	14.5
	本科	4	2.3
	专科及以下	1	6.0
	空缺值	3	1.7
农技推广服务工作年限	20年以上	57	32.9
	16～20年	28	16.2
	11～15年	32	18.5
	6～10年	25	14.5
	5年及以下	27	15.6
	空缺值	4	2.3
岗位	教学科研人员	157	90.8
	行政管理人员	2	1.2
	其他	13	7.6
	空缺值	1	0.6

（续表）

项目	分类	人数	百分比
职称	正高级	89	51.4
	副高级	77	44.5
	中级及以下	6	3.5
	空缺值	1	0.6
职务	正处级及以上	10	5.8
	副处级	17	9.8
	副处级以下	8	4.6
	无	135	78.0
	空缺值	3	1.7

2. 绩效评价分析

结合研究对象2016年度工作情况调查数据，根据大学农技推广服务人员绩效评价模型，计算大学农技推广服务人员绩效分值。以回收的前10份问卷为例，计算结果如表7-71所示。

表7-71 大学农技推广服务人员绩效分值（局部）

编号	绩效分值
1	0.004 813 618
3	0.003 833 252
4	0.000 316 242
5	0.005 825 982
6	0.000 156 95
7	0.004 270 066
8	0.018 052 82
9	0.026 722 898
12	0.001 025 783
13	0.000 449 131

经统计，调查对象的绩效分值介于0～0.06，其中最大值为0.059 029，最小值为0.000 012。为了研究大学农技推广服务人员的绩效情况，本研究将区间[0，0.06]划分

为[0，0.015]、[0.015，0.03]、[0.03，0.045]和[0.045，0.06]4个区间，分别统计不同区间的人数比例，统计结果如图7-29所示。

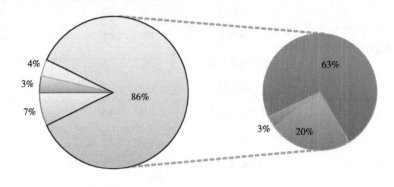

图例：
- □ 0.015≤绩效分值<0.03
- ■ 0.03≤绩效分值<0.045
- □ 绩效分值≥0.045
- ■ 0≤绩效分值<0.005
- ■ 0.005≤绩效分值<0.01
- ■ 0.01≤绩效分值<0.015

图7-29　大学农技推广服务人员绩效分值统计结果

由图7-29可知，绩效分值小于0.015的人数最多，占总人数的86%。其中，绩效分值在区间[0，0.005]之中的人数占63%，绩效分值在区间[0.005，0.01]之中的人数占20%，绩效分值在区间[0.01，0.015]之中的人数占3%。绩效分值大于或等于0.015的人数占14%，其中，绩效分值在区间[0.015，0.03]、[0.03，0.045]和[0.045，0.06]之中的人数比例分别为7%、3%和4%。由此可见，目前大学农技推广服务人员的绩效分值普遍较低，虽然有的农技推广服务人员绩效分值较为突出，但这部分只占极小的比例。这在一定程度说明，当前大学农技推广服务人员对于农技推广服务工作还不够重视，大学农技推广服务尚处于起步阶段。该结果与目前大学农技推广服务情况相符，从而说明构建的大学农技推广服务绩效评价模型具有一定的有效性和可信度。

四、大学农技推广服务人员绩效影响因素分析

（一）数据收集

为了探索影响大学农技推广服务人员绩效的因素，本研究在设计大学农技推广服务人员基本情况调查表与2016年度工作情况调查表时，同步设计组织支持调查表、工作投入调查表和工作满意度调查表（详见附录），并在开展大学农技推广服务调查时，同步进行组织支持、工作投入和工作满意度问卷调查。问卷共发放326份，回收173份，问卷回收率为53.1%。

1.组织支持感调查

组织支持感调查表参考凌文辁等编制的组织支持感量表，结合大学农技推广服务的实际情况进行适当的修订。该表共分为9个项目，采用李克特5点量表评分形式，衡量大学农技推广服务人员对于组织支持度的评价情况。

2. 工作投入调查

工作投入调查表参考Schaufeli等设计的UWES量表，并根据大学农技推广服务人员的工作进行修改。该表共分为13个条目，以李克特5点量表的打分方式，测量大学农技推广人员的工作投入情况。

3. 工作满意度调查

工作满意度调查表参照明尼苏达工作满意度短式量表，依据大学农技推广服务工作进行修改。该表共分为20个条目，采用李克特5点量表形式，测量大学农技推广服务人员的工作满意度。

（二）信度分析

信度主要用来评价测量工具的稳定性和一致性，即测量过程中随机误差造成的测量值的变异程度大小。本研究运用SPSS 22.0中的Cronbach一致性系数（α系数）分析功能，对组织支持感量表、工作投入量表和工作满意度量表进行信度分析。当α大于0.8时，表明量表具有极好的内部一致性；当α在0.6～0.8时，证明量表具有较好的内部一致性；当α低于0.6时，表明量表的内部一致性较差（蒋小花等，2010）。信度分析结果如表7-72所示。

表7-72　信度分析结果

	组织支持感	工作投入	工作满意度
Cronbach's Alpha	0.951	0.953	0.959

由表7-72可知，工作投入量表、组织支持感量表、工作满意度量表的α系数均大于0.95，说明各量表均具有较高程度的内部一致性。

（三）效度分析

效度主要用于评价量表的准确性，即测量值与目标真实值的偏差程度大小（蒋小花等，2010）。由于组织支持感量表、工作投入量表和工作满意度量表均选自国内外研究成熟的量表，因此具有一定的内容效度。在此基础上，本研究运用SPSS 22.0，通过因子分析探索量表的结构效度。在对各量表进行因子分析之前，需要先对各量表进行KMO样本测度和Bartlett球形度检验。KMO用于进行变量之间简单相关系数平方和与偏相关系数平方和的比较，KMO越大，说明变量之间的简单相关系数平方和大于偏相关系数平方和。Kaiser认为，当KMO值小于0.5时不适合进行因子分析，而当KMO值大于0.9时，则非常适合进行因子分析（Kaiser，1974）。Bartlett球形度检验用于检验相关系数矩阵的显著性，只有Bartlett球形度检验显著的相关系数，才适合进行因子分析。由表7-73可知，组织支持感量表、工作投入量表和工作满意度量表均满足KMO样本充分性检验和Bartlett球形度检验，说明量表适合进行因子分析。

表7-73　KMO样本充分性检验和Bartlett球形度检验

		组织支持感	工作投入	工作满意度
KMO检验		0.923	0.924	0.945
Bartlett球形度检验	近似卡方值	934.142	1 751.202	2 302.480
	自由度	28	66	171
	显著性	0.000	0.000	0.000

1. 组织支持感

运用SPSS 22.0，采用主成分分析法对组织支持感量表进行因子分析，并用最大方差法进行因子旋转。由于OS7在2个因子的数值较为接近，因此将OS7进行剔除。最后共提取工作支持、认同价值和关心利益3个因子，这3个因子共解释了85.040%的差异。工作投入因子分析如表7-74所示。

表7-74　组织支持感因子分析结果

项目	因子		
	工作支持	认同价值	关心利益
OS2	0.820	0.421	0.209
OS1	0.815	0.193	0.405
OS3	0.766	0.431	0.328
OS5	0.246	0.862	0.247
OS6	0.390	0.696	0.385
OS4	0.491	0.644	0.307
OS9	0.317	0.278	0.864
OS8	0.371	0.479	0.688

2. 工作投入

运用SPSS 22.0，采用主成分分析法对工作投入量表进行因子分析，并用最大方差法进行因子旋转。在分析中发现项目JI5独立形成一类因子，因此对项目JI5进行剔除。因子分析共提取3个因子，分别是专注、奉献和活力，这3个因子共解释了83.499%的差异，分析结果如表7-75所示。

表7-75 工作投入因子分析结果

项目	因子		
	专注	奉献	活力
JI7	0.804	0.286	0.360
JI6	0.788	0.357	0.321
JI9	0.777	0.337	0.296
JI8	0.776	0.283	0.423
JI12	0.279	0.876	0.214
JI10	0.237	0.862	0.178
JI13	0.320	0.797	0.323
JI11	0.320	0.759	0.344
JI2	0.394	0.250	0.791
JI4	0.372	0.442	0.682
JI1	0.550	0.288	0.664
JI3	0.555	0.379	0.601

3. 工作满意度

运用SPSS 22.0，采用主成分分析法对工作满意度量表进行因子分析，并用最大方法差进行因子旋转。由于JS19在2个因子间的数值较为接近，因此将JS19剔除。最后共提取2个因子，分别为内部满意度和外部满意度，这2个因子解释了69.821%的差异。工作满意度因子分析结果如表7-76所示。

表7-76 工作满意度因子分析结果

项目	因子	
	内在满意度	外在满意度
JS16	0.879	0.206
JS10	0.852	0.183
JS11	0.819	0.193
JS20	0.816	0.273
JS9	0.810	0.211
JS18	0.805	0.282

（续表）

项目	因子	
	内在满意度	外在满意度
JS15	0.795	0.265
JS2	0.790	0.282
JS7	0.776	0.275
JS4	0.740	0.254
JS3	0.700	0.288
JS13	0.142	0.861
JS14	−0.044	0.830
JS12	0.285	0.810
JS17	0.354	0.771
JS1	0.419	0.732
JS6	0.426	0.705
JS8	0.443	0.637
JS5	0.531	0.603

（四）回归分析

为了研究人口特征、工作投入、组织支持感和工作满意度对绩效的影响，以绩效分值为因变量，分别以人口特征、工作投入、组织支持感和工作满意度为自变量，运用SPSS 22.0进行逐步回归分析。

1. 人口特征对绩效的回归分析

以绩效分值为因变量，人口特征各变量为自变量，进行逐步回归分析，分析结果如表7-77所示。

表7-77　人口特征对绩效分值的回归分析结果

模型	非标准化系数	标准化系数	T	显著性
常数	0.001		0.528	0.598
工作年限	0.002	0.202	2.384	0.019

由表7-77可知，工作年限通过显著性检验，被引入到回归方程中，且系数大于0。性别、年龄、学历、岗位、职称和职务没有通过显著性检验，被回归方程剔除。

说明工作年限对绩效分值有显著的正向影响，性别、年龄、学历、岗位、职称和职务对绩效分值影响不显著。

2.组织支持对绩效的回归分析

通过因子评价法，计算组织支持感各维度的因子得分。以绩效分值为因变量，工作满意度各维度为自变量，进行逐步回归分析。结果表明，工作支持、认同价值和关心利益都不满足显著性检验，被回归方程剔除。这表明组织支持各维度对绩效分值的影响均不显著。

3.工作投入对绩效的回归分析

通过因子评价法，计算工作投入各维度的因子得分。以绩效分值为因变量，工作投入各维度为自变量，进行逐步回归分析，分析结果如表7-78所示。

表7-78　工作投入对绩效分值的回归分析结果

模型	非标准化系数	标准化系数	T	显著性
常数	0.007		7.543	0.000
奉献	0.003	0.237	2.939	0.004
专注	0.003	0.219	2.715	0.007

由表7-78可知，在工作投入3个维度中，奉献和专注通过显著性检验，被引入回归方程中，且系数大于0。活力没有通过显著性检验，被回归方程剔除。这表明奉献和专注对绩效分值有显著的正向影响，活力对绩效分值影响不显著。

4.工作满意度对绩效的回归分析

通过因子评价法，计算工作满意度各维度的因子得分。以绩效分值为因变量，工作满意度各维度为自变量，进行逐步回归分析，分析结果如表7-79所示。

表7-79　工作满意度对绩效分值的回归分析结果

模型	非标准化系数	标准化系数	T	显著性
常数	0.007		7.397	0.000
内部满意度	0.003	0.248	3.015	0.003

由表7-79可知，内部满意度通过显著性检验，被引入回归方程中，且系数大于0。外部满意度没有通过显著性检验，被回归方程剔除。这说明内部满意度对绩效分值有显著的正向影响，外部满意度对绩效分值的影响不显著。

（五）研究结论

通过研究发现，人口特征中的工作年限、工作投入中的奉献和专注维度、工作满意度中的内部满意度维度都对绩效分值产生显著的正向影响。人口特征中的性别、年龄、学历、岗位、职称和职务与绩效分值的回归关系并不显著，工作投入中的活力维度、工作满意度中的外部满意度维度和组织支持各维度也没有对绩效产生显著的回归关系。结果表明，目前从事农技推广服务的人员在人口特征上呈现散乱分布，而且由于当前大学农技推广服务尚处于起步阶段，大学缺乏相应的农技推广服务政策体系和激励机制，无法对农技推广服务工作进行有效支持，导致目前大学农技推广服务人员开展工作主要为自发性行为。因此，大学在进行农技推广服务激励时，应转变原有的机制模式，加大对农技推广服务工作的支持力度，并为大学农技推广服务人员全身心投入工作创造有利条件。同时，强化大学农技推广服务人员的奉献意识，提高内部满意度，推动大学农技推广服务人员自发性开展农技推广服务工作。

五、大学农技推广服务激励政策建议

通过分析结果，结合目前我国大学农技推广服务现状，从加强组织支持、提升大学农技推广服务人员的专注程度、奉献意识和满意度等角度出发，提出针对大学农技推广服务人员的激励政策建议。

（一）建立大学农技推广服务弹性工作制

将农技推广服务工作时间弹性化，允许大学农技推广服务人员能够根据自己的日程计划灵活安排时间开展农技推广服务工作，实现时间资源的有效配置。当农技推广服务对象有紧迫的技术需求时，大学农技推广服务人员能够依据灵活的农技推广服务请假制度进行请假，这样一方面有助于迅速解决农技推广服务对象的技术难题，减少农技推广服务对象的损失，另一方面有助于大学农技推广服务人员灵活化解学校事务与推广工作的冲突，避免精力分散，在保障学校事务按时完成的前提下增强推广服务工作专注性，提高推广服务质量，增加推广服务绩效。

（二）明确大学农技推广服务工作定位

对农技推广服务工作进行明确定位，将农技推广服务工作、教学工作和科研工作置于同等重要的层面，纠正部分大学教学科研人员对于农技推广服务工作的认知偏差，营造良好的大学农技推广服务氛围。强调农技推广服务工作对于目前我国农业发展的重要性，明确大学在当今农业技术推广中的责任，从而激发大学农技推广服务人员的使命感和成就感，强化大学农技推广服务人员的奉献意识，引导大学农技推广服务人员主动参与农技推广服务工作，提高我国农业技术水平，提升我国农业科技含金量，推动我国现代农业发展。

（三）制定大学农技推广服务绩效奖励机制

结合大学农技推广服务人员的工作实际情况，制定大学农技推广服务绩效奖励机制，将农技推广服务工作成果与绩效奖励进行挂钩，根据大学农技推广服务人员在经济、社会和生态等维度的工作贡献进行合理奖励，从而有效调动大学农技推广服务人员的工作积极性，增强大学农技推广服务效果。在制定大学农技推广服务绩效奖励机制过程中，通过对不同维度的绩效奖励进行设计，明确大学农技推广服务的工作导向，从而使大学农技推广服务工作满足当今农业发展的战略需求，有效提升农业科技水平，推动经济、社会和生态等方面全方位发展。

（四）推进大学职称评定改革进程

在现有职称评定政策基础上，增加农技推广服务评定指标，将农技推广服务工作与职称考核相挂钩，提高大学教学科研人员对农技推广服务工作的重视程度。在职称评定体系中，设计农技推广服务工作量转化公式，使大学农技推广服务工作量能够与教学工作量和科研工作量实现相互转化，从而引导大学教学科研人员积极开展农技推广服务工作，提高大学的农技推广服务效能，推进大学在教学、科研和社会服务三大职能领域全面发展。

（五）设立大学农技推广服务专项基金

根据地区农业技术发展需求，设立大学农技推广服务专项基金，以鼓励大学农技推广服务人员开展农技推广服务工作，提升基层农业技术水平。专项基金分为两个部分，其一为推广补贴基金，其二为业绩奖励基金。推广补贴基金用于对农技推广服务工作过程中的基本差旅费用进行适当补助，以减轻大学农技推广服务人员的经济负担，提升他们的工作积极性。业绩奖励基金用于奖励在农技推广服务领域具有一定业绩的大学农技推广服务人员，以表彰他们在农技推广服务领域作出的贡献，并通过正向激励带动其他农机推广服务人员积极参与推广服务工作。

（六）搭建大学农技推广服务平台

搭建大学农技推广服务平台，有效推动大学农技推广服务外部衔接与内部交流合作，促进大学人力资源有效配置与基层农业技术发展。大学农技推广服务平台主要发挥3点作用：第一是搭建大学与基层之间信息的桥梁，利于大学农技推广服务人员便捷获取基层农业技术需求信息，降低自身寻求基层农业技术需求的难度，提高农技推广服务人员工作积极性；第二是带动大学农技推广服务工作，整合大学农技推广服务人力资源，汇聚大学农业技术集体智慧，开展集体性质的农技推广服务工作，提升大学农技推广服务效能；第三是打造大学农技推广服务交流平台，便于大学农技推广服务人员进行交流与合作，塑造农技推广服务工作氛围，提高大学农技推广服务人员的主动性。

六、总结和展望

（一）总结

目前，国内外学者在农技推广领域的研究主要集中在基层农技推广站层面，专门以大学农技推广服务人员为研究对象的文献相当罕见。本研究以大学农技推广服务人员为研究对象，具有一定的创新性。本研究主要进行了以下几项工作：

（1）对绩效评价、组织支持感、工作投入、工作满意度和激励的相关理论进行概述，为研究打下扎实的理论基础。从农技推广绩效评价、绩效影响因子、工作满意度关联因素三个角度阐述国外研究情况，从农技推广绩效评价指标体系模型构建、绩效影响因素分析、行为影响因子探索、考评激励机制研究四个方面阐述国内研究进展。

（2）借鉴文献资料，结合专家意见，依据评价指标的构建原则，对大学农技推广服务人员绩效评价指标体系进行初步构建。通过德尔菲法，对大学农技推广服务人员绩效评价指标体系进行筛选和完善。运用层次分析法，计算大学农技推广服务人员绩效评价指标组合权重。通过指标无量纲化与评价公式建立，从而构建大学农技推广服务人员绩效评价模型。以华南农业大学农技推广服务人员为对象，进行大学农技推广服务绩效评价与分析。

（3）以华南农业大学农技推广人员为对象，进行组织支持感调查、工作投入调查和工作满意度调查。对问卷数据进行信度分析和效度分析，并以绩效分值为因变量，人口特征、组织支持各维度、工作投入各维度和工作满意度各维度为自变量，进行回归分析，探索大学农技推广服务人员绩效影响因素。

（4）根据大学农技推广服务人员绩效影响因素研究结果，结合我国大学农技推广服务现状，提出大学农技推广服务激励政策建议，以调动大学农技推广服务人员的工作积极性。

（二）展望

由于受到多种因素的限制，本研究还存在一定的不足，但这些不足之处恰好为以后进一步研究指明了方向。

（1）在评价模型上，本研究构建的大学农技推广人员评价模型仅以华南农业大学的农技推广服务人员为评价对象，开展绩效评价研究，因此其评价精度还有待考量。在之后的研究中，将在其他学校开展评价研究，从而不断完善评价模型，提高模型的评价精确度。

（2）在调查样本上，本研究仅在华南农业大学中开展问卷调查，导致调查对象工作区域单一，这在一定程度上影响研究结果的通用性、合理性和科学性。在后续的研究中，将扩大调查对象的范围，增加样本的数量，从而提高研究结果的精确度。

（3）在激励政策建议上，本研究根据分析结果，结合目前我国大学农技推广服务现状，提出激励政策建议。由于缺乏一定规模的专家研讨，因此激励政策建议的合理性和可行性还有待进一步的推敲。在以后的研究中，将征询更多大学农技推广服务专家的意见，对政策激励建议进行完善，提高政策激励建议的科学性。

第四节　广东农技推广体系现状及其模式创新研究

一、引言

随着社会主义市场经济的逐步完善，社会主义新农村建设的蓬勃发展，广东省委、省政府部署的产业转移和劳动力转移（简称"双转移"）的有序推进、"规划到户、责任到人"（简称"双到"扶贫）的深入开展，以及农业国际化和世界经济一体化，广东农业的生产方式、农产品供给方式、农业和农村经济增长方式都发生了显著变化，而现行的基于计划经济体制下形成的以政府为主导的农业科技成果推广服务体系（简称"农技推广体系"），却已基本上陷入了"线断、网破、人散"的困境（翟雪凌和范秀荣，2000），很难应对目前的新形势。此外，由于各地的政治、经济、社会、文化背景以及农业生产力发展水平的不同，农业推广活动的内容、形式、方式、方法都各有所异，不能照搬其他地方的运作模式。因此，在此背景下对广东新农村实用农技推广模式进行研究，具有十分重要的现实意义。

二、国内外农业科技推广发展历程

（一）西方发达国家农技推广发展历程

西方发达国家农技推广活动产生于18世纪中叶的产业革命。20世纪的20—60年代，出现了罗杰斯（Rogers）的《创新的扩散》、劳达鲍格（Raudabaugh）的《推广教学方法》、凯尔赛（Kelsey）的《合作推广工作》等代表性著作。20世纪70年代以后，农业推广学作为一门独立学科存在，对农民采用技术的行为分析及推广活动的技术经济评价有了新突破，农业推广问题的定性、定量研究以及实证分析不断增强，研究活动和研究成果从过去以美国为主逐步转向以欧美为主，标志着世界农技推广研究进入新的历史阶段。

西方发达国家的农技推广不仅在理论研究上进行的较早，而且在体系构建方面也比较完善。1914年美国出台了世界上第一部农业技术推广法《史密斯-利弗法》（Smith-Lever Act），该法与《莫里尔法》（Morriu Act）和《哈奇法》（Hatch Act）一起将教学、科研、推广三者有机地结合起来，形成具有美国特色的以大学为基础的"三位一体"合作推广体系（权昌会，1997）。荷兰实行由国家推广组织、农协组织、私人企业和农民合作社4方面推广力量组成的农技推广体系（封岩，1997）。法国和丹麦实行的是以农民为主的农业科技推广体系，设有全国农业咨询服务中心和地区农业咨询中心，全国农业咨询服务中心由农场主联合会和家庭农场协会这两个全国性农民组织共同领导（王文玺，1994）。日本、意大利等国的农业科技推广体系主要由政府建立的农业改良普及系统和农民的农业协同组合推广组织共同构成（章政，1998）。

（二）国内农技推广发展历程

国内虽然很早就有了农技推广活动，但农技推广研究开始于20世纪30年代，此后陆续出现了《农业推广》《农业推广方法》《中国历代劝农考》等一批介绍欧美农业推广理念与方法以及总结我国历史经验的代表性著作。1939年农业推广协会正式成立。

新中国成立后，农业技术推广体系建设得到较快发展，从发展历程来看，大致可以分为3个阶段：①计划经济时期的四级农业科学试验网阶段。1951年首先在东北、华北地区进行农业技术推广站试点建设；1954年农业部颁发《农业技术推广站工作条例》，要求逐步建立以农场为中心、互助组为基础、劳模和技术员为骨干的农业技术推广网络；1969年湖南省华容县开创县办农科所、公社办农业科学试验站、大队办试验队、生产队办试验组等四级农业科学试验网。②社会主义市场经济时期的五级农技推广组织体系阶段。1978年党的十一届三中全会以后，农村家庭联产承包责任制实施，"四级农科网"解体；1979年农业部在全国29个省、直辖市、自治区各选一县试办统一组织领导和统一财力的农业技术推广中心；1983年颁发《农业技术推广条例（试行）》，形成了从中央、省、地（市）、县到乡镇的五级农技推广组织体系。在此阶段，大部分地方的县、乡的农技推广机构，由于经费紧缺，出现了"网破、线段、人散"的局面。③社会主义市场经济法制阶段时期。1993年7月，《中华人民共和国农业法》和《中华人民共和国农业技术推广法》颁布实施，从法律上明确了国家建立的农技推广机构的公共性属性，标志着我国农技推广事业开始走上法制轨道；1995年8月全国农业技术推广总站、全国植物保护总站、全国土壤肥料总站、全国种子总站合并，组建全国农业技术推广服务中心；1996年农业部紧抓农技推广体系的定性、定编、定员"三定"工作（宗禾，1999），为农技推广体系的发展奠定了良好的基础。

综观国内外农技推广发展历程，目前广东农技推广体系建设尚处于社会主义市场经济法制阶段，体系的主体构成仍然是建立在家庭联产承包责任制基础上的以农业职能部门为中心的五级农技推广组织，农技推广的大部分人员为事业编制。联合国粮农组织的调查结果显示，目前世界上以政府为基础的农技推广体系约占81%，以大学为基础的占1%，附属性的占4%，非政府的占7%，私人占5%，其他类型占2%（王慧军，2003）。这充分说明了农技推广的公益属性，以政府为基础的农技推广体系的主体地位和农技推广体系的多元化。因此，广东的农技推广体系建设应体现其公益性主体地位，与此同时，由于社会制度、政治体制、经济发展水平以及文化背景的差异，广东省的农技推广体系建设不能完全照搬其他国家或其他省份的运作模式，应结合广东自身的特点，体现农技推广模式的多元化。

三、广东农技推广体系现状

为探求新形势下广东农技推广体系的改革发展之路，广东省农业厅对全省21个市的所有县和乡镇的基层农技推广体系进行摸底调查。由于水产业在部门管理职能上隶属于广东省海洋与渔业局，故没有纳入本次调查，按行业分为种植业、畜牧业、农机化、综合站4个系统进行调查。下面分别从机构概况、队伍情况、运行机制和经费保障等方面具体分析目前广东农技推广体系的现状。

（一）基层农技推广体系机构概况

由表7-80可知，全省基层农技推广机构有3 238个。从管理体制来看，乡镇级农技推广机构有2 835个，占总数的87.55%；属县农业主管部门管理的有1 264个，占43.16%；属乡镇政府管理的有970个，占33.23%；属县和乡双重管理的有694个，占23.70%。从行业分类来看，种植业、畜牧业、农机化、综合站4个系统基层农技推广机构分别有951个、1 102个、625个、560个，其中畜牧业最多，占32%以上，而2009年全省畜牧业产值为917.14亿元，占全省农业总产值的27.48%；综合站最少，占17.3%。

因此，从管理体制来看，存在机构管理体制不顺畅、推广人员的积极性和创造性得不到充分发挥等问题；从行业分类来看，存在机构设置结构不合理与产业发展需求不相适应等问题；畜牧业的农技推广机构数最多，可能与《国务院关于推进兽医管理体制改革的若干意见》（国发〔2005〕15号）的贯彻落实有关。

表7-80　2009年基层农技推广体系的机构概况（个）

行业分类	基层推广机构			县、乡、镇管理机构数		
	县级	区域站	乡镇级	县农业主管部门管理	乡镇政府管理	县乡镇双重管理
种植业	109	44	798	313	324	205
畜牧业	109	24	969	553	239	201
农机化	61	19	545	227	153	184
综合站	31	6	523	171	254	104
合计	310	93	2 835	1 264	970	694

注：资料来源于2009年广东省农业厅对全省21个地市所有县和乡镇的基层农技推广体系进行的摸底调查

（二）基层农技推广体系队伍情况

从国家正式编制人数来看，县级、区域站和乡镇级农技推广人数分别4 402人、357人、14 501人，比例为12∶1∶40，每个县级机构平均有人员编制14.2个，而乡镇级只有5.1个。从农技推广人员发布的行业来看，县乡两级种植业和畜牧业技术人员共占国家正式编制总人数的69%，农机和综合站则分别占10.6%和20.3%，比例为2.91∶3.57∶1∶1.91。从学历来看，本科及以上学历人员还不到8%，而中专及以下学历占60.2%。从职称来看，高级职称人数仅占1%，初级职称及以下人数占80%；种植业、畜牧业、农机化和综合站的高级职称人数比例为93∶31∶1∶72，初级职称及以下人数比例为2.34∶3.5∶1∶1.67；在高级职称人数中，种植业是畜牧业的3倍，综合站是畜牧业的2.32倍，而在低级职称人数中，种植业是畜牧业的0.67倍，综合站是畜牧业的0.48倍。从编制内人员从事技术推广的人数来看，共有13 859人主要从事技术推广工作，占总编制人数的72%，种植业、畜牧业、农机化和综合站的比例为2.83∶3.35∶1∶1.57。从编制内人员3年内参加过培训的人数来看，3年内参加过各种讲座及进修过的人员（包括在职攻读中专、大专等人员）共有12 503人，占调查人员总数的65%，其中3年内累计培训时间超30天的人数只有4 906人，占25%（表7-81）。

因此，不难发现，全省基层农技推广队伍存在以下5个方面的问题：①各级机构人员的编制情况明显不合理，县级机构的平均编制人员是乡镇级的2.78倍。②人员行业分布结构明显不合理，与广东农业生产结构存在较大差距，农业生产上所急需的农机等专业技术人员的比例严重偏低。③低学历人员偏多。④低职称人员偏多，且不同职称的比例在不同行业分布方面存在显著差异。⑤知识断层与知识老化问题严重，长期缺乏必要的培训，很多农技人员已无法有效地向农户推广最新的技术。

表7-81　2009年基层农技推广体系队伍情况（人）

行业分类	国家编制人数			不同学历人数				专业技术职称人数					
	县级	区域站	乡镇级	大学以上	大专	中专	中专以下	高级	中级	初级	初级以下	从事技术推广人数	参加过培训人数	培训超过30天人数
种植业	1 756	195	4 025	623	2 148	1 559	1 220	93	1 196	1 902	2 359	4 476	3 331	1 629
畜牧业	1 660	49	5 610	310	1 099	2 085	3 341	31	429	2 357	4 018	5 305	5 689	2 394
农机化	576	32	1 445	88	322	426	1 044	1	60	314	1 505	1 585	1 088	275
综合站	410	81	3 421	487	1 155	924	996	72	448	996	2 046	2 493	2 395	611
合计	4 402	357	14 501	1 508	4 724	4 994	6 601	197	2 133	5 569	9 928	13 859	12 503	4 906

注："从事技术推广人数"表示编制内人员从事技术推广人数，"参加过培训人数"表示编制内人员3年内参加过培训的人数，"超过30天人数"表示3年内累计培训时间超过30天的人数

（三）基层农技推广体系运行机制情况

在建立人员聘用制度方面，乡镇或区域性推广机构占总数的50%，种植业、畜牧业、农机化和综合站的比例为2.12：1.79：1.30：1，县级推广机构占总数的61%，种植业、畜牧业、农机化和综合站的比例为3.3：3.5：1.6：1；在建立推广责任制度方面，乡镇或区域性推广机构占总数的43%，县级推广机构占56%；在建立工作考评制度方面，乡镇或区域性推广机构占65%，县级推广机构占74%；在建立人员培训制度方面，乡镇或区域性推广机构占48%，县级推广机构占61%；在建立多元推广机构制度方面，乡镇或区域性推广机构占23%，县级推广机构占29%（表7-82）。

表7-82　2009年基层农技推广体系运行机制情况（个）

行业分类	乡镇或区域性推广机构运行情况					县级推广机构运行情况				
	人员聘用制	推广责任制	工作考评制度	人员培训制度	多元推广机构制度	人员聘用制	推广责任制	工作考评制度	人员培训制度	多元推广机构制度
种植业	499	380	547	399	209	66	55	81	67	34
畜牧业	421	433	760	572	187	70	68	91	75	23
农机化	305	176	275	143	110	32	33	39	30	25
综合站	235	284	319	302	169	20	19	20	17	9
合计	1 460	1 273	1 901	416	675	188	175	231	189	91

注："人员聘用制度"表示建立人员聘用制度的机构数，"推广责任制度"表示建立推广责任制度的机构数，"工作考评制度"表示建立工作考评制度的机构数，"人员培训制度"表示建立人员培训制度的机构数，"多元推广机构制度"表示建立多元推广机构制度的机构数

可见，在人员聘用制度、推广责任制度、工作考评制度、人员培训制度和多元推广机构制度建设方面，从管理体制来看，县级推广机构均要优于乡镇或区域性推广机构，从行业分类来看，种植业、畜牧业要优于农机化和综合站。无论是县级推广机构还是乡镇或区域性推广机构，均在建立工作考评制度方面做得最好，而在建立多元推广机构制度方面做得最差，体现了建立在计划经济体制下的基层农技推广体系的优势和劣势。

在经费保障方面，属于财政全额拨款的乡镇或区域性推广机构占总数的49%，县级推广机构占77%；属于财政差额拨款的乡镇或区域性推广机构占40%，县级推广机构占18%；属于自收自支的乡镇或区域性推广机构占10%，县级推广机构占4%；属于财政保障80%以上的乡镇或区域性推广机构占32%，县级推广机构占57%；属于财政

保障20%以下的乡镇或区域性推广机构占54%，且种植业、畜牧业和农机化的机构数差异较大，其中畜牧业的机构数较多，而县级推广机构占23%，且种植业、畜牧业和农机化的机构数比较均衡（表7-83）。

表7-83　2009年基层农技推广体系经费保障情况

行业分类	乡镇或区域机构资金来源			乡镇或区域机构资金保障				县推广机构资金来源			县推广机构资金保障			
	全额	差额	自收自支	80%以上	50%~79%	21%~49%	20%以下	全额	差额	自收自支	80%以上	50%~79%	21%~49%	20%以下
种植业	613	186	43	387	98	4	353	85	19	5	65	18	3	23
畜牧业	344	495	154	261	70	62	600	82	23	4	66	6	14	23
农机化	128	346	90	82	28	57	397	46	11	4	25	7	6	23
综合站	354	151	24	208	64	26	231	28	3	0	20	5	2	4
合计	1 439	1 178	311	938	260	149	1 581	241	56	13	176	36	25	73

注："全额"表示财政全额拨款的机构数，"差额"表示差额拨款的机构数，"自收自支"表示自收自支的机构数，"80%以上"表示由财政保障80%以上的机构数，"50%~79%"表示由财政保障50%~79%的机构数，"21%~49%"表示由财政保障21%~49%的机构数，"20%以下"表示由财政保障20%以下的机构数

此外，经调查推广机构经费总投入的增长率仅为3.8%，同期广东省财政收入的增长率为13%，国内生产总值（GDP）的增长率为8.6%（广东农村统计年鉴，2010）。

因此，县级推广机构在经费保障方面明显优于乡镇或区域性推广机构。经费总投入增长速度远低于同期广东省财政收入和国内生产总值的增长。调查发现，在农技推广增加的经费中，农技推广项目费的增幅最小，且农技推广经费主要用于发放工资，占全部经费总支出的80%。此外，有限的推广项目经费常被截留，尤其是在一些贫困地区或者财政收入较为困难的地区。

综上所述，广东基层农技推广体系虽然保持了基本稳定，在新品种和新技术推广等方面发挥了重要作用，但困扰基层农技推广体系的管理体制不顺、队伍素质不高、队伍结构不合理、经费投入严重不足等问题，依然不同程度的存在，且行业之间的差异大。现有的农技推广体系已经远远不能适应新形势需要，集中表现在以下6个方面：①与应对频繁发生的重大自然灾害和农业突发性事件能力不适应，现有的基层农技推广体系很难建立有效的预警机制，较难组织有力的救灾复产技术力量。②与现代农业产业化技术需求特点不适应，现有的基层农技推广体系主要是进行单项新品种和新技术推广，而现代农业产业化需要产业技术集群，现代农技推广应当以产业链为核心，将产业链各环节所需的各种技术集成后进行推广。③与市场经济时代特征不适应，现有的基层农技推广体系的主体活动是公益性的，但对于市场经营性的农技推广而言，缺乏激励机制，政府农业主管部门虽曾进行过多方面的实践，但实际效果不尽如人意。④与农业生产总值不适应，广东基层农技推广机构共有3 238个、占全国12.6万个的2.56%，广东有国家编制的农技人员共19 260人、占全国85.05万人的2.26%，与同期广东省农业总产值占全国农业总产值约10%的现象极不相称（中国农业技术推广协会，2009）。⑤推广队伍素质与新农技推广需求不适应，现有基层农技推广体系人员无论是职称、学历、知识结构、知识培训等方面均与现代农业发展不相称，急需一批新的高素质人员补充到基层农技推广体系队伍中。⑥与农业国际化不适应，发达国家的农业跨国公司的科技创新能力和技术转化推广能力的竞争力强，而现有基层农技推广体系服务的主体对象是基于家庭联产承包责任制的分散农户，竞争力明显很弱。

四、广东农技推广体系创新模式

改革现行的农技推广体系势在必行，那么究竟如何改，是全盘改还是部分改？是打破整个管理体制，还是基于现行管理体制？本研究认为，改革农技推广体系是一个牵一发而动全身的系统工程，基于现行管理体制进行农技推广体系改革，具有低成本和高可操作性优势，构建适合广东新农村建设的创新农技推广体系，应解决6个问题、体现6个结合：①解决机构编制问题。通过结合县乡镇综合配套改革实施方案，在改革中明确农技推广机构的地位和作用，使农技推广体系改革具有较强的可操作性。②解决经费投入问题。通过继续加大农技推广财政投入与引导各级政府在现有体系外的农技推广经费投入相结合，利用好各部委、各厅局设立的农技推广项目经费，提高经费使用效率。③解决队伍建设问题。通过培训的现有农技人员与补充高素质人才相结合，引导高校和科研院所专家加盟。④解决运行机制问题。通过结合农技推广活动的公益性和市场经营性相分离原则，建立激励机制，鼓励农技推广人员从事具有市场经营性的活动。⑤通过高校和科研院所的产学研结合解决技术集群问题。⑥通过政府与高校、科研院所的官产学研结合解决应急能力问题。

构建适合广东新农村建设的农技推广体系创新模式，应当包含具有相互补充、相互配合的多种体系模式，结合上述分析，创新性地提出4种基于现有管理体制的、具有广东特色的广东农技推广体系模式，其关系结构见图7-30。

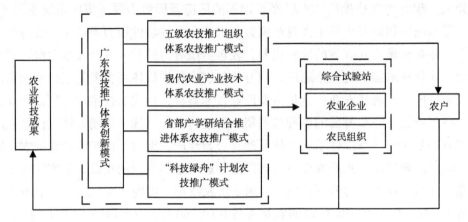

图7-30　广东农技推广体系模式

（一）五级农技推广组织体系农技推广模式

各地应当根据其实际情况和主导产业发展的需要，完善传统五级农技推广组织体系建设，整合各级与农业有关的各主管部门或机构，成立新的农技推广机构，调整机构职能，开展以分散农户为服务对象的、农业公益共性技术为主体的活动，构建新的以农业公益性为主体的五级农技推广组织体系农技推广模式。在队伍建设方面，设定农技推广人员的准入资格，对通过职业技能考试等形式录用的、具有农技推广人员资格的人员实行高工资聘用制，对非农技推广职能的人员实行事业单位的人事制度改革；在制度建设方面，建立有效的农技推广激励机制，实行绩效挂钩的考核机制，使农技推广人员的收入与实际的工作成绩挂钩，真正地使农技推广人员的"责、权、利"相结合；在经费投入方面，增加省政府对农技推广投资的比例，建立农技推广基金；在可操作性方面，出台《广东省农业技术推广实施细则》，将国家《农业技术推广法》里的一些内容空泛的条款细化，用法律来规范执法主体，使其适应农业国际化的要求。该模式具有服务机构多、覆盖面广、成果供给者和接受者沟通方便、农技推广直接到农户、行政执行能力强、推广速度快等优势。

（二）现代农业产业技术体系农技推广模式

农业部（现农业农村部）、财政部在不打破现有管理体制的前提下，共同启动了50个国家现代农业产业技术体系建设。现代农业产业技术体系依托具有创新优势的中央和地方科研资源，针对每一个大宗农产品设立一个国家产业技术研发中心（由若干功能研究室组成），并在主产区建立若干个国家产业技术综合试验站，研发中心设1名首席科学家和若干科学家岗位；在主产区设立若干综合试验站，每个综合试验站设

1名站长。广东省农业厅和财政厅也根据广东农业的主导产业，启动了5个广东省现代农业产业技术体系，体系的机构设置和运行模式与国家现代农业产业技术体系相同。广东省农技推广体系改革应当结合国家和省的现代农业产业技术体系平台，根据广东各地的农业主导产业发展的实际，构建以农业企业和农民组织为服务对象的、以产业链为核心的现代农业产业技术体系农技推广模式。该模式具有四大优势：①在促进科技与生产相结合方面，各体系在开展原有科技活动的基础上，及时发现和提出了生产中的重大和关键科学技术问题，增强了科技服务产业发展的针对性和有效性。②围绕产业需求，积极创制新型育种材料，研究提出与之配套、体现区域特点的综合性栽培和病虫害防治技术规程，并制定出了农产品加工、质量检验、检测方面的技术标准，开发新的加工产品和生产机械机具。③在关键时刻、关键环节的科技服务方面成效明显，岗位专家可以采用多种形式有针对性地开展技术服务和培训工作。④在应对突发性事件和重大自然灾害（如干旱、冰冻灾害、疫情、病虫害防治）方面，反应及时、响应有效，将突发事件消除在萌芽状态，并且为发生后能够及时应对提供具体的技术措施。

（三）省部产学研结合推进体系农技推广模式

教育部、科技部和广东省携手启动省部产学研合作区域试点工作，逐步探索出一条高等学校、科研院所服务经济社会发展、解决科技与经济"两张皮"的有效途径，逐渐形成了"三大推进机制""四大支撑体系"和"五大创新模式"的省部产学研结合推进体系模式。广东省农技推广体系改革应当结合省部产学研结合推进体系平台，发挥企业科技特派员、产学研创新联盟和产学研结合区域示范基地的优势，以满足用户需求和发挥科技特派员特长为出发点，勇于实践、大胆创新，构建以农业企业和农民组织为服务对象的、市场经营性推广为主体的省部产学研结合推进体系农技推广模式。鼓励科技特派员创办科技示范园区和基地，自主经营、自负盈亏，辐射带动农民增收的个体经营模式；鼓励科技特派员采用投资入股、建立利益共同体、在地方政府统一规划建设的科技园区经营发展的模式；鼓励科技特派员租用农民承包地或公司土地，再包给农民，变农民为农业工人的规模化发展模式；鼓励科技特派员以技术入股农业产业化龙头企业的技术服务模式；鼓励科技特派员合伙组建公司、中心，以企业运作方式服务农民的发展模式。这些各具特色的运行模式的关键是建立"利益共同体"，以市场经营性为主体，符合市场经济规律发展要求，在科技特派员与农业企业之间建立稳定的合作关系，形成充满活力的协作互动、共赢互利的机制，有力地推动生产要素向农业、农村的转移和流动，实现科技与生产的紧密结合。该模式具有不额外新增人员编制、产业化程度高、农技推广人员素质高、积极性高、利益共享、风险共担等优势。

（四）"科技绿舟"计划农技推广模式

在实践中，高校充分发挥科技、人才、教育和信息优势，以市（县）为单位，在同一地区同一时段内"板块式"集中推广一批适用、先进、配套的科技成果，搭建与市（县）地方政府的全面科技合作平台，开创了"科技绿舟"计划农技推广模式。广东省农技推广体系改革应当体现农技推广主体的多元化，充分发挥高校和地方政府相结合的官产学研优势，在不增加现有农技推广人员编制的前提下，构建以农业企业和农民组织为服务对象的、以校地官产学研合作为平台的"科技绿舟"计划农技推广模式。该模式具有以下五大优势：①得到地方政府和高校的大力支持，高校和地方政府构建全面科技合作关系，联合成立领导小组，每年召开联席会议，有利于农技推广长效机制的建立，此外，地方农业主管部门开展技术需求的前期调研、技术推广活动的组织实施、技术推广活动的协调以及在政策和资金方面的配套支持，有效弥补了农业高校在农技推广方面的劣势。②提高了农技专家的积极性，农业高校将校地合作的工作与专家的工作量、业绩和职称评定挂钩。③提高了农技推广的质量，农业高校通过对合作项目进行跟踪管理，积极协调合作过程中出现的问题，提高了农技推广的成功率。④提高了农技推广的示范效应，地方政府和农业高校经常会对实施的比较好的技术成果在各类媒体上进行宣传，组织示范推广会，组织农户和企业前往观摩。⑤密切了相关产业之间的联系，因为在同一时间、同一生态区域推广一大批农业科技成果，相关产业之间容易相互学习、相互借鉴，有利于产业集群和技术集群。

五、结语

农业科技推广体系是一个复杂的系统，其机构设置、人员配备和运行机制均要与当时的政治体制和经济体制相适应，国内外学者虽然从宏观方面对农技推广模式及机制开展了大量研究，但极少从历史发展视角和世界的眼光来认识和改革特定地域范围内的农技推广模式。本研究以历史发展视角审视国内外农技推广发展脉络，理清目前广东农技推广所处的历史发展阶段，并通过数据分析，从机构情况、队伍情况、运行机制情况和经费保障情况4个维度进行实证研究。结果表明，县级推广机构均明显优于乡镇或区域性推广机构，基层农技推广机构的机构设置和人员编制存在明显的不合理现象，从而得出"现行农技推广体系与广东面临的新形势存在6方面不适应"的结论。要改革现行农技推广体系的管理体制，需牵涉到方方面面，本研究基于上述分析，在不打破现有管理体制和新增人员编制的前提下，提出了4种经济的、可操作性强的、适合广东新农村建设的农技推广体系创新模式。

需要指出的是，本研究是基于机构情况、队伍情况、运行机制情况和经费保障4方面开展的研究，尚未充分考虑到地区间的差异和农业主导产业间的差异，因此在下一步研究中，可以选取典型地区和典型产业，通过问卷数据分析获取实证检验数据，通过实证数据回归检验，进一步验证模式的可靠性和现实性。此外，本研究是基于目前广东所处的时代背景而开展的，随着社会主义市场经济的逐步完善和现代农业科学技术的发展，广东新农村建设的农技推广模式需要进一步调整和完善。

附　录

附录一：高校教师农技推广服务供给意愿调查问卷

尊敬的老师：

您好！

为了全面掌握广东省涉农高校教师农技推广服务基本情况，更好地了解涉农高校教师从事农技推广工作的积极性，探索涉农高校农技推广的最有效途径，为广东省现代农业产业发展和实施乡村振兴战略提供决策支持。

在此，我们特邀您参加此项调查，本调查不需要您填写姓名，您所填写的内容我们严格保密，您的回答对我们有着重要的参考意义，恳请您认真如实填写，衷心感谢您对我们的大力支持！

谢谢您的合作，并衷心地祝愿您及家人幸福安康！笑口常开！

2017年12月

根据您的大学农技推广服务实际情况，选择下列陈述的认可程度，请您在最合适的答案上画圈○，请勿打√或×。

实际行动

基本信息

A1.您的年龄：A.25~35岁　　　B.35~45岁　　　C.45~55岁　　　D.55岁以上

A2.您所在学校名称：

A3.您的性别：A.男　　　B.女

A4.您所从事的研究领域：＿＿＿＿＿＿＿＿＿

A5.您的文化程度：A.本科　　　B.硕士　　　C.博士

	非常不同意	不同意	一般	同意	非常同意
A6.您的职称：A.初级　B.中级　C.副高　D.正高　E.其他					
A7.您从事农业技术推广服务时间：_____年					
A8.您是什么系列的教师　A.教学科研系列　B.专职科研系列　C.推广系列　D.其他专业技术系列					
A9.您的婚姻状况？A.未婚　B.已婚					
A10.您是否兼有学校行政管理工作？A.有　B.没有					
A11.您是否愿意从事农技推广工作？A.非常不愿意　B.不愿意　C.一般　D.愿意　E.非常愿意					
A12.您是否愿意晋升农技推广系列职称？A.非常不愿意　B.不愿意　C.一般　D.愿意　E.非常愿意					
A13.您认为开展农业推广服务最适宜的形式?A.个人　B.团队　C.学校					
A14.您认为您进行农技推广工作的主要目的是：（可多选） A.完成工作任务　B.促进农民增收　C.亲戚朋友间互助　D.提高农民素质能力　E.增加自己的收入 F.进行社会公益服务　G.提升自己名誉地位　H.有助于教学　I.有助于科研　J.其他					
B1.我曾经向农民进行农技推广活动？A.是　B.否					
B2.过去一年，平均多久向农民进行一次农技推广活动？ A.一年一次　B.一个季度一次　C.一个月一次　D.一个月2～3次　E.一个月3次以上					
B3.我接下来也将向农民进行农技推广活动	1	2	3	4	5
B4.我主要推广在实际工作中的经验	1	2	3	4	5
B5.我在跟农民讨论的过程中可以获得我想要的信息	1	2	3	4	5
B6.我通过农技推广可以获取新的知识或技能	1	2	3	4	5
B7.我会根据农民需求，选择合适的推广内容	1	2	3	4	5
B8.我会根据农民接受能力，选择合适的推广方式	1	2	3	4	5
B9.我在农技推广的过程中，会考虑农民的感受	1	2	3	4	5
B10.我主要推广我自己的科技成果	1	2	3	4	5
B11.我主要推广学校其他老师成熟的科技成果	1	2	3	4	5
B12.我主要推广农技知识的获取途径和方法	1	2	3	4	5
B13.我通过技术讲座的方法进行农技推广活动	1	2	3	4	5
B14.我会借助媒介载体（如网络、电视、报纸）等进行农技推广活动	1	2	3	4	5
B15.我主要通过试验和示范的方法进行农技推广活动	1	2	3	4	5
B16.我所推广的技术能够给农民带来实际的收益	1	2	3	4	5

针对大学农技推广服务整体情况，选择下列陈述的认可程度，请您在最合适的答案上画圈○，请勿打√或×。 行为态度	非常不同意	不同意	一般	同意	非常同意
C1.我认为进行农技推广是有益的	1	2	3	4	5
C2.我认为进行农技推广是身心愉悦的	1	2	3	4	5
C3.我认为进行农技推广是有价值的	1	2	3	4	5
C4.我认为高校教师从事农技推广是有必要的	1	2	3	4	5
C5.我认为进行农技推广能够提高我的经济收入	1	2	3	4	5
C6.我认为进行农技推广能够提高自我价值	1	2	3	4	5
C7.我认为进行农技推广能够有效地解决农业问题	1	2	3	4	5
C8.我认为进行农技推广能够了解农业需求	1	2	3	4	5
C9.我认为进行农技推广能够提升合作能力	1	2	3	4	5
C10.我认为进行农技推广能够促进农民对高校教师的信任	1	2	3	4	5
C11.我认为进行农技推广能够提高农民素质和技能	1	2	3	4	5
C12.我认为去农村进行农技推广是可以实现双赢的，自我进步和帮助他人同样重要	1	2	3	4	5

针对大学农技推广服务整体情况，选择下列陈述的认可程度，请您在最合适的答案上画圈○，请勿打√或×。 主观规范	非常不同意	不同意	一般	同意	非常同意
D1.政府重视高校农技推广工作	1	2	3	4	5
D2.政府制定了高校农技推广服务支持政策	1	2	3	4	5
D3.政府有相关高校农技推广服务表彰办法	1	2	3	4	5
D4.政府保证了高校农技推广服务的资金	1	2	3	4	5
D5.政府保障高校农技推广服务基础设施	1	2	3	4	5
D6.政府给予高校农技推广服务教师物质奖励	1	2	3	4	5
D7.我进行农技推广是受到学校环境的影响	1	2	3	4	5
D8.学校制定了高校农技推广服务教师绩效考核体系	1	2	3	4	5
D9.学校增设了大学农技推广服务职称评审	1	2	3	4	5
D10.学校制定了大学农技推广服务奖惩制度	1	2	3	4	5

D11.学校领导重视农技推广工作	1	2	3	4	5
D12.我进行农技推广是受到同事的影响	1	2	3	4	5
D13.我进行农技推广，我的朋友是认可的	1	2	3	4	5
D14.我进行农技推广，我的家人是认可的	1	2	3	4	5
D15.我进行农技推广，我本人是认可的	1	2	3	4	5
D16.我能够跟农民自由沟通，并且知道他们是愿意聆听的	1	2	3	4	5
D17.当有农民愿意合作时，我会感到一种成就感	1	2	3	4	5
D18.我进行农技推广活动受到农民的欢迎	1	2	3	4	5

根据您的大学农技推广服务实际情况，选择下列陈述的认可程度，请您在最合适的答案上画圈○，请勿打√或×。 感知行为规范	非常不同意	不同意	一般	同意	非常同意
E1.如果我想，我可以在下学期进行农技推广	1	2	3	4	5
E2.我大概可以自主决定是否进行农技推广	1	2	3	4	5
E3.我可以控制是否要进行农技推广	1	2	3	4	5
E4.我能够自主决定是否要进行农技推广	1	2	3	4	5
E5.我能够带动周围同事进行农技推广	1	2	3	4	5
E6.我能够解决农技推广工作中遇到的问题	1	2	3	4	5
E7.我的专业或技能水平能胜任目前的农技推广工作	1	2	3	4	5
E8.在农技推广工作中我的能力能得到充分发挥	1	2	3	4	5
E9.我的推广经验能够帮助我更好的工作	1	2	3	4	5
E10.我在农技推广的过程中遇到过困难	1	2	3	4	5
E11.如果资金充裕，我参与的农技推广工作会完成得更好	1	2	3	4	5
E12.如果推广效果好，我参与的农技推广工作会完成得更好	1	2	3	4	5
E13.如果跟农民沟通顺畅，我参与的农技推广工作会完成得更好	1	2	3	4	5
E14.如果农民需求与技术供给紧密结合，我参与的农技推广工作会完成得更好	1	2	3	4	5
E15.如果有更多政策支持农技推广工作，我参与的农技推广工作会完成得更好	1	2	3	4	5
E16.如果农技推广工作形式多样，我参与的农技推广工作会完成得更好	1	2	3	4	5

根据您的大学农技推广服务实际情况，选择下列陈述的认可程度，请您在最合适的答案上画圈○，请勿打√或×。 行为意向	非常不同意	不同意	一般	同意	非常同意
F1.我打算在下学期进行农技推广	1	2	3	4	5
F2.我尝试在下学期进行农技推广	1	2	3	4	5
F3.计划在下学期进行农技推广	1	2	3	4	5
F4.我愿意下学期进行农技推广	1	2	3	4	5
F5.我愿意和农民分享我的研究成果	1	2	3	4	5
F6.我愿意使用农民更能接受的方式进行农技推广	1	2	3	4	5
F7.我愿意在进行农技推广的过程中会不断改进推广方法	1	2	3	4	5
F8.我在农技推广的过程中取得了一定的成果	1	2	3	4	5
F9.即使有一份更好的工作，我也不愿意放弃现在的农技推广工作	1	2	3	4	5
F10.我将来打算继续从事农技推广工作	1	2	3	4	5

如果方便请留下您的联系电话，以便我们回访，谢谢！联系电话：

本次调研到此结束，再次感谢您的支持和配合！祝您阖家幸福！工作顺利！

附录二：现代农业新型经营主体发展情况以及
合作意愿调查问卷

尊敬的先生/女士：

您好！在此，我们特邀您代表贵单位填写该调查问卷。本次调查旨在对农业企业、专业合作社、种养大户、家庭农场等新型经营主体进行总结与调查。调查数据将为高校与农业新型经营主体下一步开展科研合作提供重要参考。您所填写的内容也仅做本研究的参考，不作他用。您的回答对我们有着重要的参考意义，恳请您如实填写，衷心感谢您对我们的大力支持！

另外，若您需要本研究的调研报告，请留下您的邮箱，我们将免费反馈给您。联系邮箱：＿＿＿＿＿＿＿＿＿＿＿＿＿＿＿＿＿＿

国家重大农技推广项目组

一、新型农业经营主体基本情况

（一）单位基本情况

1.单位的名称：

2.单位联系人：　　　　　　　　　　联系方式：

3.贵单位的性质（　）

A.企业　　　B.合作社　　　C.家庭农场　　　D.专业大户　　　E.其他

4.贵单位的主营业务类型（多选）（　）

A.种植　　　　　B.养殖　　　　　C.农产品加工

D.农产品销售　　　E.生态旅游　　　F.其他（请填写）

5.贵单位近3年总营业额（　）

A.100万以下　　　　B.101万~500万　　　C.501万~1 000万

D.1 001万~5 000万　　　E.5 001万及以上

6.贵单位近3年与高校开展技术合作的项目经费（　）万元

A.无　　B.20万以下　　C.20万~49万　　D.50万~99万　　E.100万以上

（二）单位负责人情况

7.年龄（　　）

A.30岁及以下　B.31~40岁　C.41~50岁　D.51~60岁　E.60岁及以上

8.性别（　　）

A.男　　B.女

9.文化程度：（　　）

A.高中及以下　B.大专学历　C.大学本科　D.硕士及以上

二、调查题项

以下是关于校企合作探讨，请根据个人体验与认识，并根据本人所在单位的实际情况进行打分，其中1~5由低到高表示对描述项的认同感，1代表完全不认同，2代表基本不认同，3代表一般，4代表基本认同，5代表完全认同。

描述	完全不同意	基本不同意	一般	基本同意	完全同意
1.1 本单位有能力解决生产经营中遇到的问题	1	2	3	4	5
1.2 本单位的生产技术在行业内处于领先水平	1	2	3	4	5
1.3 本单位目前采用的生产技术具有较高的知识含量	1	2	3	4	5
1.4 本单位目前采用的生产技术专业化程度较高	1	2	3	4	5
2.1 本单位经常有机会与高校的专家进行交流	1	2	3	4	5
2.2 本单位对高校的相关技术比较了解	1	2	3	4	5
2.3 本单位有很多找到高校专家的途径	1	2	3	4	5
2.4 本单位有很多与高校技术专家背景相似的员工	1	2	3	4	5
3.1 当地政府对于校企合作比较支持	1	2	3	4	5
3.2 经常有其他合作单位向我单位推荐高校相关技术	1	2	3	4	5
3.3 我对高校的科研示范基地印象良好	1	2	3	4	5
4.1 我认为高校具有较为成熟的技术	1	2	3	4	5
4.2 我认为高校具有丰富的科技人力资源	1	2	3	4	5

（续表）

描述	完全不同意	基本不同意	一般	基本同意	完全同意
4.3 我认为高校具备完善的科研设施和技术设备	1	2	3	4	5
4.4 我认为高校具备创新的资源和能力	1	2	3	4	5
5.1 与高校合作能降低本单位生产成本	1	2	3	4	5
5.2 与高校合作能提高管理水平	1	2	3	4	5
5.3 与高校合作能让本单位保持竞争优势	1	2	3	4	5
6.1 本单位愿意让员工在工作时间接受高校专家培训	1	2	3	4	5
6.2 本单位愿意为高校科学试验提供场地	1	2	3	4	5
6.3 本单位愿意接待高校人员到企业进行调查研究	1	2	3	4	5
6.4 本单位愿意为合作高校提供相应研究数据	1	2	3	4	5
6.5 本单位愿意与高校针对核心技术进行协同攻关	1	2	3	4	5

附录三：大学农技推广服务人员绩效评价指标体系专家咨询表（第一轮）

尊敬的_____专家：

您好！鉴于您的学识和成就，我们诚挚邀请您作为大学农技推广服务人员绩效评价指标体系研究的咨询专家，恳请您不吝赐教。

本研究作为国家重大农技推广服务试点项目的重要组成部分，目的在于构建系统的大学农技推广服务人员绩效评价体系，从而科学评价大学农技推广服务人员的绩效水平。

通过前期的文献研究以及专家研讨，我们初步构建了大学农技推广服务人员绩效评价指标体系。本研究拟采用Delphi法对评价指标体系进行进一步筛选和修订，本次为第一轮专家咨询。第一轮专家咨询表回收并进行意见梳理和数据分析后，我们将把专家群体意见连同第二轮专家咨询表一起发送给您。本研究只对专家的群体意见进行反馈，对专家的个人信息将严格保密，请您放心。

填写专家咨询表大概需要10分钟，恳请您在百忙之中抽出宝贵时间，给我们提供指导和帮助，并期盼您在2017年2月20日前将填写好的专家咨询表反馈到邮箱。衷心感谢您的支持，真诚期待您对本研究的建议和意见！

华南农业大学新农村发展研究院

2016年2月15日

附表：大学农技推广服务人员绩效评价指标体系框架

	一级指标	二级指标
大学农技推广服务人员绩效	A经济效益	A1技术成果转让金额
		A2农技推广项目利润
		A3增加收入的农户人数
		A4企业或经济实体创办数量
		A5新产品和新技术的推广种类
		A6新产品和新技术的推广面积
	B科研效益	B1项目经费
		B2专利授权数
		B3新产品开发数
		B4技术标准拥有数
		B5技术规程拥有数
	C社会效益	C1下乡服务天数
		C2技术培训次数
		C3指导农户人数
		C4安置农村劳动力数量
		C5培养科技示范户数量
		C6带动专业合作社带头人数量
		C7农业企业服务数
		C8示范推广基地面积
		C9科普资料发放数量
		C10实施科技开发项目数量
	D生态效益	D1减轻农业面源污染面积
		D2控制水土流失面积
		D3提高森林覆盖面积
		D4绿色有机食品生产基地面积

第一部分　专家基本信息表

1.您的工作单位：_____

2.您的性别：□①男　□②女

3.您的年龄：

□①30岁以下　□②30～39岁　□③40～49岁　□④50～59岁　□⑤60岁及以上

4.您的学历：□①专科及以下　□②本科　□③硕士研究生　□④博士研究生

5.您从事农业技术推广服务的工作年限：

□①5年及以下　□②6～10年　□③11～15年　□④16～20年　□⑤20年以上

6.您的岗位：□①教学科研人员　□②行政管理人员　□③其他（勾选此项请填写）_____

7.您的职称：□①中级及以下　□②副高级　□③正高级

8.您的职务：□①无　□②副处级以下　□③副处级　□④正处级及以上

9.请您根据下面的说明，对影响指标选择的两个主要方面（重要性和可操作性）进行比较，确定他们在进行指标选择时的重要程度。

（1）指标的重要性：表示各指标对于上级指标的重要程度和代表性。指标越重要，代表性越好，则重要性越高。

（2）指标的可操作性：表示在实际评价工作过程中，评价者获取该指标信息的难易程度和可信程度。指标信息越容易获得，可信程度越高，则可操作性越强。

要求：如果以总分100分为标尺，您认为在进行指标选择时，对于指标的重要性和可操作性，应该如何分配他们的分值，才会比较合适？

	分值
指标的重要性	分
指标的可操作性	分
总分	100分

第二部分　大学农技推广服务人员绩效评价指标定义咨询表

填写说明

以下是大学农技推广服务人员绩效评价指标体系，为了使评价指标更为明确清晰，我们将二级指标进行了初步定义。如果您觉得二级指标的定义存在不足，请您在二级指标定义修改意见专栏填写您的宝贵意见。

一级指标	二级指标	二级指标定义（单位）	二级指标定义修改意见
A经济效益	A1技术成果转让金额	农业技术成果转让收益金额（万元/年）	
	A2农技推广项目利润	在基层开展农技推广项目所实现的年利润（万元/年）	
	A3增加收入的农户人数	经农业技术推广而增加收入的农户人数（人/年）	
	A4企业或经济实体创办数量	创办企业或经济实体数量（家/年）	
	A5新品种和新技术的推广种类	新品种和新技术在基层的推广种类（种/年）	
	A6新品种和新技术的推广面积	新品种和新技术在基层的推广面积（亩/年）	
B科研效益	B1项目经费	农业技术推广项目以及农业领域横向项目到账经费总额（万元/年）	
	B2专利授权数	自己作为第一完成人的专利授权数（项/年）	
	B3新产品开发数	自己为完成人之一且已获审定合格证书的新产品数量（项/年）	
	B4技术标准拥有数	自己为授权人之一的技术标准拥有数量（项/年）	
	B5技术规程拥有数	自己为授权人之一的技术规程拥有数量（项/年）	

（续表）

一级指标	二级指标	二级指标定义（单位）	二级指标定义修改意见
	C1下乡服务天数	下乡开展农技推广服务工作的天数（天/年）	
	C2技术培训次数	开展农业技术培训的次数（次/年）	
	C3指导农户人数	入户到田指导的农户人数（人/年）	
	C4安置农村劳动力人数	通过农技推广工作安置农村劳动力人数（人/年）	
	C5培养科技示范户数量	在基层培养科技示范户的数量（户/年）	
C社会效益	C6带动专业合作社带头人数量	在基层带动专业合作社带头人的数量（人/年）	
	C7农业企业服务数	从事咨询、顾问、指导等服务工作的农业企业数量（家/年）	
	C8示范推广基地面积	担任负责人或首席专家的示范推广基地面积（亩/年）	
	C9科普资料发放数量	在基层发放农业技术科普资料数量（份/年）	
	C10实施科技开发项目数量	在基层实施科技开发项目数量（项/年）	
	D1减轻农业面源污染面积	通过农业技术推广工作所减轻的农业面源污染面积（亩/年）	
D生态效益	D2控制水土流失面积	通过农业技术推广工作所控制的水土流失面积（亩/年）	
	D3提高森林覆盖面积	通过农业技术推广工作所提升的森林覆盖面积（亩/年）	
	D4绿色有机食品生产基地面积	担任负责人或首席专家的绿色有机食品生产基地面积（亩/年）	

第三部分 大学农技推广服务人员绩效评价指标筛选咨询表

填写说明

重要性：表示各指标对于上级指标的重要程度和代表性。指标越重要，代表性越好，则重要性越高。

10分为最重要，1分为最不重要。

可操作性：表示在实际评价工作过程中，评价者获取该指标信息的难易程度和可信程度。指标信息越容易获得，可信程度越高，则可操作性越强。

10分为最具有可操作性，1分为最不具备可操作性。

请您根据各指标的重要性和可操作性进行打分。如果您认为一级指标或二级指标在设计上出现归类不当、表述不明、定义交叉或还存在未考虑到的指标，请在相应空白处进行修改或添加，并对修改或添加的指标进行定义以及重要性和可操作性的赋分。

一级指标筛选表

	一级指标	重要性（1~10分）	可操作性（1~10分）
大学农技推广服务人员绩效	A经济效益		
	B科研效益		
	C社会效益		
	D生态效益		
一级指标修改建议（如果您认为上述一级指标出现归类不当、表述不明、定义交叉或还存在未考虑到的指标，请在以下空白处修改或添加，并对修改或添加的指标进行定义以及重要性和可操作性的赋分）：|			

二级指标筛选表

一级指标	二级指标	重要性（1~10分）	可操作性（1~10分）
A经济效益	A1技术成果转让金额		
	A2农技推广项目利润		
	A3增加收入人数		
	A4企业或经济实体创办数量		
	A5新品种和新技术的推广种类		
	A6新品种和新技术的推广面积		

二级指标修改建议（如果您认为上述二级指标出现归类不当、表述不明、定义交叉或还存在未考虑到的指标，请在以下空白处修改或添加，并对修改或添加的指标进行定义以及重要性和可操作性的赋分）：

一级指标	二级指标	重要性	可操作性
B科研效益	B1项目经费		
	B2专利授权数		
	B3新产品开发数		
	B4技术标准拥有数		
	B5技术规程拥有数		

二级指标修改建议（如果您认为上述二级指标出现归类不当、表述不明、定义交叉或还存在未考虑到的指标，请在以下空白处修改或添加，并对修改或添加的指标进行定义以及重要性和可操作性的赋分）：

一级指标	二级指标	重要性（1~10分）	可操作性（1~10分）
C社会效益	C1下乡服务天数		
	C2技术培训次数		
	C3指导农户人数		
	C4安置农村劳动力数量		
	C5培养科技示范户数量		
	C6带动专业合作社带头人数量		
	C7农业企业服务数		
	C8示范推广基地面积		
	C9科普资料发放数量		
	C10实施科技开发项目数量		
二级指标修改建议（如果您认为上述二级指标出现归类不当、表述不明、定义交叉或还存在未考虑到的指标，请在以下空白处修改或添加，并对修改或添加的指标进行定义以及重要性和可操作性的赋分）：			
D生态效益	D1减轻农业面源污染面积		
	D2控制水土流失面积		
	D3提高森林覆盖面积		
	D4绿色有机食品生产基地面积		
二级指标修改建议（如果您认为上述二级指标出现归类不当、表述不明、定义交叉或还存在未考虑到的指标，请在以下空白处修改或添加，并对修改或添加的指标进行定义以及重要性和可操作性的赋分）：			

第四部分　专家权威系数量化表

填写说明

1. 指标熟悉程度表

根据您对各评价指标的熟悉程度，分别在各指标相应的空格内打"√"。

2. 指标判断依据及影响程度表

在对各指标进行判断时，通常在不同程度上受到4个因素（理论分析、实践经验、国内外同行的了解以及直觉）的影响。请您根据这4个因素影响您对各指标作出判断的程度大小，分别在相应的空格中打"√"。

指标熟悉程度表

评价因素 指标＼评语	指标熟悉程度					
	①很熟悉	②熟悉	③较熟悉	④一般	⑤较不熟悉	⑥很不熟悉
A经济效益						
B科研效益						
C社会效益						
D生态效益						

指标判断依据及影响程度表

评价因素 指标＼评语	理论分析			实践经验			国内外同行的了解			直觉		
	①大	②中	③小	①大	②中	③小	①大	②中	③小	①大	②中	③小
A经济效益												
B科研效益												
C社会效益												
D生态效益												

本次专家咨询到此结束，再次感谢您的支持与帮助！祝您生活愉快，万事如意！

附录四：大学农技推广服务人员绩效评价指标体系专家咨询表（第二轮）

尊敬的专家：

您好！鉴于您的学识和成就，我们诚挚邀请您作为大学农技推广服务人员绩效评价指标体系研究的咨询专家，恳请您不吝赐教。

本研究作为国家重大农技推广服务试点项目的重要组成部分，目的在于构建系统的大学农技推广服务人员绩效评价体系，从而科学评价大学农技推广服务人员的绩效水平。

通过前期的文献研究以及专家咨询，我们初步构建了大学农技推广服务人员绩效评价指标体系，并根据专家反馈对指标体系进行调整和修改。本研究拟采用Delphi法对评价指标体系进行进一步筛选和完善，本轮专家咨询表回收并进行意见梳理和数据分析后，我们将把专家群体意见连同下一轮专家咨询表一起发送给您。本次咨询仅用于学术研究，对专家的个人信息将严格保密，请您放心。

填写专家咨询表大概需要10分钟，恳请您在百忙之中抽出宝贵时间，给我们提供指导给予我们帮助，并期盼您在2017年3月13日前将填写好的专家咨询表反馈到我们的邮箱。衷心感谢您的支持，真诚期待您对本研究的建议和意见！

华南农业大学新农村发展研究院

2017年3月8日

第一部分　专家基本信息表

1.您的工作单位：＿＿＿＿＿＿＿＿＿＿＿＿

2.您的性别：□①男　　□②女

3.您的年龄：

□①30岁以下　　□②30～39岁　　□③40～49岁　　□④50～59岁　　□⑤60岁及以上

4.您的学历：□①专科及以下　□②本科　□③硕士研究生　□④博士研究生

5.您的工作年限

（1）您从事农技推广服务的工作年限[必填]：

□①5年及以下　□②6～10年　□③11～15年　□④16～20年　□⑤20年以上

（2）除农技推广服务外，您从事的其他领域工作年限（领域名称：＿＿＿＿＿＿）

[选填]：

□①5年及以下　□②6～10年　□③11～15年　□④16～20年　□⑤20年以上

6.您的岗位：□①教学科研人员　□②行政管理人员　□③其他（勾选此项请填

写）＿＿

7.您的职称：□①中级及以下　□②副高级　□③正高级

8.您的职务：□①无　□②副处级以下　□③副处级　□④正处级及以上

9.请您根据下面的说明，对影响指标选择的两个主要方面（重要性和可操作性）进行比较，确定他们在进行指标选择时的重要程度。

（1）指标的重要性：表示各指标对于上级指标的重要程度和代表性。指标越重要，代表性越好，则重要性越高。

（2）指标的可操作性：表示在实际评价工作过程中，评价者获取该指标信息的难易程度和可信程度。指标信息越容易获得，可信程度越高，则可操作性越强。

要求：如果以总分100分为标尺，您认为在进行指标选择时，对于指标的重要性和可操作性，应该如何分配他们的分值，才会比较合适？

	分值
指标的重要性	分
指标的可操作性	分
总分	100分

第二部分　大学农技推广服务人员绩效评价指标体系框架咨询表

一级指标	二级指标	三级指标	三级指标定义
大学农技推广服务人员绩效　A 推广素质	A1 自我发展	A11参加农业技术讲座和论坛次数	参加农业技术讲座和论坛的次数（次/年）
		A12参加农业领域进修课程学时数	参加农业领域进修课程的学时数（学时/年）
		A13参加农业领域调研交流次数	参加农业领域调研交流的次数（次/年）
	A2 科技创新	A21获得专利授权数	作为完成人之一获得的专利授权数（项/年）
		A22获得新品种审定或认定数	作为完成人之一获得的新产品审定或认定数量（项/年）
		A23制定技术标准数	作为制定人之一的技术标准数量（项/年）
		A24制定技术规程数	作为制定人之一的技术规程数量（项/年）
	A3 团队合作	A31组建的推广团队数量	作为团队负责人的推广团队数量（个/年）
		A32参与的推广团队数量	作为团队成员的推广团队数量（个/年）
B 推广行为	B1 推广形式	B11开展技术培训班培训人次	在基层开展技术培训班培训的人次（人次/年）
		B12试验示范指导农民人次	在基层通过成果试验示范指导的农民人次（人次/年）
		B13入户指导农民人次	入户指导的农民人次（人次/年）
		B14远程指导农民人次	通过现代技术进行远程指导的农民人次（人次/年）
		B15现场指导农业企业次数	现场指导农业企业（含专业合作社）的次数（次/年）
		B16远程指导农业企业次数	通过现代技术进行远程指导农业企业（含专业合作社）的次数（次/年）
		B17创办农业经济实体数量	在基层创办的农业经济实体（如农业企业、专业合作社）数量（家/年）
	B2 推广内容	B21推广的新技术种类	在基层推广的新技术种类（种/年）
		B22推广新品种和新技术的面积	在基层推广新品种和新技术的面积（万亩/年）
		B23推广新品种和新技术的数量	在基层推广新品种和新技术的数量（万头、万只/年）

（续表）

一级指标	二级指标	三级指标	三级指标定义
大学农技推广服务人员绩效 C 推广效果	C1 经济效益	C11自创农业经济实体纯利润	在基层创办的农业经济实体（如农业企业、专业合作社）实现纯利润（万元/年）
		C12农业技术成果转让合同总金额	签订农业技术成果转让合同总金额（万元/年）
		C13农技推广项目总利润	在基层开展农技推广项目实现项目总利润（万元/年）
		C14服务对象农业产值增加额	服务对象实现农业产值增加额（万元/年）
		C15服务对象农业产量年增长比	服务对象实现农业产量年增长比（%）
		C16服务对象农业纯收入或纯利润增加额	服务对象实现农业纯收入或纯利润增加额（万元/年）
	C2 社会效益	C21个体农户纯收入增加量	带动个体农户实现纯收入增加的数量（户/年）
		C22农业企业纯利润增加量	带动农业企业（含专业合作社）实现纯利润增加的数量（家/年）
		C23服务对象节省人工数	服务对象因技术进步节省人工数（人/年）
		C24培养的科技示范户数量	服务农户中新获"科技示范户"荣誉的数量（户/年）

若您觉得指标设计或指标定义存在不足，请您给予宝贵意见：

第三部分 大学农技推广服务人员绩效评价指标咨询表

填写说明

重要性：表示各指标对于上级指标的重要程度和代表性。指标越重要，代表性越好，则重要性越高。

可操作性：表示在实际评价工作过程中，评价者获取该指标信息的难易程度和可信程度。指标信息

越容易获得，可信程度越高，则可操作性越强。

请您根据下表的判断标度，分别对各指标的重要性和可操作性进行打分。如果您认为各级指标在设计上出现归类不当、表述不明、定义交叉或还存在未考虑到的指标，请在相应空白处进行修改或添加，并对修改或添加的指标进行定义。

重要性	很重要	较重要	一般重要	较不重要	很不重要
分值	5	4	3	2	1
可操作性	很具可操作性	较具可操作性	一般具可操作性	较不具可操作性	很不具可操作性
分值	5	4	3	2	1

一级指标咨询表

大学农技推广服务人员绩效	一级指标	重要性（1~5分）	可操作性（1~5分）
	A推广素质		
	B推广行为		
	C推广效果		

一级指标修改建议（如果您认为上述一级指标出现归类不当、表述不明、定义交叉或还存在未考虑到的指标，请在以下空白处修改或添加，并对修改或添加的指标进行定义）：

二级指标咨询表

一级指标	二级指标	重要性（1~5分）	可操作性（1~5分）
A推广素质	A1自我发展		
	A2科技创新		
	A3团队合作		
二级指标修改建议（如果您认为上述二级指标出现归类不当、表述不明、定义交叉或还存在未考虑到的指标，请在以下空白处修改或添加，并对修改或添加的指标进行定义）：			
B推广行为	B1推广形式		
	B2推广内容		
二级指标修改建议（如果您认为上述二级指标出现归类不当、表述不明、定义交叉或还存在未考虑到的指标，请在以下空白处修改或添加，并对修改或添加的指标进行定义）：			
C推广效果	C1经济效益		
	C2社会效益		
二级指标修改建议（如果您认为上述二级指标出现归类不当、表述不明、定义交叉或还存在未考虑到的指标，请在以下空白处修改或添加，并对修改或添加的指标进行定义）：			

三级指标咨询表

二级指标	三级指标	重要性（1~5分）	可操作性（1~5分）
A1自我发展	A11参加农业技术讲座和论坛次数		
	A12参加农业领域进修课程学时数		
	A13参加农业领域调研交流次数		

三级指标修改建议（如果您认为上述二级指标出现归类不当、表述不明、定义交叉或还存在未考虑到的指标，请在以下空白处修改或添加，并对修改或添加的指标进行定义）：

A2科技创新	A21获得专利授权数		
	A22获得新品种审定或认定数		
	A23制定技术标准数		
	A24制定技术规程数		

三级指标修改建议（如果您认为上述二级指标出现归类不当、表述不明、定义交叉或还存在未考虑到的指标，请在以下空白处修改或添加，并对修改或添加的指标进行定义）：

二级指标	三级指标	重要性（1~5分）	可操作性（1~5分）
A3团队合作	A31组建的推广团队数量		
	A32参与的推广团队数量		

三级指标修改建议（如果您认为上述二级指标出现归类不当、表述不明、定义交叉或还存在未考虑到的指标，请在以下空白处修改或添加，并对修改或添加的指标进行定义）：

	B11开展技术培训班培训人次		
	B12试验示范指导农民人次		
	B13入户指导农民人次		
B1推广形式	B14远程指导农民人次		
	B15现场指导农业企业次数		
	B16远程指导农业企业次数		
	B17创办农业经济实体数量		

三级指标修改建议（如果您认为上述二级指标出现归类不当、表述不明、定义交叉或还存在未考虑到的指标，请在以下空白处修改或添加，并对修改或添加的指标进行定义）：

二级指标	三级指标	重要性（1~5分）	可操作性（1~5分）
B2推广内容	B21推广的新技术种类		
	B22推广新品种和新技术的面积		
	B23推广新品种和新技术的数量		

三级指标修改建议（如果您认为上述三级指标出现归类不当、表述不明、定义交叉或还存在未考虑到的指标，请在以下空白处修改或添加，并对修改或添加的指标进行定义）：

C1经济效益	C11自创农业经济实体纯利润		
	C12农业技术成果转让合同总金额		
	C13农技推广项目总利润		
	C14服务对象农业产值增加额		
	C15服务对象农业产量年增长比		
	C16服务对象农业纯收入或纯利润增加额		

三级指标修改建议（如果您认为上述三级指标出现归类不当、表述不明、定义交叉或还存在未考虑到的指标，请在以下空白处修改或添加，并对修改或添加的指标进行定义）：

二级指标	三级指标	重要性（1~5分）	可操作性（1~5分）
C2社会效益	C21个体农户纯收入增加量		
	C22农业企业纯利润增加量		
	C23服务对象节省人工数		
	C24培养的科技示范户数量		

三级指标修改建议（如果您认为上述三级指标出现归类不当、表述不明、定义交叉或还存在未考虑到的指标，请在以下空白处修改或添加，并对修改或添加的指标进行定义）：

第四部分 专家权威系数量化表

填写说明

1. 指标熟悉程度表

根据您对各评价指标的熟悉程度，分别在各指标相应的空格内打"√"。

2. 指标判断依据及影响程度表

在对各指标进行判断时，通常在不同程度上受到4个因素（理论分析、实践经验、国内外同行的了解以及直觉）的影响。请您根据这4个因素影响您对各指标作出判断的程度大小，分别在相应的空格中打"√"。例如，您觉得4个因素对您判断的影响都很大，则：

评价因素 指标＼评语	理论分析			实践经验			国内外同行的了解			直觉		
	①大	②中	③小	①大	②中	③小	①大	②中	③小	①大	②中	③小
指标A	√			√			√			√		

指标熟悉程度表

评价因素 指标＼评语	指标熟悉程度					
	①很熟悉	②熟悉	③较熟悉	④一般	⑤较不熟悉	⑥很不熟悉
A推广素质						
B推广行为						
C推广效果						

指标判断依据及影响程度表

评价因素 指标＼评语	理论分析			实践经验			国内外同行的了解			直觉		
	①大	②中	③小	①大	②中	③小	①大	②中	③小	①大	②中	③小
A推广素质												
B推广行为												
C推广效果												

本次专家咨询到此结束，再次感谢您的支持与帮助！祝您生活愉快，万事如意！

附录五：大学农技推广服务人员绩效评价指标体系专家咨询表（第三轮）

尊敬的_____专家：

　　您好！在您的热情支持和帮助下，上一轮专家咨询已经顺利完成，非常感谢您在百忙之中抽出宝贵时间给予我们宝贵意见！

　　我们通过对上一轮专家咨询表的回收和统计分析，结合专家提出的宝贵意见，对指标体系进行修改和完善，从而形成新一轮专家咨询表。现在我们诚挚邀请您参加新一轮专家咨询，给我们提供宝贵建议。本轮咨询的目的在于进一步完善指标体系，并对指标进行赋权，从而构建针对大学农技推广服务人员的评价模型。

　　鉴于您的学识和成就，我们恳请您在百忙之中抽出宝贵时间，给我们再次提供指导和帮助。本次研究仅用于学术研究，请您放心。衷心感谢您一直以来对我们的支持，真诚期待您对本研究的建议和意见！

华南农业大学新农村发展研究院

2016年3月

大学农技推广服务人员绩效评价指标体系框架（第3版）

一级指标	二级指标	三级指标	三级指标定义
大学农技推广服务人员绩效 A 推广素质	A1 自我发展	A11参加高层次农业技术会议或论坛次数	参加国家级及以上的农业技术会议或论坛次数（次/年）
		A12参加农业领域调研次数	参加农业领域调研的次数（次/年）
	A2 科技创新	A21获得专利授权数	作为完成人之一获得的专利授权数（项/年）
		A22获得新品种审定或认定数	作为完成人之一获得的新产品审定或认定数量（项/年）
		A23制定技术标准数	作为制定人之一的技术标准数量（项/年）
		A24制定技术规程数	作为制定人之一的技术规程数量（项/年）
		A25获奖的应用型科技成果数	作为获奖人之一获得的应用型科技成果数（项/年）

（续表）

一级指标	二级指标	三级指标	三级指标定义
A 推广素质	A3 团队合作	A31组建的推广项目团队数量	作为团队负责人的推广项目团队数量（个/年）
		A32参与的推广项目团队数量	作为团队成员的推广项目团队数量（个/年）
B 推广产出	B1 受益个人	B11技术培训人次	在基层开展技术培训班培训的人次（人次/年）
		B12指导农民人次	在基层通过试验示范或入户到田指导的农民人次（人次/年）
	B2 服务企业	B21指导农业企业次数	在基层指导农业企业（含专业合作社）的次数（次/年）
		B22创办农业企业数量	在基层创办的农业企业（含专业合作社）数量（家/年）
	B3 产品应用	B31推广应用的新技术数量	在基层推广应用的新技术数量（项/年）
		B32新品种和新技术的推广应用面积	新品种和新技术在基层的推广应用面积（万亩/年）
		B33新品种和新技术的推广应用数量	新品种和新技术在基层的推广应用数量（万头、万只/年）
C 推广效果	C1 经济效益	C11自创农业企业纯利润	在基层创办的农业企业（含专业合作社）实现纯利润（万元/年）
		C12农业技术成果转让合同总金额	签订农业技术成果转让合同总金额（万元/年）
		C13农技推广项目总利润	在基层开展农技推广项目实现项目总利润（万元/年）
		C14服务对象农业产值增加额	服务对象实现农业产值增加额（万元/年）
		C15服务对象农业产量年增长比	服务对象实现农业产量年增长比（%）
		C16服务对象农业纯收入或纯利润增加额	服务对象实现农业纯收入或纯利润增加额（万元/年）
	C2 社会效益	C21纯收入增加的农户数	带动个体农户实现纯收入增加的数量（户/年）
		C22纯利润增加的农业企业数	带动农业企业（含专业合作社）实现纯利润增加的数量（家/年）
		C23培养的科技示范户数量	服务农户中新获"科技示范户"荣誉的数量（户/年）

（注：一级指标纵向为"大学农技推广服务人员绩效"）

若您觉得指标设计过指标定义存在不足，请您给予宝贵意见：

第一部分　大学农技推广服务人员绩效评价体系
一二级指标赋权咨询表

填写说明

本表采用层次分析法对一二级指标进行赋权，请您对本研究拟定的一二级指标进行两两比较，并在适当的空格内打"√"。

注释

两指标对比	标度	含义	两指标对比	标度	含义
指标A/指标B	9/1	指标A比指标B极端重要	指标A/指标B	1/9	指标B比指标A极端重要
	7/1	指标A比指标B非常重要		1/7	指标B比指标A非常重要
	5/1	指标A比指标B明显重要		1/5	指标B比指标A明显重要
	3/1	指标A比指标B稍微重要		1/3	指标B比指标A稍微重要
	1/1	指标A和指标B一样重要		1/1	指标B和指标A一样重要
	8/1，6/1，4/1，2/1	标度中间值		1/8，1/6，1/4，1/2	标度中间值

例如：您在比较经济效益与社会效益时，若认为经济效益比社会效益稍微重要，则经济效益/社会效益=3/1

指标对比	重要性标度																	
	9/1	8/1	7/1	6/1	5/1	4/1	3/1	2/1	1/1	1/2	1/3	1/4	1/5	1/6	1/7	1/8	1/9
经济效益/社会效益							√										

请您根据您的经验，对指标的重要性进行两两对比，并在相应的空格内打"√"。

指标对比	重要性标度																	
	9/1	8/1	7/1	6/1	5/1	4/1	3/1	2/1	1/1	1/2	1/3	1/4	1/5	1/6	1/7	1/8	1/9
推广素质/推广产出																	
推广素质/推广效果																	
推广产出/推广效果																	

第二部分 大学农技推广服务人员绩效评价指标评分咨询表

填写说明

1.重要性：表示各指标对于上级指标的重要程度和代表性。指标越重要，代表性越好，则重要性越高。

2.可操作性：表示在实际评价工作过程中，评价者获取该指标信息的难易程度和可信程度。指标信息越容易获得，可信程度越高，则可操作性越强。

有关定义

算术均数：表示专家意见的集中程度。算术均数越大，证明指标的重要性越高或可操作性越强。上一轮中专家对各指标的重要性和可操作性进行判断，分值在1～5分，因此算术均数的取值也在1～5分。

标准差：表示专家意见的协调程度，说明专家对于对应指标重要性和可操作性的判断波动程度。标准差越小，说明专家对该指标的协调程度越高。

请您参考上一轮专家咨询结果，根据各指标的重要性和可操作性进行打分，并根据各级指标对于所属上级指标中的重要性依次进行排序。新增的指标在表中以（＋）标识，修改的指标在指标名称后面以括号形式进行备注（新增指标也需要进行打分评价）。

重要性	很重要	较重要	一般重要	较不重要	很不重要
分值	5	4	3	2	1
可操作性	很具可操作性	较具可操作性	一般具可操作性	较不具可操作性	很不具可操作性
分值	5	4	3	2	1

一级指标评分表

一级指标	上一轮专家咨询结果				新一轮专家咨询意见	
	重要性		可操作性		重要性	可操作性
	算术均数	标准差	算术均数	标准差	评分（1~5分）	评分（1~5分）
A推广素质	3.864	0.884	3.818	0.799		
B推广产出（原为推广行为）	4.091	0.926	4.136	0.743		
C推广效果	4.773	0.617	3.818	0.884		

二级指标评分表

一级指标	二级指标	上一轮专家咨询结果				新一轮专家咨询意见	
		重要性		可操作性		重要性	可操作性
		算术均数	标准差	算术均数	标准差	评分（1~5分）	评分（1~5分）
A 推广素质	A1自我发展	3.773	0.799	3.727	0.816		
	A2科技创新	3.773	0.743	3.909	0.704		
	A3团队合作	3.955	0.834	3.818	0.884		
B 推广产出	B1受益个人（+）	–	–	–	–		
	B2服务企业（+）	–	–	–	–		
	B3产品应用（原为推广内容）	4.409	0.723	4.045	0.704		
C 推广效果	C1经济效益	4.227	0.743	4.000	0.884		
	C2社会效益	4.227	0.724	3.409	0.834		

三级指标评分表

二级指标	三级指标	上一轮专家咨询结果				新一轮专家咨询意见	
		重要性		可操作性		重要性	可操作性
		算术均数	标准差	算术均数	标准差	评分（1~5分）	评分（1~5分）
A1 自我发展	A11参加高层次农业技术会议或论坛次数（原为参加农业技术讲座或论坛次数）	3.500	1.033	4.318	0.910		
	A12参加农业领域调研次数（原为参加农业领域调研交流次数）	3.773	0.799	4.227	0.816		

（续表）

二级指标	三级指标	上一轮专家咨询结果				新一轮专家咨询意见	
		重要性		可操作性		重要性	可操作性
		算术均数	标准差	算术均数	标准差	评分（1~5分）	评分（1~5分）
A2 科技创新	A21获得专利授权数	3.727	0.676	4.136	0.737		
	A22获得新品种审定或认定数	4.000	0.704	4.227	0.737		
	A23制定技术标准数	3.818	0.458	4.318	0.632		
	A24制定技术规程数	3.955	0.458	4.318	0.632		
	A25获奖的应用型科技成果数（＋）	－	－	－	－		
A3 团队合作	A31组建的推广项目团队数量（原为组建的推广团队数量）	4.091	0.704	4.091	0.704		
	A32参与的推广项目团队数量（原为参与的推广团队数量）	3.773	0.834	3.955	0.961		
B1 受益个人	B11技术培训人次（原为开展技术培训班培训人次）	4.409	0.737	4.591	0.488		
	B12指导农民人次（以试验示范指导农民人次为参考）	4.136	0.799	4.182	0.799		
B2 服务企业	B21指导农业企业次数（原为现场指导农业企业次数）	4.364	0.704	4.455	0.640		
	B22创办农业企业数量（原为创办农业经济实体数量）	3.818	1.033	4.091	0.862		
B3 产品应用	B31推广应用的新技术数量（原为推广新技术的种类）	4.273	0.976	4.545	0.507		
	B32新品种和新技术的推广应用面积（原为推广新品种和新技术的面积）	4.591	0.507	4.409	0.640		
	B33新品种和新技术的推广应用数量（原为推广新品种和新技术的数量）	4.455	0.516	4.364	0.632		

（续表）

二级指标	三级指标	上一轮专家咨询结果				新一轮专家咨询意见	
		重要性		可操作性		重要性	可操作性
		算术均数	标准差	算术均数	标准差	评分（1~5分）	评分（1~5分）
C1 经济效益	C11自创农业企业纯利润（原为自创农业经济实体纯利润）	3.955	0.845	4.000	0.799		
	C12农业技术成果转让合同总金额	4.182	0.704	4.000	0.775		
	C13农技推广项目总利润	3.955	0.655	3.864	0.676		
	C14服务对象农业产值增加额	4.182	0.799	3.818	0.743		
	C15服务对象农业产量年增长比	4.182	0.799	3.818	0.775		
	C16服务对象农业纯收入或纯利润增加额	4.273	0.594	3.773	0.724		
C2 社会效益	C21纯收入增加的农户数（原为个体农户纯收入增加量）	4.364	0.594	3.818	0.724		
	C22纯利润增加的农业企业数（原为农业企业纯利润增加量）	4.227	0.743	3.864	0.704		
	C23培养的科技示范户数量	4.136	0.799	3.864	0.775		

　　本轮专家咨询到此结束，衷心感谢您一直以来的支持与帮助！祝您生活愉快，万事如意！

附录六：大学农技推广服务调查问卷

尊敬的老师：

您好！欢迎参加大学农技推广服务问卷调查！本调查是国家重大农技推广服务试点项目的重要组成部分，旨在了解大学农技推广服务人员的工作情况，探索大学农技推广服务激励因素。问卷答案没有对错之分，恳请您在百忙之中抽出宝贵时间，根据您的实际情况，协助我们填写问卷。问卷仅用于学术研究，不会透露您的信息，请您放心。衷心感谢您的支持与帮助！

华南农业大学新农村发展研究院

2017年3月

第一部分　基本信息

1.您的工作部门：＿＿＿＿＿＿＿＿＿＿＿＿＿

2.您的性别：□①男　□②女

3.您的年龄：

□①30岁及以下　□②31～40岁　□③41～50岁　□④51～60岁　□⑤60岁以上

4.您的学历：□①专科及以下　□②本科　□③硕士研究生　□④博士研究生

5.您的工作年限

（1）您从事农技推广服务的工作年限[必填]：

□①5年及以下　□②6～10年　□③11～15年　□④16～20年　□⑤20年以上

（2）除农技推广服务外，您从事的其他领域工作年限（领域名称：＿＿＿＿＿＿）

[选填]：

□①5年及以下　□②6～10年　□③11～15年　□④16～20年　□⑤20年以上

6.您的岗位：□①教学科研人员　□②行政管理人员　□③其他（请填写）

7.您的职称：□①中级及以下　　□②副高级　　□③正高级

8.您的职务：□①无　　□②副处级以下　　□③副处级　　□④正处级及以上

第二部分　2016年度工作情况调查表

请根据您在2016年度的实际工作情况，对下表内容进行统计填写。若存在工作中暂时未涉及的内容，请填写"0"。统计时间为2016年1月1日至2016年12月31日。

问题	结果
1.您去年参加了多少次国家级及以上的农业技术会议或论坛？	
2.您去年参加了多少次农业领域调研？	
3.您去年作为完成人之一获得了多少项专利授权？	
4.您去年作为完成人之一获得了多少项新产品审定或认定？	
5.您去年作为制定人之一制定了多少项技术标准？	
6.您去年作为制定人之一制定了多少项技术规程？	
7.您去年作为获奖人之一获得了多少项应用型科技成果？	
8.您去年作为团队负责人的推广项目团队有多少个？	
9.您去年作为团队成员的推广项目团队有多少个？	
10.您去年在基层开展技术培训班培训了多少人次？	
11.您去年在基层通过试验示范或入户到田指导农民多少人次？	
12.您去年在基层指导农业企业（含专业合作社）多少次？	
13.您去年在基层创办了多少家农业企业（含专业合作社）？	
14.您去年在基层推广应用了多少项新技术？	
15.您去年在基层推广应用新品种和新技术共多少万亩？	
16.您去年在基层推广应用新品种和新技术共多少万头/万只？	
17.您去年在基层创办的农业企业（含专业合作社）实现纯利润多少万元？	
18.您去年签订的农业技术成果转让合同总金额多少万元？	
19.您去年在基层开展农技推广项目所实现的项目总利润多少万元？	

（续表）

问题	结果
20.您去年的服务对象实现农业产值增加额多少万元？	
21.您去年的服务对象实现农业产量年增长多少百分比？	
22.您去年的服务对象实现农业纯收入或纯利润增加多少万元？	
23.您去年带动多少户个体农户实现纯收入增加？	
24.您去年带动多少家农业企业（含专业合作社）实现纯利润增加？	
25.您去年服务的农户中有多少户新获得了"科技示范户"的荣誉称号？	

第三部分　工作投入调查表

内容	非常不符合	比较不符合	一般	比较符合	非常符合
1.从事农技推广服务工作时，我觉得干劲十足	1	2	3	4	5
2.即使农技推广服务工作进展不顺利，我也能坚持不懈	1	2	3	4	5
3.从事农技推广服务工作时，我的心情开朗，精神愉悦	1	2	3	4	5
4.从事农技推广服务工作时，我感到精力充沛	1	2	3	4	5
5.农技推广服务工作对我来说具有挑战性	1	2	3	4	5
6.我所从事的农技推广服务工作能够激励我	1	2	3	4	5
7.我非常热衷于自己的农技推广服务工作	1	2	3	4	5
8.我为自己所从事的农技推广服务工作感到骄傲	1	2	3	4	5
9.我觉得我从事的农技推广服务工作非常有意义	1	2	3	4	5
10.当我从事农技推广服务工作时，我忘记了周围的一切	1	2	3	4	5
11.当我从事农技推广服务工作时，我感觉时间飞逝	1	2	3	4	5
12.当我从事农技推广服务工作时，我脑子里只有工作	1	2	3	4	5
13.当我从事农技推广服务工作时，我完全沉浸其中	1	2	3	4	5

第四部分　组织支持调查表

内容	非常 不符合	比较 不符合	一般	比较 符合	非常 符合
1.学校重视我在农技推广服务过程中的工作目标和价值观	1	2	3	4	5
2.当我在农技推广服务工作中遇到问题时，学校会给予帮助	1	2	3	4	5
3.学校重视我在农技推广服务工作中提出的意见	1	2	3	4	5
4.学校认为我在农技推广服务方面为学校作出了一定的贡献	1	2	3	4	5
5.当我不再从事农技推广服务时，学校会觉得损失很大	1	2	3	4	5
6.学校对我在农技推广服务工作中取得的成就感到骄傲	1	2	3	4	5
7.学校关心我在农技推广服务过程中的生活状态	1	2	3	4	5
8.学校关心我在农技推广服务中的薪酬福利	1	2	3	4	5
9.学校在制定农技推广服务政策时会考虑我的利益	1	2	3	4	5

第五部分　工作满意度调查表

内容	非常 不同意	比较 不同意	一般	比较 同意	非常 同意
1.我对目前农技推广服务工作量感到满意	1	2	3	4	5
2.我在农技推广服务工作中有发挥自身才能的机会	1	2	3	4	5
3.我在农技推广服务工作中有做不同事情的机会	1	2	3	4	5
4.我能够在农技推广服务工作中成为重要的角色	1	2	3	4	5
5.农技推广服务工作中上级对待下属的方式让我感到满意	1	2	3	4	5
6.农技推广服务工作中上级的决策能力让我感到满意	1	2	3	4	5
7.农技推广服务工作中不会让我做违背良心的事情	1	2	3	4	5

（续表）

内容	非常 不同意	比较 不同意	一般	比较 同意	非常 同意
8.我对农技推广服务工作稳定性感到满意	1	2	3	4	5
9.我在农技推广服务工作中有服务他人的机会	1	2	3	4	5
10.我在农技推广服务工作中有指导他人做事的机会	1	2	3	4	5
11.农技推广服务工作能够让我发挥自身能力和专长	1	2	3	4	5
12.我对学校农技推广服务政策的实施方式感到满意	1	2	3	4	5
13.我目前承担的农技推广服务工作量和薪酬相匹配	1	2	3	4	5
14.农技推广服务工作能够给我提供晋升的机会	1	2	3	4	5
15.我在农技推广服务工作中能够自由运用自己的判断	1	2	3	4	5
16.我在农技推广服务工作中有机会用自己的方法解决问题	1	2	3	4	5
17.我对农技推广服务工作的环境和条件感到满意	1	2	3	4	5
18.我在农技推广服务工作中和同事相处融洽	1	2	3	4	5
19.当我在农技推广服务工作中有良好表现时会受到赞赏	1	2	3	4	5
20.我能够在农技推广服务工作中获得成就感	1	2	3	4	5

参考文献

安成立，刘占德，刘漫道，等. 2014. 以大学为依托的农技推广模式的探索与实践——以西北农林科技大学为例[J]. 安徽农学通报（20）：1-6.

安杰，孙境鸿，刘顺. 2010. 美国农业推广发展及启示[J]. 商业经济（14）：21-23.

毕雪阳. 2015. 管理心理学[M]. 上海：上海财经大学出版社.

曾峰，邝晓虹，冯学萍. 2003. "ERG"理论对现代人力资源管理的启示[J]. 商业时代（24）：19-42.

曾维忠，陈秀兰. 2010. 科研人员农业技术推广参与度的影响因素分析——来自四川省的实证[J]. 农业技术经济（4）：36-41.

曾维忠，李镜. 2006. 农业科技专家大院建设的理论与实践探讨[J]. 农业科技管理，25（6）：86-89.

陈辉，赵晓峰，张正新. 2016. 农业技术推广的"嵌入性"发展模式[J]. 西北农林科技大学学报（社会科学版），16（1）：76-80.

陈江涛，吕建秋. 2017. 国外农技推广的发展对中国农技推广的启示[J]. 现代农业科技（17）：265-267.

陈四长. 2013. 一种创新型的农业技术推广模式——西农模式[J]. 西北农林科技大学学报（社会科学版），13（1）：1-5.

陈秀兰，何勇，曾维忠. 2010. 农业科研人员技术推广的意愿研究——基于四川省调查数据的实证分析[J]. 科学学研究，28（2）：263-268.

陈亚红. 2016. 日韩农业科技推广经验及启示[J]. 合作经济与科技（18）：7-9.

陈一鸣. 2014. 美国农业科技推广很有效[J]. 新农村（6）：33-33.

陈振明. 2012. 社会研究方法[M]. 北京：中国人民大学出版社.

程备久. 2016. 地方农业院校服务现代农业发展的实践与探索——以安徽农业大学为例[J]. 中国农业教育（2）：1-5.

程相法. 2018. 探析精准视角下的农业技术推广方式及方法[J]. 种子科技（3）：11.

崔春晓，李建民，邹松岐. 2013. 日本农业科技推广体系的组织框架、运行机制及对中国的启示[J]. 农业经济，23（4）：6-8.

崔俊敏. 2010. 农业科技推广市场化的体制性障碍及破解[J]. 中州学刊（3）：73-75.

崔越. 2015. 高校涉农教师农技推广服务供给意愿研究——基于广东省的调查[D]. 广州：华南农业大学.

代玲莉. 2012. 基于农业技术推广效率的湖北省水稻生产研究[D]. 武汉：武汉理工大学.

邓新明. 2012. 中国情景下消费者的伦理购买意向研究——基于TPB视角[J]. 南开管理评论，15（3）：22-32.

刁留彦. 2013. 我国农技推广体系考核机制的创新与完善[J]. 农村经济（4）：96-98.

丁自立，焦春海，郭英. 2011. 国外农业技术推广体系建设经验借鉴及启示[J]. 科技管理研究，31（5）：55-57.

董杲. 2016. 多元农业推广中组织邻近性、合作治理机制与合作绩效间关系研究[D]. 北京：中国农业大学.

董振芳，刘文元，霍玉海，等. 1990. 农技推广项目评价指标与评价方法[J]. 科学学与科学技术管理（11）：35-36.

段文婷，江光荣. 2008. 计划行为理论述评[J]. 心理科学进展，16（2）：315-320.

方付建. 2009. 基层农技人员激励体系创新研究——以设立农业科技创新基金为视角[J]. 中国科技论坛（12）：100-103.

房三虎，张永亮，谢青梅，等. 2016. 构建校企协同创新体系培养高素质复合应用型人才——以华南农业大学动物科学专业"温氏班"为例[J]. 高教探索（6）：14-18.

丰军辉，张俊飚，吴雪莲，等. 2017. 基层农技推广人员工作积极性研究[J]. 农业现代化研究，38（5）：809-817.

风笑天. 2009. 社会学研究方法[M]. 北京：中国人民大学出版社.

冯缙，秦启文. 2009. 工作满意度研究述评[J]. 心理科学（4）：900-902.

冯艳春，杨微，郑金玉. 2008. 建立农业技术推广新模式探讨[J]. 农业科技管理，27（4）：82-83.

冯媛. 2014. 农业技术推广与农业可持续发展[J]. 中国农业信息月刊（2）：201.

高道才，林志强. 2015. 农业科技推广服务体制和运行机制创新研究[J]. 中国海洋大学学报（社会科学版）（1）：93-97.

高建梅，何得桂. 2013. 大学在美国农技推广体系中的功能及其借鉴[J]. 科技管理研究，33（1）：111-114.

龚继红，钟涨宝. 2014. 制度效率、职业满意度与职业忠诚关系的实证分析——基于湖北省10县（市、区）基层农技人员的调查[J]. 中国农村观察（4）：71-83.

顾琳珠，唐齐千. 1998. 农业技术推广的概念、界定和实践形式[J]. 上海农业学报（2）：76-78.

顾琴轩. 2006. 绩效管理[M]. 上海：上海交通出版社.

郭惠容. 2001. 激励理论综述[J]. 企业经济（6）：32-34.

郭敏. 2017. 美国基层农业推广人员管理及对我国的启示[J]. 中国农技推广，33（1）：19-21.

国务院. 中共中央国务院关于实施乡村振兴战略的意见[EB/OL]. http：//www. moa. gov. cn/ztzl/yhwj2018/zyyhwj/201802/t20180205_6136410. htm.

韩清瑞. 2014. 美国农业推广体系特点及思考[J]. 中国农技推广，30（4）：8-10.

韩清瑞. 2014. 日本农技推广创新及启示[J]. 农村经营管理（2）：40-41.

韩瑞珍，杨思洛. 2013. 区域高校社会服务绩效评价指标体系构建研究——以湖南省为例[J]. 重庆大学学报（社会科学版）（6）：83-88.

郝风，欧阳崃，陈旭，等. 2008. 科研院所专家负责制的农技推广模式探讨[J]. 中国科技论坛（2）：102-104.

郝海，踪家峰. 2007. 系统分析与评价方法[M]. 北京：经济科学出版社.

郝辽钢，刘健西. 2003. 激励理论研究的新趋势[J]. 北京工商大学学报（社会科学版），18（5）：12-17.

何得桂，高建梅. 2016. 建构以大学为依托农业科技推广模式的价值与限度——以西北农林科技大学为例[J]. 安徽农业科学（12）：7 515-7 518.

胡根全. 2005. 农业推广的国际比较研究[D]. 杨凌：西北农林科技大学.

胡锦涛. 胡锦涛在中国共产党第十八次全国代表大会上的报告[EB/OL]. http://cpc. people. com. cn/n/2012/1118/c64094-19612151. html.

胡婧. 2015. 农技推广人员推广意愿及其影响因素研究[D]. 长春：吉林农业大学.

胡瑞法，李立秋. 2004. 农业技术推广的国际比较[J]. 科技导报，22（1）：26-29.

胡瑞法，孙顶强，董晓霞. 2004. 农技推广人员的下乡推广行为及其影响因素分析[J]. 中国农村经济（11）：29-35.

扈映. 2006. 我国基层农技推广体制研究：一个历史与理论的考察[D]. 杭州：浙江大学.

黄鸿翔. 2005. 健全农业科技推广体系加大科技兴农工作力度[J]. 作物杂志（2）：1-3.

黄培森. 2012. 国内教师工作满意度研究综述[J]. 四川文理学院学报，22（5）：92-96.

黄祖辉，扈映. 2005. 乡镇农技推广机构职能弱化现象透视——以浙江省为例[J]. 中国软科学（8）：63-69.

惠飞虎. 2004. 扬油4号油菜新品种推广机制研究及影响因素分析[D]. 北京：中国农业大学.

纪韬. 2009. 辽宁农业技术推广体系发展对策研究[D]. 北京：中国农业科学院.

季勇. 2014. 高校教师参与农技推广意愿及其影响因素研究[D]. 南京：南京农业大学.

贾晋. 2009. 中国农技推广体系改革的政策模拟与优化——基于基层推广机构行为视角的分析[J]. 中国软科学（9）：15-22.

姜峰，崔乃文，郭燕锋. 2016. 农业科技服务体系的美国模式探析[J]. 教育教学论坛（51）：66-67.

蒋磊，张俊飚，何可. 2016. 农村农技人员的工作流动意愿特征及影响因素分析——以湖北省为例[J]. 中国农村观察（2）：45-54.

蒋小花，沈卓之，张楠楠，等. 2010. 问卷的信度和效度分析[J]. 现代预防医学，37（3）：429-431.

焦源，赵玉姝，高强. 2013. 我国沿海地区农业技术推广效率及其制约因素[J]. 华南农业大学学报（社会科学版）（4）：12-18.

孔宪香. 2008. 技术创新体系建设中的人力资本激励制度研究[D]. 济南：山东大学.

孔祥智，楼栋. 2012. 农业技术推广的国际比较、时态举证与中国对策[J]. 改革（1）：12-23.

李柏洲，徐广玉，苏屹. 2014. 中小企业合作创新行为形成机理研究——基于计划行为理论的解释架构[J]. 科学学研究，32（5）：777-786.

李春英，吴庆禹. 2012. 农业推广原理与方法[M]. 哈尔滨：东北林业大学出版社.

李冬梅，吴燕. 2009. 基层农技推广人员推广意愿及行为实证研究——基于四川省基层农技员的调查[J]. 生产力研究（17）：35-37.

李冬梅，严立冬，刘智，等. 2008. 日本农业技术推广体制度结构的分析及其启示?[J]. 四川农业大学学报，26（3）：266-269.

李海燕，曹文瑞，赵醒村，等. 2007. 医学科技人才评价指标体系权重的研究[J]. 中华医学科研管理杂志，20（4）：219-221.

李继锋，唐超，符瑞益，等. 2014. 农业科技推广服务中存在的问题及发展对策[J]. 安徽农业科学（26）：9 200.

李建华. 2012. 借鉴国外农技推广模式促进我国农业科技推广[J]. 农业科技管理，31（3）：60-63.

李苗. 2014. 规范农业技术推广"三性"验证行为的探讨[J]. 中国水产（S1）：109-112.

李庆堂. 2014. 国外农业技术推广模式经验借鉴及启示[J]. 现代农业科技（19）：319-320.

李宪松，王俊芹. 2011. 基层农业技术推广行为综合评价指标体系研究[J]. 安徽农业科学，39（3）：1 834-1 835.

李向东. 2007. 目标管理和KPI法在绩效考评中的应用[J]. 企业活力（12）：94-96.

李雄. 2016. 晋城市农业技术推广效率及影响因素研究[D]. 太谷：山西农业大学.

李艳君. 2010. 种子市场行政执法检查情况及存在的问题——以五常市2010年春季为例[J]. 农学学报（8）：21-22.

李颖，贾二鹏，马力. 2012. 国内外共词分析研究综述[J]. 新世纪图书馆（1）：23-27.

李玉清，田素妍，雷颖，等. 2015. 大学农村科技服务模式探索与实践——以南京农业大学为例[J]. 高等农业教育（10）：28-31.

李玉芝. 2013. 湖南省农业科技推广人才培养问题研究[D]. 长沙：湖南农业大学.

李珍，李松柏. 2017. 农技推广中试验站的功能及与其他主体的互动模式分析——以X大学猕猴桃试验站为例[J]. 湖北农业科学，56（11）：2 171-2 175.

李峥. 2014. 埃塞俄比亚农技推广信息化现状分析及解决方案设计[D]. 北京：中国农业科学院.

梁敏，杨德胜. 2013. 亚太国家农技推广模式比较研究[J]. 现代农业科技（14）：282-284.

廖西元，王志刚，朱述斌，等. 2008. 基于农户视角的农业技术推广行为和推广绩效的实证分析[J]. 中国农村经济（7）：4-13.

林龚华. 2012. 福建省农业技术推广模式的比较与优化研究[D]. 福州：福建农林大学.

林青，刘进梅. 2007. 我国公共农业技术推广效率激励体制的重构[J]. 安徽农业科学，35（21）：6 641-6 642.

林嵩，姜彦福. 2006. 结构方程模型理论及其在管理研究中的应用[J]. 科学学与科学技术管理（2）：38-41.

林英. 2007. 以大学为依托的农业技术推广模式探析[J]. 陕西农业科学（5）：139-141.

刘彩华，王春柳，宋昱珊，等. 2011. 企业员工绩效评价存在的问题及对策[J]. 财会通讯（14）：155-156.

刘彩霞，罗军，陈庄. 2012. 广东农业技术推广体系现状、问题与对策[J]. 广东农业科学，39（23）：215-218.

刘纯阳，王奎武，杨金海. 2006. 农业高校为新农村建设服务的一种新模式——来自湖南农业大学"双百工程"的启示[J]. 中国农村科技（9）：58-59.

刘光哲. 2012. 多元化农业推广理论与实践的研究[D]. 西北农林科技大学.

刘金荣. 2015. 湖州"1+1+N"农技推广体系运行绩效评价研究[J]. 湖北农业科学，54（21）：5 464-5 467.

刘军，富萍萍. 2007. 结构方程模型应用陷阱分析[J]. 数理统计与管理（2）：268-272.

刘启元，叶鹰. 2012. 文献题录信息挖掘技术方法及其软件SATI的实现——以中外图书情报学为例[J]. 信息资源管理学报（1）：50-58.

刘双清，胡泽友，匡勇，等. 2014. 农业高校"双百"科技富民工程产业技术联盟基地建设的实践与思考[J]. 科技和产业，14（1）：43-45.

刘双清，蒋廷杰，胡泽友，等. 2014. 地方农业高校实施"双百"科技富民工程的科技服务价值[J]. 农业科技管理，33（1）：73-76.

刘同山，张云华. 2013. 发达国家农技推广的模式、特点与启示[J]. 世界农业（5）：1-6.

刘永安. 2002. 期望理论在管理中的运用[J]. 企业经济（6）：73-74.

刘增潮. 2007. 以大学为依托的农业科技推广实践的研究——以西北农林科技大学的科技推广模式为例[D]. 杨凌：西北农林科技大学.

路立平，徐世艳，郭瑞华，等. 2009. 基层农业技术推广人员的推广行为分析[J]. 安徽农业科学，37（36）：18 204-18 206.

罗庆斌，张德祥，何丹林，等. 2014. 产学研结合推进养禽学实践教学改革的探讨[J]. 中国家禽，36（15）：57-58.

罗忠荣. 2013. 中国农业技术推广能力提升与国外经验借鉴[J]. 世界农业（9）：149-152.

吕建秋. 2012. 高校技术转移的实证分析——以温氏集团与华南农业大学的校企合作为例[J]. 科技管理研究，32（22）：111-113.

吕小艳，曾东强. 2016. 高等学校新农村发展研究院服务新农村建设的任务探析[J]. 高教论坛（5）：26-29.

马仁杰，王荣科，左雪梅. 2013. 管理学原理[M]. 北京：人民邮电出版社.

毛彦军，贾慧鸣，代静玉. 1993. 农业技术推广的社会学研究[J]. 吉林农业大学学报（1）：174-177.

孟莉娟. 2016. 美国、法国、日本农业科技推广模式及其经验借鉴[J]. 世界农业（2）：138-141.

穆养民，刘天军，胡俊鹏. 2005. 大学主导型农业科技推广模式的实证分析——基于西北农林科技大学农业科技推广的调查[J]. 中国农业科技导报，7（4）：77-80.

聂海. 2007. 大学农业科技推广模式研究[D]. 杨凌：西北农林科技大学.

农业部. 第三次全国农业普查主要数据公报[EB/OL]. http://www. stats. gov. cn/tjsj/tjgb/nypcgb/qgnypcgb/201712/t20171214_1562740. html.

农业部科技教育司, 财政部教科文司. 2011. 中国农业产业技术发展报告（2010年度）[M]. 北京：中国农业出版社.

潘根宝. 2000. 德法两国农业发展给我们的启示[J]. 农村机械化（2）：6-7.

潘鸿, 刘志强. 2010. 国外农业科技进步系统运行特点及对我国的启示[J]. 农业经济与管理（4）：84-90.

彭超, 高强. 2015. 美国农业推广政策体系及其对中国的启示[J]. 农村工作通讯（7）：62-63.

彭强. 2017. 农业技术推广与农业的可持续发展[J]. 农家科技旬刊（6）：26.

乔方彬, 张林秀, 胡瑞法. 1999. 农业技术推广人员的推广行为分析[J]. 农业技术经济（3）：13-16.

青平, 施丹, 聂坪. 2012. 工作嵌入对大学生"村官"离职意愿研究——以工作价值观为调节变量[J]. 农业技术经济（4）：14-23.

任红松, 叶凯, 曹弦, 等. 2007. 科技特派员制度试点工作绩效综合评价研究[J]. 科技管理研究（12）：102-104.

荣泰生. 2010. SPSS与研究方法第2版[M]. 重庆：重庆大学出版社.

邵法焕. 2005. 我国农业技术推广绩效评价若干问题初探[J]. 科学管理研究（3）：80-82.

申红芳, 陈超, 王磊. 2014. 农技推广组织环境对农技推广人员行为影响的实证分析：基于全国8省24县的调查数据[J]. 贵州农业科学（6）：235-240.

申红芳, 廖西元, 王志刚, 等. 2010. 基层农技推广人员的收入分配与推广绩效——基于全国14省（区、市）44县数据的实证[J]. 中国农村经济（2）：57-67.

申红芳, 王志刚, 王磊. 2012. 基层农业技术推广人员的考核激励机制与其推广行为和推广绩效——基于全国14个省42个县的数据[J]. 中国农村观察（1）：65-79.

申秀霞. 2016. 我国农业大学科技推广模式优化研究[D]. 杨凌：西北农林科技大学.

沈威. 2016. 吉林省高校农业科技服务问题研究[D]. 长春：吉林农业大学.

宋洪远, 赵海. 2014. 新型农业经营主体的概念特征和制度创新[J]. 新金融评论（3）：122-139.

宋景玉. 2017. 我国农业技术推广的现状及改善对策分析[J]. 农民致富之友（10）：66-67.

苏芳, 尚海洋. 2016. 农村空心化引发的新问题与调控策略[J]. 甘肃社会科学（3）：158-162.

苏捷斯. 2010. 基于德尔菲法的国际金融中心评价指标体系构建[J]. 科技管理研究（12）：60-62.

孙建萍, 孙建红, 安守然. 2006. 高校教师工作满意度调查与分析[J]. 教育探索（9）：78-80.

孙延红. 2005. 谈"后天需要激励理论"在高职教育中的应用[J]. 教育与职业（29）：59-61.

汤国辉, 蔡薇, 郭忠兴. 2008. 农业院校专家负责制农技推广服务模式的探索[J]. 科技管理研究, 28（7）：86-89.

汤国辉, 刘晓光, 董艳, 等. 2012. 协同创新大学农技推广服务模式的探索与实践——以在农业园区创建南京农业大学专家工作站为例[J]. 科技与经济, 25（5）：62-66.

汤国辉, 刘晓云, 汤辰雨. 2013. 多学科协同创新驱动产业发展的大学农技推广模式探索与实践[J]. 高等农业教育（9）：43-45.

汤国辉, 汤辰雨, 季勇, 等. 2014. 高校教师参与农技推广的意愿及对策研究——基于82所高等院校教师的调查[J]. 高等农业教育（4）：39-43.

汤国辉. 2018. 新发展理念下科技大篷车专家站扶贫模式的探索[J]. 中国科技论坛（1）：30-36.

唐洪潜, 达凤全. 1981. 用经济办法推广科技成果——新富公社实行农技推广联产责任制的调查报告[J]. 农业经济问题（10）：31-34.

田素妍, 李玉清. 2012. 校地结合的农技推广模式构建[J]. 中国高校科技（11）：25-27.

田兴国, 吕建秋, 黄俊彦, 等. 2017. 高校科技工作者对科技资源配置状况认知及满意度研究——基于全国61所高校的实证分析[J]. 科技管理研究（23）：136-141.

万宝瑞. 2007. 印度农业科技体制的组织框架、运行机制及其启示——印度农业科技体制考察报告[J]. 中国农村经济（9）：77-80.

万宝瑞. 2017. 新形势下我国农业发展战略思考[J]. 社会科学文摘（7）：47-49.

汪发元，刘在洲. 2015. 新型农业经营主体背景下基层多元化农技推广体系构建[J]. 农村经济（9）：85-90.

汪伟坚，谭英. 2016. 新旧媒体融合与农技推广应用——以微信和电视为例[J]. 科技传播，8（23）.

汪应洛. 2003. 系统工程[M]. 北京：机械工业出版社.

王慧军，李友华. 2003. 国外农业推广组织特色及借鉴意义研究[J]. 华北农学报（S1）：9-13.

王甲云. 2014. 我国农业技术服务模式与机制研究[D]. 武汉：华中农业大学.

王建明，李光泗，张蕾. 2011. 基层农业技术推广制度对农技员技术推广行为影响的实证分析[J]. 中国农村经济（3）：4-14.

王建明，周宁，张蕾. 2011. 基于因子分析法的农技员技术推广行为综合评价[J]. 科技进步与对策（4）：120-123.

王磊，王志刚，李建，等. 2009. 基于农民视角的农业科技推广行为：形式和内容孰轻孰重[J]. 中国科技论坛（10）：115-120.

王帅，王君怡，崔博，等. 2015. 校地结合农技推广创新模式的构建及重要涵义[J]. 吉林农业科技学院学报，24（2）：104-107.

王翔宇，王文烂，庄学村. 2017. 农技推广组织多元化发展的比较分析——基于福建省三明市的调研[J]. 江苏农业科学，45（9）：281-286.

王鑫蓉. 2011. 发挥辐射带动作用促进科技成果转化——省部产学研结合示范基地建设巡礼[J]. 中国科技产业（2）：70.

王雪梅，庞志强. 2013. 农业推广人员在农业生产过程中的地位和作用[J]. 吉林农业（9）：13.

王杨，郭蕊，许怡凡，等. 2015. 公立医院理事会绩效评价指标体系的构建[J]. 中国医院管理（2）：20-22.

王元地，刘凤朝，陈劲，等. 2015. 技术距离与技术引进企业技术多元化发展关系研究[J]. 科研管理（2）：11-18.

王悦，李含琳. 2016. 加快培育新型农业经营主体的思考[J]. 甘肃农业（3）：15-16.

王昭荣，童晓明. 2005. 农业推广硕士专业学位研究生教育的探索[J]. 蚕桑通报，36（3）：46-48.

魏洁. 2004. 激励：让员工自己跑[M]. 哈尔滨：哈尔滨出版社.

温忠麟，张雷，侯杰泰，等. 2004. 中介效应检验程序及其应用[J]. 心理学报，36（5）：614-620.

邬小撑，毛学斌，丁文雅. 2013. 高校涉农学科服务地方的绩效评价体系研究——以浙江大学涉农学科服务地方为例[J]. 高等农业教育（9）：37-42.

吴明隆. 2010. 结构方程模型：AMOS的操作与应用[M]. 重庆：重庆大学出版社.

伍建平，王业官. 2007. 基层农技推广的公益性与管理体制改革[J]. 中国农技推广，23（1）：11-12.

习近平. 2017.《决胜全面建成小康社会夺取新时代中国特色社会主义伟大胜利——在中国共产党第十九次全国代表大会上的报告（2017年10月18日）》[J]. 美与时代（上）（10）：1.

夏刊. 2011. 我国农业技术推广运行机制研究[D]. 长沙. 中南大学.

夏英，王震. 2013. 科技特派员农村科技服务的绩效评价[J]. 科技管理研究（21）：54-60.

新华社. 2016. 中共中央国务院关于落实发展新理念加快农业现代化实现全面小康目标的若干意见[J]. 中华人民共和国国务院公报，1（2）：4-13.

新华社. 2017.《中共中央、国务院关于深入推进农业供给侧结构性改革加快培育农业农村发展新动能的若干意见》[J]. 农村实用技术（3）：7-13.

熊春文，张彩华. 2015. 大学公益性农技推广新模式的探索——以中国农业大学"科技小院"建设为例[J]. 北京农学院学报，30（4）：133-136.

熊红利，周桂华，田有国，等. 2017. 浙江、安徽两省基层农技推广体系改革建设成效与思考[J]. 中国农技推广，33（1）：8-9.

徐晓锋，车宏生，林绚晖，等. 2005. 组织支持理论及其研究[J]. 心理科学，28（1）：130-132.

徐袆飞，李彩香，姜香美. 2012. 计划行为理论（TPB）在志愿服务行为研究中的应用[J]. 人力资源管理（11）：102-104.

许百华，张兴国. 2005. 组织支持感研究进展[J]. 应用心理学（4）：325-329.

许竹青，刘冬梅，王伟楠. 2016. 公益性还是市场化：高等学校新农村发展研究院建设的现状、问题及建议[J]. 中国科技论坛（2）：133-139.

薛林莉. 2008. 农业科技推广风险产生的机理及防范对策研究[J]. 科技创新导报（7）：243-245.

薛薇. 2013. SPSS统计分析方法及应用[M]. 北京：电子工业出版社.

严瑾，王明峰. 2017. 传承与创新：南京农业大学农技推广服务之路[J]. 中国农村科技（8）：66-69.

杨璐，何光喜，赵延东. 2014. 我国农技推广人员的高职业忠诚度及其原因分析[J]. 中国科技论坛（12）：125-130.

杨少梅. 2006. 员工绩效评价的理论与方案研究[J]. 中国市场（17）：32-33.

杨松. 2002. 建立员工绩效评估体系的研究[J]. 现代金融（4）：8-9.

杨笑，刘艳军，李姗姗，等. 2013. 美国大学农业科技服务模式及其启示[J]. 中外企业家（33）：265-266.

杨阳. 2017. 坚持太行山道路持续推动科技扶贫[J]. 中国农村科技（9）：26-28.

杨映辉. 1994. 农业推广的概念及其与农技推广和农村推广的关系[J]. 农业科技理（3）：14-16.

姚江林. 2013. 农村基层农业科技工作者的职业忠诚研究——基于湖北省10县（市）730份问卷的调查[J]. 南京农业大学学报（社会科学版）（3）：18-26.

姚晓霞. 2006. 高等院校农业科技推广人员激励模式初探[J]. 中国农学通报，22（7）：631-634.

于水，张美慧. 2010. 基于层次分析法的村级农技员绩效考评指标体系研究——以南京市为例[J]. 安徽农业科学（35）：20 403-20 405.

余德亿，姚锦爱，李坚义，等. 2010. 福建省科技特派员制度存在的主要问题与推进新思考[J]. 中国农学通报（18）：443-447.

余源培. 2004. 邓小平理论辞典[M]. 上海：上海辞书出版社.

袁方成，王明为，杨灿. 2015. 国外农业科技推广模式及其经验借鉴[J]. 江汉大学学报（社会科学版），32（3）：19-24.

翟金良. 2015. 中国农业科技成果转化的特点、存在的问题与发展对策[J]. 中国科学院院刊（3）：378-385.

张标，张领先，王洁琼. 2017. 我国农业技术推广扩散作用机理及改进策略[J]. 科技管理研究，37（22）：42-51.

张朝华. 2012. 基层农技员技术推广意愿及其影响因素：来自广东的证据[J]. 科技与经济，25（3）：91-95.

张东洁，王晓江. 2014. "太行山道路"在新农村农业科技发展中的作用研究[J]. 经营管理者（27）：114-115.

张海平. 2016. 创新农业技术推广方式提升农业技术推广地位[J]. 中国农业信息（17）：6-8.

张健. 2013. 以大学为依托的农业科技推广模式研究[D]. 杨凌：西北农林科技大学.

张俊杰. 2005. 农业科技专家大院科技推广模式的探索[J]. 西北农林科技大学学报（社会科学版）（4）：1-4.

张蕾，陈超，周兵. 2011. 绩效考评机制对基层农技员推广行为的影响[J]. 农村经济（1）：103-107.

张蕾，陈超，朱建军. 2010. 基层农技员推广行为与推广绩效的实证研究——基于农户视角的调查[J]. 南京农业大学学报（社会科学版）（1）：14-20.

张蕾，王伟平，张宝良. 2011. 基层农业技术推广人员推广行为的影响因素分析[J]. 安徽农业科学，39（31）：19 263-19 266.

张蕾. 2014. 基层农技推广人员绩效考核指标体系的构建[J]. 湖北农业科学（5）：1 218-1 222.

张黎莉，周耀烈. 2005. 员工工作满意度研究综述[J]. 企业经济（2）：29-30.

张体勤. 2002. 知识团队的绩效管理[M]. 北京：科学出版社.

张伟. 2016. 中国农技推广体系存在问题及国内外经验的启示[J]. 农业科技通讯（7）：10-13.

张小永. 2004. 激励理论的综述及其启示[J]. 当代教育科学（6）：48-49.

张晓川. 2012. 农业技术推广服务政府与市场的供给边界研究[D]. 重庆：西南大学.

张正新，韩明玉，吴万兴，等. 2011. 美国农业推广模式对我国农业高校的启示与借鉴[J]. 高等农业教育（10）：88-91.

张忠，牟少岩，吴飞鸣. 2013. 以大学为依托的印度农业科技推广模式与借鉴[J]. 高等农业教育（10）：124-127.

赵菁，陈信康. 2010. 顾客参与对行为意向的影响研究[J]. 上海管理科学（2）：72-76.

赵明. 2012. 计划行为理论相关变量测量研究[J]. 湖北第二师范学院学报（4）：79-81.

赵文生. 2012. 如何建立农业科技管理新体系[J]. 科技创新与应用（3）：206.

赵文忠. 2011. "农业专家在线"个性化的信息咨询服务[J]. 边疆经济与文化（1）：116-117.

郑瑞娟. 2011. 上海农业科技化水平测度实证检验[J]. 陕西农业科学，57（2）：179-181.

中共中央办公厅. 关于引导农村土地经营权有序流转发展农业适度规模经营的意见[EB/OL]. http://www. gov. cn/xinwen/2014-11/20/content_2781544. htm.

周荣，喻登科，涂国平. 2017. 基于农户知识行为的农业技术扩散系统模型构建与仿真[J]. 系统管理学报，26（4）：701-712.

周星. 2014. "双百"农业科技推广模式及其优化[J]. 作物研究（2）：197-200.

祖同蔚. 2011. 完善以大学为依托的农业技术推广模式的对策研究[D]. 郑州：河南农业大学.

Adebowale B A, Oyelaran-Oyeyinka B. 2012. University-Industry Collaboration as a Determinant of Innovation in Nigeria[J]. Institutions and Economies, 4（1）：21-46.

Adegbemi S A, Akinbile L A, Olutegbe N S. 2017. Effect of privatisation of agricultural extension services on productivity of Fadama III beneficiaries in Oyo State, Nigeria[J]. Journal of Agricultural Extension, 3（21）：152-161.

Adesina A A, Baidu-Forson J. 1995. Farmers' perceptions and adoption of new agricultural technology: evidence from analysis in Burkina Faso and Guinea, West Africa[J]. Agricultural Economics, 13（1）：1-9.

Ajzen I. 1991. The theory of planned behavior[J]. Research in Nursing & Health, 14（2）：137.

Alderfer C P. 1969. An empirical test of a new theory of human needs[J]. Organization Behavior and Human Performance（4）：142-175.

Alkaisi M M, Elmore R W, Miller G A, et al. 2015. Extension Agriculture and Natural Resources in the U. S. Midwest: A Review and Analysis of Challenges and Future Opportunities[J]. Journal of Natural Resources & Life Sciences Education, 44（1）：145-177.

Almeida D, Peres R B, Figueiredo A N, et al. 2016. Rural environmental planning in a family farm: education, extension and sustainability[J]. Ciencia Rural, 46（ahead）：2 070-2 076.

Al-Rafee S, Cronan T P. 2006. Digital Piracy: Factors that Influence Attitude Toward Behavior[J]. Journal of Business Ethics, 63（3）：237-259.

Alsharafat A, Altarawneh M, Altahat E. 2012. Effectiveness of Agricultural Extension Activities[J]. American Journal of Agricultural & Biological Science, 7（2）：194-200.

Anderson J R, Feder G. 2004. Agricultural Extension: Good Intentions and Hard Realities[J]. World

Bank Research Observer, 19（1）: 41-60.

Antle J M, Basso B, Conant R T, et al. 2016. Towards a new generation of agricultural system data, models and knowledge products: Design and improvement[J]. Agricultural Systems, 155: 255-268.

Asadi A, Fadakar F, Khoshnodifar Z, et al. 2008. Personal characteristics affecting agricultural extension workers' job satisfaction level[J]. Journal of Social Sciences, 4（4）: 246-250.

Bakker A B, Schaufeli W B, Leiter M P, et al. 2008. Work engagement: an emerging concept in occupational health psychology[J]. work & stress, 22（3）: 187-200.

Bell A, Parkhurst G, Droppelmann K, et al. 2016. Scaling up pro-environmental agricultural practice using agglomeration payments: Proof of concept from an agent-based model[J]. Ecological Economics, 126: 32-41.

Britt T, Adler A, Bartone P. 2001. Deriving benefits from stressful events: the role of engagement in meaningful work and hardiness[J]. Journal of Occupational Health Psychology, 6（1）: 53-63.

Brunner, Yang. 2013. Rural America and the Extension Service[J]. Journal of the Electrochemical Society, 3（160）: 497-504.

Cai Y, Hu R. 2009. The impact of new technology adoption on farmers' attitude towards production development[J]. Journal of South China Agricultural University, 8（3）, 18-24.

Cao C Z, Luo C S, Zhang J F, et al. 2014. Study and Practice on Farmer-Participate-to-Experience-Type Agricultural Extension Method[C]// International Conference on Economic Management and Trade Cooperation, 92-98.

Cermak D S P, File K M, Prince R A. 1994. Customer Participation In Service Specification And Delivery[J]. Journal of Applied Business Research, 10（2）: 90-97.

Clark L. 2011. Seeing the social capital in agricultural innovation systems: using SNA to visualise bonding and bridging ties in rural communities[J]. Knowledge Management for Development Journal, 6（3）: 206-218.

Damona D. 2016. The Environment for Scholarship in Agricultural Economics Extension[J]. Journal of Agricultural & Applied Economics, 38（2）: 261-278.

Delonge M S, Miles A, Carlisle L. 2016. Investing in the transition to sustainable agriculture[J]. Environmental Science & Policy, 55: 266-273.

Dixon N M. 2000. Common Knowledge: How Companies Thrive by Sharing What They Know[M]. Harvard Business School Press.

Dodds W B, Monroe K B, Grewal D. 1991. Effects of price, brand, and store information on buyers' product evaluations. [J]. Journal of Marketing Research, 28（3）: 307-319.

Dubey S K, Singh A K, Sah U, et al. 2016. Temporal adaptation of agricultural extension systems in India[J]. Current Science, 110（7）: 10-16.

Eisenberger R, Huntington R, Hutchison S, et al. 1986. Perceived organizational support[J]. Support Journal of Applied Psychology, 71: 500-507.

Ekumankama O O, Anyanwu A C. 2007. Assessment of the job Performance of extension staff in akwa ibom state of nigeria[J]. ASSET: An International Journal, 2（1）: 165-178.

Eriksson I V, Dickson G W. 2000. Knowledge Sharing in High Technology Companies[C]. Americas conference on Information systems. 1 330-1 335.

Fishbein M, Ajzen I. 1977. Belief, Attitude, Intention and Behaviour: an introduction to theory and research [J]. Philosophy & Rhetoric, 41（4）: 842-844.

Geuna A, Fontana R, Matt M. 2003. Firm Size and Openness: The Driving Forces of University-Industry Collaboration[R]. Spru Working Paper.

Grunwald N J. 2005. The social impact of fungal diseases: From the Irish potato famine to sudden oak death[J]. Phytopathology, 95 (6): S129.

Hu R, Cai Y, Chen K Z, et al. 2012. Effects of inclusive public agricultural extension service: Results from a policy reform experiment in western China [J]. China Economic Review, 23 (4): 962-974.

Hu R, Cao J, Huang J, et al. 2007. Farmer participatory testing of standard and modified site-specific nitrogen management for irrigated rice in China[J]. Agricultural Systems, 94 (2): 331-340.

Ibrahim H, Muhammad D M, Yahaya H, et al. 2008. Role perception and job satisfaction among extension workers in nasarawa agricultural development programme (nadp) of nasarawa state, nigeria[J]. PAT, 4 (1): 62-70.

Ikerd J. 1994. The Agricultural Extension System and the New American Farmer: The Opportunities Have Never Been Greater [EB/OL]. http: //web. missouri. edu/ ~ ikerdj/papers/Greensboro%20-%20 Extension%20New%20American%20Farmer. html.

Jones G E. 1994. Agricultural advisory work in England and Wales : The beginnings [J]. Agricult Lural (69): 55-69.

Kahn W A. 1990. Psychological conditions of personal engagement and disengagement at work[J]. The Academy of Management Journal, 33 (4): 692-724.

Kaiser H F. 1974. An index of factorial simplicity[J]. Psychometrika, 39 (1): 31-36.

Kaplan R S, Norton D P. 1992. The balanced scorecard: Measures that drive performance[J]. Harvard Business Review, 70 (1): 71-79.

Khalil A H, Ismail M, Suandi T, et al. 2008. Influence of leadership competencies on extension workers' performance in yemen[J]. Journal of Global Business Management, 1 (4): 368-387.

Kiplang J, Ocholla D N. 2005. Diffusion of information and communication technologies in communication of agricultural information among agricultural researchers and extension workers in Kenya. [J]. South African Journal of Libraries & Information Science, 71 (1): 234-246.

Klerkx L, Leeuwis C. 2008. Matching demand and supply in the agricultural knowledge infrastructure: Experiences with innovation intermediaries[J]. Food Policy, 33 (3): 260-276.

Labarthe P. 2009. Extension services and multifunctional agriculture. Lessons learnt from the French and Dutch contexts and approaches[J]. Journal of Environmental Management (90): 193-202.

Li Y. 2017. Japan's Modern Agriculture and Its Effects on Agricultural Development of Anhui Province [J]. Asian Agricultural Research (5): 52-55.

Maertens A, Barrett C B. 2013. Measuring Social Networks' Effects on Agricultural Technology Adoption[J]. American Journal of Agricultural Economics, 95 (2): 353-359.

Marcia Ostrom, Douglas Jackson-Smith. 2006. Defining a Purpose: Diverse Farm Constituencies and Publicly Funded Agricultural Research and Extension[J]. Journal of Sustainable Agriculture, 27 (3): 57-76.

Maslow A H. 1943. The theory of human motivation[J]. Psychological Review, 50: 370-396.

Mengal A A, Hassan M Z Y, Baloch F M, et al. 2015. Constraints in Technology Transfer: Perception of Public and Private Extension Field Staff Regarding Rice Crop Technology in Baluchistan Province Pakistan[J]. International Journal of Agricultural Extension, 3 (1): 31-36.

Okwoche V A O, Eziehe J C, Agabi V. 2015. Determinants of job satisfaction among extension agents in benue state agricultural and rural development authority (bnarda), benue state, nigeria[J]. European Journal of Physical and Agricultural Sciences, 3 (2): 38-48.

Onu M O, Madukwe M C, Agwu A E. 2007. Factors affecting job satisfaction of front-line extension workers in enugu state agricultural development programme, nigeria[J]. Journal of Agriculture, Food, Environment and Extension, 4（2）: 19-22.

Pallottino F, Biocca M, Nardi P, et al. 2018. Science mapping approach to analyze the research evolution on precision agriculture: world, EU and Italian situation[J]. Precision Agriculture（2）: 1-16.

Pan Y, Smith S C, Sulaiman M. 2015. Agricultural Extension and Technology Adoption for Food Security: Evidence from Uganda[D]. Suomi: Iza Discussion Papers.

Park T A, Lohr L. 2010. Meeting the Needs of Organic Farmers: Benchmarking Organizational Performance of University Extension[J]. Review of Agricultural Economics, 29（1）: 141-155.

Parker D, Castillo F, Zilberman D. 2001. Public-private sector linkages in research and development: The case of US agriculture[J]. American Journal of Agricultural Economics, 3（83）: 736-741.

Phan P H, Siegel D S. 2006. The Effectiveness of University Technology Transfer: Lessons Learned, Managerial and Policy Implications, and the Road Forward[J]. Rensselaer Working Papers in Economics, 2（6）: 77-144.

Qiao F, Huang J, Zhang L, et al. 2012. Pesticide use and farmers' health in China's rice production[J]. China Agricultural Economic Review, 4（4）: 468-484.

Quinn J B, Anderson P, Finkelstein S. 1996. Managing professional intellect: making the most of the best[J]. Harvard Business Review, 74（2）: 71.

Rahut D B. 2013. Impact of Agricultural Extension Services on Technology Adoption and Crops Yield: Empirical Evidence from Pakistan[J]. Asian Journal of Agriculture & Rural Development, 3（11）: 801-812.

Ray P P. 2017. Internet of things for smart agriculture: Technologies, practices and future direction[J]. Journal of Ambient Intelligence & Smart Environments, 9（4）: 395-420.

Reck F M. 1951. A history of 4-H club work[M]. The Iowa State College Press Iowa.

Rezvanfar A, Fadakar F, Hashemi S M, et al. 2012. Investigating link between job characteristics and job satisfaction of extension workers[J]. African Journal of Agricultural Research（5）: 669-675.

Röling N, Kaimowitz D. 1990. The agricultural research-technology transfer interface: a knowledge systems perspective[J]. Making the link : Agricultural research, 75: 1-42.

Ruifa H U, Yang Z, Kelly P, et al. 2009. Agricultural extension system reform and agent time allocation in China [J]. China Economic Review, 20（2）: 303-315.

Sattaka P, Pattaratuma S, Attawipakpaisan G. 2017. Agricultural extension services to foster production sustainability for food and cultural security of glutinous rice farmers in Vietnam[J]. Kasetsart Journal of Social Sciences, 38（1）: 135-165.

Schaufeli W, Salanova M, Bakker A, et al. 2002. The measurement of engagement and burnout: a two sample confirmatory factor analytic approach[J]. Journal of Happiness Studies, 3: 71-92.

Sivakami S, Karthikeyan C. 2009. Evaluating the effectiveness of expert system for performing agricultural extension services in India[J]. Expert Systems with Applications, 36（6）: 9 634-9 636.

Souitaris V. 2002. Technological trajectories as moderators of firm-level determinants of innovation [J]. Research Policy, 31（6）: 877-898.

Sulaiman V R, Hall A. 2005. Extension Policy at the National Level in Asia[J]. Plant Production Science, 8（3）: 308-319.

Sumberg J, Okali C, Reece D. 2003. Agricultural research in the face of diversity, local knowledge and the participation imperative: theoretical considerations[J]. Agricultural Systems, 76（2）: 739-753.

Swanson B E. 2006. Extension Strategies for Poverty Alleviation: Lessons from China, India and Egypt[J]. Journal of Agricultural Education & Extension, 12（4）: 285-299.

Szulanski G. 2000. The Process of Knowledge Transfer: A Diachronic Analysis of Stickiness[J]. Organizational Behavior & Human Decision Processes, 82（1）: 9-27.

Takemura K, Uchida Y, Yoshikawa S. 2014. Roles of Extension Officers to Promote Social Capital in Japanese Agricultural Communities[J]. Plos One, 9（3）: 148-189.

Thomas T, Prétat C. 2009. The process of knowledge transfer[J]. Företagsekonomi, 17（1）: 16-32.

Tiraieyari N. 2009. The importance of cultural competency for agricultural extension worker in malaysia[J]. The Journal of International Social Research, 2（8）: 411-421.

Villani E. 2013. How external support may mitigate the barriers to university-industry collaboration[J]. Economia E Politica Industriale, 40（4）: 117-145.

Vroom V H. 1967. Work and motivation[J]. Industrial Organization Theory & Practice, 35（2）: 2-33.

Walisinghe B, Ratnasiri S, Rohde N, et al. 2017. Does Agricultural Extension Promote Technology Adoption in Sri Lanka[J]. International Journal of Social Economics, 44（12）, 2 173-2 186.

Wang, Wenxin. 1994. Agricultural Extension in the World[M]. Beijing: China Agricultural Science and Technology Press.

Wei, Jian-bo, Dai, Yu-bin, Lin, Wei-qiang, et al. 2011. Approach Choice and Innovative Model Design of Grass-root Agricultural Technology Promotion under the View of New Countryside[J]. Asian Agricultural Research（7）: 103-108.

Weiss D J, Dawis R V, England G W. 1967. Manual for the minnesota satisfaction questionnaire. [J]. Minnesota Studies in Vocational Rehabilitation, 22: 120.

Yuan Weimin, Tao Peijun. 2017. Optimization Analysis of Organization Framework of China's Public Welfare Agricultural Extension[J]. Science and Technology Management Research（22）: 109-115.

Zhang W, Cao G, Li X, et al. 2016. Closing yield gaps in China by empowering smallholder farmers. [J]. Nature, 537（7）: 622-671.